概率论与数理统计学习指导

主　编　周大镯　柯忠义　杨　莹

副主编　方艳丽　苏启琛　李德旺

聂维琳　张未未

北京大学出版社
PEKING UNIVERSITY PRESS

内容简介

本书是根据柯忠义、周大镯主编的教材《概率论与数理统计——方法与应用及Python实现》(北京大学出版社),依据高等院校"概率论与数理统计"课程的基本要求,并结合编者多年的教学经验,以及学生学习中的实际问题编写的配套学习指导书.

本书共9章,主要内容包括随机事件和概率、离散型随机变量及其分布、连续型随机变量及其分布、随机变量的数字特征、大数定律和中心极限定理、数理统计的基本概念、参数估计、假设检验、方差分析与回归分析,每章包含知识结构、重点内容介绍、教材习题解析、考研专题(除第9章外)、数学实验五个部分.本书除了提供配套教材的课后习题解题过程外,还对新版考研大纲进行了解读.

本书可作为高等学校"概率论与数理统计"课程的参考用书,也可作为研究生招生考试的辅导用书,是一本很有价值的教学参考书.

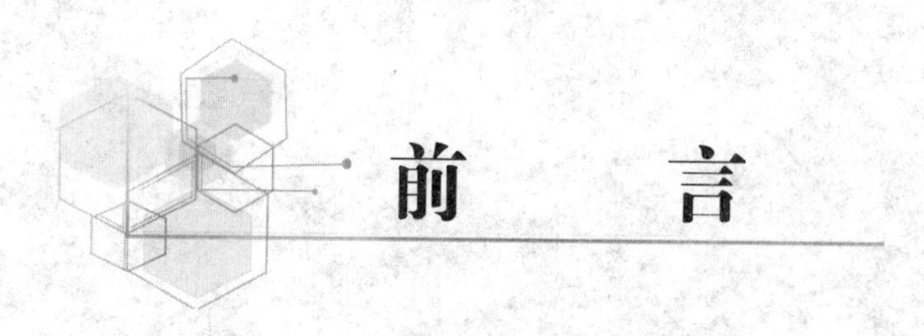

前　言

党的二十大报告首次将教育、科技、人才工作专门作为一个独立章节进行系统阐述和部署，明确指出："教育、科技、人才是全面建设社会主义现代化国家的基础性、战略性支撑." 这让广大教师深受鼓舞，更要勇担"为党育人，为国育才" 的重任，迎来一个大有可为的新时代.

"概率论与数理统计" 不但是高等学校一些本科专业的必修基础课程，还是这些专业研究生入学考试的重要科目，在大学课程中占有十分重要的地位.《概率论与数理统计学习指导》是与柯忠义、周大镯主编的《概率论与数理统计 —— 方法与应用及 Python 实现》(北京大学出版社) 相配套的同步教学辅导书.本书的内容选取紧密结合"概率论与数理统计" 课程教学基本要求，系统地总结了各章的知识结构，归纳了教学的重点与难点知识，针对配套教材课后习题的解题思路和技巧给出了深入的阐述和精辟的分析，通过对考研重点题型的分析和研究，旨在帮助广大学生巩固课堂所学知识，掌握概率论与数理统计知识的宏观脉络与基本解题方法，真正做到学以致用，并为考研打好扎实的概率论与数理统计基础.

本书共分 9 章，每章均按知识结构、重点内容介绍、教材习题解析、考研专题(除第 9 章外)、数学实验五个部分编写. 知识结构给出本章的知识结构图，用于帮助学生对本章知识点建立宏观认识，全面了解知识点之间的关联，方便学生合理安排学习计划. 重点内容介绍是针对本章重点内容进行概述，学生可以以此为纲要全面复习理论知识. 教材习题解析覆盖了配套教材的所有课后习题，并给出详尽的解题过程及分析，帮助学生全面掌握配套教材的知识与习题解答方法，使学生通过高效的解题练习，加强对知识点的巩固和拓展，为期末考试、考研等打好基础.考研专题给出了本章最新考研大纲要求，并分析了近十年考研真题的特点，给出了考研真题的解题思路及参考答案. 数学实验增加了学生动手操作训练，将一些实际问题的解决通过 Python 代码实现.

本书由惠州学院多名教学经验丰富的老师参与编写，第 1 章、第 2 章由周大镯编写，第 3 章由方艳丽编写，第 4 章由苏启琛编写，第 5 章由杨莹编写，第 6 章由聂维琳编写，第 7 章由李德旺编写，第 8 章由柯忠义编写，第 9 章由张未未编写. 由周大镯完成本书的统稿、定稿和校对工作. 本套教材的编写和出版，得到了北京大学出版社及惠州学院的大力支持和帮助，袁晓辉、苏娟、陈平、蔡晓龙构思了全书教学资源的结构配置及版式装帧设计方案，在此一并表示诚挚的谢意.

由于作者水平有限，书中的不妥和错漏之处在所难免，恳请读者批评指正，以进一步提升本书的质量.

编　　者

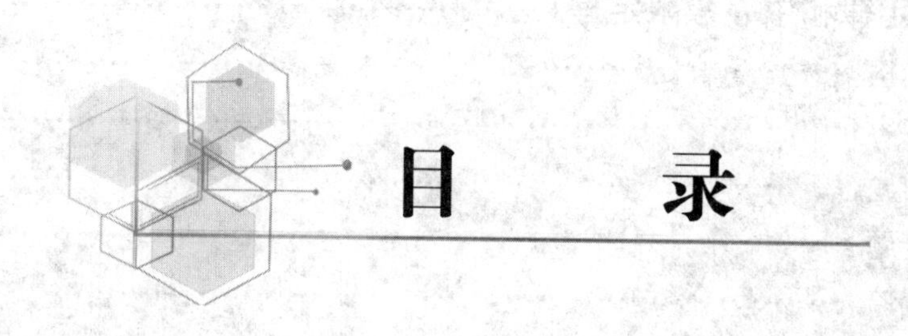

目　录

第1章　随机事件和概率 …… 1

1.1 知识结构 …… 2

1.2 重点内容介绍 …… 2

1.3 教材习题解析 …… 5

1.4 考研专题 …… 15

1.5 数学实验 …… 19

第2章　离散型随机变量及其分布 …… 22

2.1 知识结构 …… 23

2.2 重点内容介绍 …… 23

2.3 教材习题解析 …… 26

2.4 考研专题 …… 40

2.5 数学实验 …… 45

第3章　连续型随机变量及其分布 …… 50

3.1 知识结构 …… 51

3.2 重点内容介绍 …… 51

3.3 教材习题解析 …… 56

3.4 考研专题 …… 73

3.5 数学实验 …… 83

第4章　随机变量的数字特征 …… 87

4.1 知识结构 …… 88

4.2 重点内容介绍 …… 88

4.3 教材习题解析 …… 92

4.4 考研专题 …… 106

4.5 数学实验 …… 110

第 5 章　大数定律和中心极限定理 …… 114
5.1　知识结构 …… 115
5.2　重点内容介绍 …… 115
5.3　教材习题解析 …… 116
5.4　考研专题 …… 126
5.5　数学实验 …… 128

第 6 章　数理统计的基本概念 …… 130
6.1　知识结构 …… 131
6.2　重点内容介绍 …… 131
6.3　教材习题解析 …… 134
6.4　考研专题 …… 142
6.5　数学实验 …… 145

第 7 章　参数估计 …… 148
7.1　知识结构 …… 149
7.2　重点内容介绍 …… 150
7.3　教材习题解析 …… 154
7.4　考研专题 …… 167
7.5　数学实验 …… 174

第 8 章　假设检验 …… 179
8.1　知识结构 …… 180
8.2　重点内容介绍 …… 180
8.3　教材习题解析 …… 183
8.4　考研专题 …… 196
8.5　数学实验 …… 197

第 9 章　方差分析与回归分析 …… 200
9.1　知识结构 …… 201
9.2　重点内容介绍 …… 201
9.3　教材习题解析 …… 204
9.4　数学实验 …… 216

附表 …… 222
附表 1　泊松分布表 …… 222
附表 2　标准正态分布表 …… 223
附表 3　χ^2分布表 …… 225
附表 4　t 分布表 …… 228
附表 5　F 分布表 …… 230
附表 6　柯尔莫哥洛夫检验的临界值表 …… 234
附表 7　D_n的极限分布函数的数值表 …… 236

参考文献 …… 237

第1章 随机事件和概率

学习要求

1. 了解随机现象和样本空间，理解随机试验的特征，并能根据随机试验的特征分析随机试验的结果，从而得到样本空间的构成，以及某一具体事件是由哪些试验结果构成的.

2. 熟悉事件之间的关系与运算.

3. 理解概率的统计定义与公理化定义，熟悉概率的相关性质.

4. 掌握古典概型和几何概型的适用范围，并能计算古典概型和几何概型的概率问题.

5. 理解条件概率的概念和性质，并会利用乘法公式、全概率公式及贝叶斯公式计算事件的概率.

6. 了解事件的互不相容(互斥)、对立和相互独立三者之间的关系，理解事件的独立性和伯努利概型的概念，并掌握计算该类事件概率的方法.

重点

随机事件、样本空间的概念；事件的关系与运算；概率的公理化定义及性质；事件概率的计算；古典概型和几何概型；条件概率的概念及乘法公式、全概率公式和贝叶斯公式的应用；事件独立性的概念及应用.

难点

古典概型下事件的概率计算；全概率公式及贝叶斯公式的应用.

1.1 知识结构

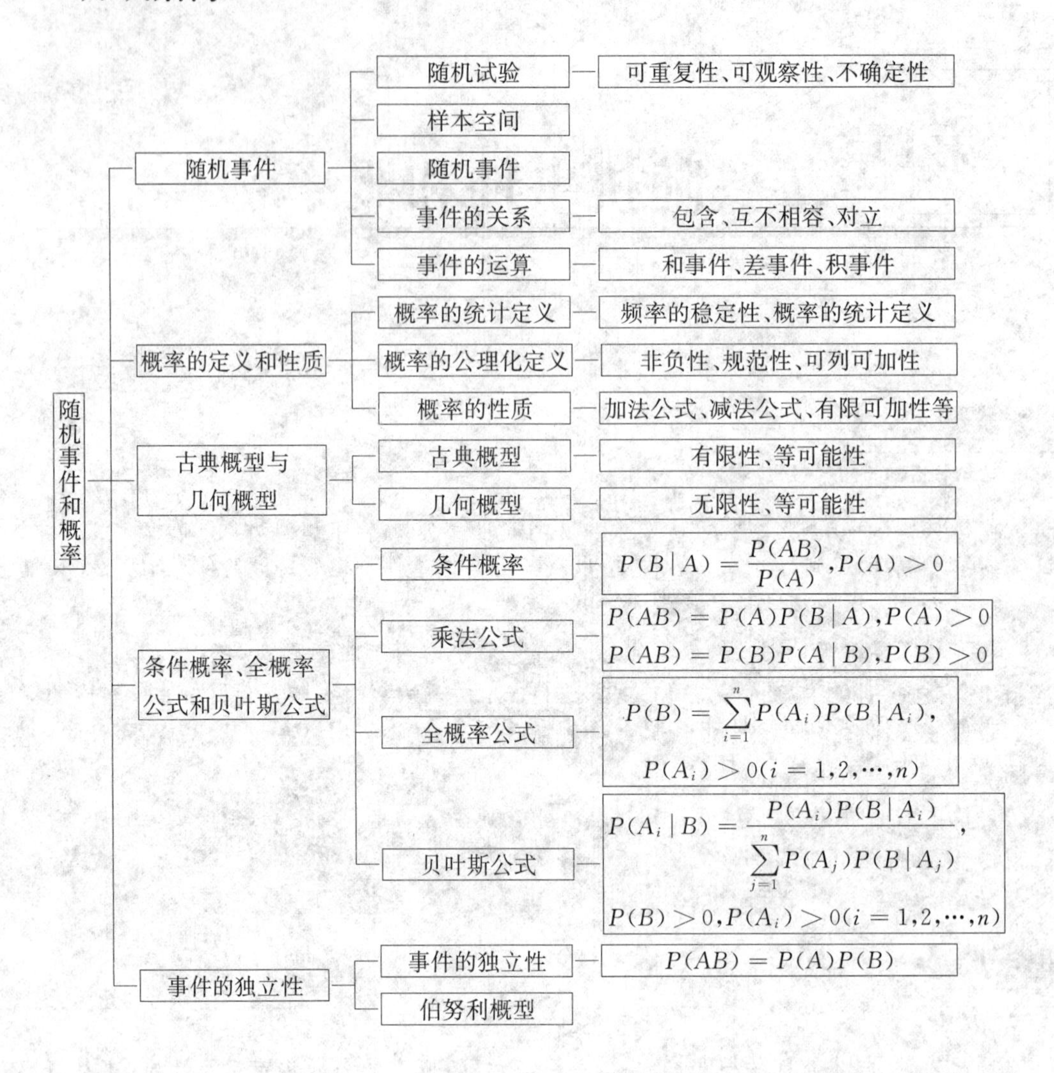

1.2 重点内容介绍

1.2.1 随机事件

1. 基本概念

样本空间:随机试验 E 的所有可能结果的集合称为 E 的样本空间,记为 Ω.

样本点:随机试验 E 的每一种可能结果称为一个样本点,即样本空间的元素.

随机事件:随机试验 E 的样本空间 Ω 的子集合称为 E 的随机事件.

2. 事件分类

必然事件:在每次试验中都必然发生的事件称为必然事件,记为 Ω.

不可能事件:在任何一次试验中都不可能发生的事件称为不可能事件,记为 $\varnothing$.

基本事件:由一个样本点组成的事件.

复合事件:含有两个及两个以上样本点的事件.

3. 事件的关系

包含关系:若 $A \subset B$,则称事件 B 包含事件 A,A 是 B 的子事件,这表示事件 A 发生必导致事件 B 发生.

特别地,若 $A \subset B$,且 $B \subset A$,即 $A = B$,则称事件 A 与 B 相等.

互不相容关系:若 $AB = \varnothing$,则称事件 A 与 B 互不相容,即两事件不能同时发生.

基本事件是两两互不相容的.

对立关系:若 $A \cup B = \Omega$,且 $AB = \varnothing$,则称事件 A 与 B 互为逆事件.

A 的逆事件记作 $\overline{A}$,即 $\overline{A} = \Omega - A$.

4. 事件的运算

和事件:事件 $A \cup B$ 称为事件 A 与 B 的和事件,表示 A 和 B 中至少有一个发生.

差事件:事件 $A - B$ 称为事件 A 与 B 的差事件,表示 A 发生且 B 不发生.

积事件:事件 $A \cap B$ 称为事件 A 与 B 的积事件,简写为 AB,表示 A 和 B 同时发生.

5. 事件的运算律

交换律:$A \cup B = B \cup A$; $AB = BA$.

结合律:$A \cup (B \cup C) = (A \cup B) \cup C$;$A(BC) = (AB)C$.

分配律:$A(B \cup C) = (AB) \cup (AC)$;$A \cup (BC) = (A \cup B)(A \cup C)$.

德摩根律:$\overline{A \cup B} = \overline{A}\,\overline{B}$;$\overline{AB} = \overline{A} \cup \overline{B}$.

1.2.2 概率的定义和性质

1. 概率的公理化定义

设随机试验 E 的样本空间为 Ω,对 E 的每一个事件 A 赋予一个实数,记为 $P(A)$.若 $P(A)$ 满足以下条件:

(1) 非负性:对于任意事件 A,有 $P(A) \geqslant 0$,

(2) 规范性:对于必然事件 Ω,有 $P(\Omega) = 1$,

(3) 可列可加性:若 $A_1, A_2, \cdots$ 是两两互不相容的事件,即 $A_iA_j = \varnothing, i \neq j, i, j = 1, 2, \cdots$,有

$$P(A_1 \cup A_2 \cup \cdots) = P(A_1) + P(A_2) + \cdots,$$

则称 $P(A)$ 为事件 A 的概率.

2. 概率的性质

性质1 $0 \leqslant P(A) \leqslant 1, P(\varnothing) = 0$.

性质2 (有限可加性) 若 $A_1, A_2, \cdots, A_m$ 是两两互不相容的事件,则有

$$P(A_1 \cup A_2 \cup \cdots \cup A_m) = P(A_1) + P(A_2) + \cdots + P(A_m).$$

性质3 (加法公式) 对于任意两个事件 A, B,有

$$P(A \cup B) = P(A) + P(B) - P(AB).$$

性质4 (减法公式) 设 A, B 是两个事件,则有

$$P(B - A) = P(B) - P(AB).$$

特别地,若 $A \subset B$,则有

$$P(B-A)=P(B)-P(A),\quad P(A)\leqslant P(B).$$

性质 5 对于任意事件 A,有 $P(\overline{A})=1-P(A)$.

1.2.3 古典概型与几何概型

1. 古典概型

设随机试验的样本空间 Ω 包含 n 个样本点,且每个样本点出现的可能性相同.若事件 A 中含有 $k(k\leqslant n)$ 个样本点,则事件 A 发生的概率为

$$P(A)=\frac{k}{n}=\frac{\text{事件}A\text{包含的样本点数}}{\text{样本空间}\Omega\text{包含的样本点总数}}.$$

2. 几何概型

设样本空间 Ω 是一个大小可以度量的几何区域,它的面积记为 $\mu(\Omega)$,点落在 Ω 内任意部分区域 A 的可能性只与区域 A 的面积 $\mu(A)$ 成比例,而与区域 A 的位置和形状无关,该点落在区域 A 的事件记为 A,则事件 A 发生的概率为

$$P(A)=\frac{\mu(A)}{\mu(\Omega)}.$$

1.2.4 条件概率、全概率公式和贝叶斯公式

1. 条件概率

设 A,B 是两个事件,且 $P(A)>0$,则称

$$P(B|A)=\frac{P(AB)}{P(A)}$$

为在事件 A 已经发生的条件下事件 B 发生的条件概率.

2. 乘法公式

设 A,B 是两个事件,则有

$$P(AB)=P(A)P(B|A),\quad P(A)>0,$$
$$P(AB)=P(B)P(A|B),\quad P(B)>0.$$

推广 设 $A_1,A_2,\cdots,A_n$ 是 $n(n\geqslant 2)$ 个事件,且 $P(A_1A_2\cdots A_{n-1})>0$,则

$$P(A_1A_2\cdots A_n)=P(A_1)P(A_2|A_1)P(A_3|A_1A_2)\cdots P(A_n|A_1A_2\cdots A_{n-1}).$$

3. 样本空间的划分

设一组事件 $A_1,A_2,\cdots,A_n$ 满足下列两个条件:

(1) 任意两个事件互不相容,即 $A_iA_j=\varnothing,i\neq j,i,j=1,2,\cdots,n$,

(2) $A_1\cup A_2\cup\cdots\cup A_n=\Omega$,

则称事件组 $A_1,A_2,\cdots,A_n$ 构成样本空间 Ω 的一个划分.

4. 全概率公式

设事件组 $A_1,A_2,\cdots,A_n$ 是样本空间 Ω 的一个划分,且 $P(A_i)>0\ (i=1,2,\cdots,n)$,则对于任一事件 $B\in\Omega$,有

$$\begin{aligned}P(B)&=P(A_1)P(B|A_1)+P(A_2)P(B|A_2)+\cdots+P(A_n)P(B|A_n)\\&=\sum_{i=1}^{n}P(A_i)P(B\mid A_i).\end{aligned}$$

5. 贝叶斯公式

设随机试验 E 的样本空间为 Ω，B 为 E 的事件.若事件组 $A_1,A_2,\cdots,A_n$ 是样本空间 Ω 的一个划分，且 $P(B)>0$，$P(A_i)>0\ (i=1,2,\cdots,n)$，则

$$P(A_i|B)=\frac{P(A_iB)}{P(B)}=\frac{P(A_i)P(B|A_i)}{\sum_{j=1}^{n}P(A_j)P(B|A_j)}\quad(i=1,2,\cdots,n).$$

1.2.5 事件的独立性

1. 两个事件的独立性

设 A,B 是两个事件.若满足

$$P(AB)=P(A)P(B),$$

则称事件 A 与 B 相互独立，简称 A 与 B 独立.

2. 多个事件的独立性

设 A,B,C 是三个事件.若满足

$$\begin{cases}P(AB)=P(A)P(B),\\P(BC)=P(B)P(C),\\P(AC)=P(A)P(C),\end{cases}$$

则称事件 A,B,C 是两两独立的.

设 $A_1,A_2,\cdots,A_n$ 是 $n(n>2)$ 个事件.若对于其中任意 $k(1<k\leqslant n)$ 个事件和任意 $1\leqslant i_1<i_2<\cdots<i_k\leqslant n$，满足

$$P(A_{i_1}A_{i_2}\cdots A_{i_k})=P(A_{i_1})P(A_{i_2})\cdots P(A_{i_k}),$$

则称事件 $A_1,A_2,\cdots,A_n$ 是相互独立的.

3. 事件独立的性质

性质 1 设 A,B 是两个事件.若 A 与 B 相互独立，且 $P(A)>0$，则 $P(B)=P(B|A)$.

性质 2 设事件 A 与 B 相互独立，则事件 A 与 $\overline{B}$，$\overline{A}$ 与 B，$\overline{A}$ 与 $\overline{B}$ 也是相互独立的.

性质 3 设事件 $A_1,A_2,\cdots,A_n$ 相互独立，则有

$$P(A_1\cup A_2\cup\cdots\cup A_n)=1-P(\overline{A}_1)P(\overline{A}_2)\cdots P(\overline{A}_n).$$

4. 独立重复试验

(1) 伯努利试验：设随机试验 E 只有两种可能的结果，即事件 A 发生或事件 A 不发生，则称这样的随机试验 E 为伯努利试验.

(2) n 重伯努利试验：若在相同条件下，将伯努利试验独立地重复进行 n 次，则称这一串重复的独立试验为 n 重伯努利试验，或简称为伯努利概型.

(3) 伯努利定理：设在一次试验中，事件 A 发生的概率为 $p(0<p<1)$，则在 n 重伯努利试验中，事件 A 恰好发生 k 次的概率为

$$B(k;n,p)=\mathrm{C}_n^k p^k(1-p)^{n-k}\quad(k-0,1,2,\cdots,n).$$

1.3 教材习题解析

习题 1 试说明随机试验应具有的三个特征.

解 根据随机试验的定义可知，随机试验应具有以下三个特征：

(1) 可重复性:可以在相同的条件下重复进行;

(2) 可观察性:每次试验的可能结果不止一个,并且能事先明确试验的所有可能结果;

(3) 不确定性:进行一次试验之前不能确定哪一个结果会发生.

习题 2 样本空间与随机试验有什么关系?随机事件与样本空间有什么关系?

解 随机试验决定样本空间,而随机事件是样本空间的子集合,随机事件所包含的样本点都属于样本空间.

习题 3 将一枚均匀的硬币抛两次,事件 A,B,C 分别表示"第一次出现正面""两次出现同一面""至少有一次出现正面",试写出样本空间及事件 A,B,C 中的样本点.

解 设随机试验的样本空间为 Ω,则 Ω,A,B,C 可表示为

$$\begin{aligned}\Omega&=\{(\text{正},\text{正}),(\text{正},\text{反}),(\text{反},\text{正}),(\text{反},\text{反})\},\\A&=\{(\text{正},\text{正}),(\text{正},\text{反})\},\\B&=\{(\text{正},\text{正}),(\text{反},\text{反})\},\\C&=\{(\text{正},\text{正}),(\text{正},\text{反}),(\text{反},\text{正})\}.\end{aligned}$$

习题 4 判断下列命题和等式哪个成立,哪个不成立,并说明原因:

(1) 若 $A\subset B$,则 $B\subset A$;

(2) $(A\cup B)-B=A$.

解 根据事件的关系与运算、逆事件与事件的运算规律,有

(1) 不一定成立.当且仅当 $A=B$ 时,命题成立.

(2) 不一定成立.利用事件运算的分配律,有

$$(A\cup B)-B=(A\cup B)\overline{B}=(A\overline{B})\cup\varnothing=A\overline{B}=A-AB\subset A.$$

显然,$A-AB$ 一般不等于 A,所以 $(A\cup B)-B=A$ 不一定成立.当且仅当事件 A 与 B 互不相容时,等式成立.

习题 5 已知 $P(AB)=0.5,P(C)=0.2,P(AB\overline{C})=0.4$,求 $P(\overline{AB\cup\overline{C}})$.

解 $$\begin{aligned}P(\overline{AB\cup\overline{C}})&=1-P(AB\cup\overline{C})=1-[P(AB)+P(\overline{C})-P(AB\overline{C})]\\&=1-(0.5+0.8-0.4)=0.1.\end{aligned}$$

习题 6 已知 A,B 是两个事件,且 $P(A)=0.3,P(A\overline{B})=0.2$,求 $P(AB)$.

解 因为

$$P(A\overline{B})=P(A-B)=P(A-AB)=P(A)-P(AB)=0.2,$$

且

$$P(A)=0.3,$$

所以

$$P(AB)=0.3-0.2=0.1.$$

习题 7 小王参加"智力大冲浪"游戏,他能答出甲、乙两类问题的概率分别为 0.7 和 0.2,两类问题都能答出的概率为 0.1.试求:

(1) 答出甲类而答不出乙类问题的概率;

(2) 至少有一类问题能答出的概率;

(3) 两类问题都答不出的概率;

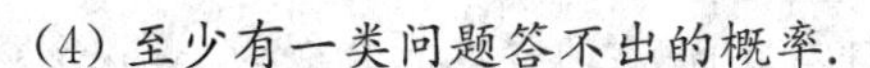

(4) 至少有一类问题答不出的概率.

解 设事件 A 表示"小王能答出甲类问题",B 表示"小王能答出乙类问题",则

$$P(A)=0.7,\quad P(B)=0.2,\quad P(AB)=0.1.$$

根据事件的关系与运算及概率的性质,有

(1) $P(A\overline{B})=P(A)-P(AB)=0.7-0.1=0.6.$

(2) $P(A\cup B)=P(A)+P(B)-P(AB)=0.7+0.2-0.1=0.8.$

(3) $P(\overline{A}\,\overline{B})=P(\overline{A\cup B})=1-P(A\cup B)=1-0.8=0.2.$

(4) $P(\overline{A}\cup\overline{B})=P(\overline{AB})=1-P(AB)=1-0.1=0.9.$

习题8 设 $P(A)=\frac{1}{3}$,$P(B)=\frac{1}{4}$,$P(A\cup B)=\frac{1}{2}$,求 $P(\overline{A}\cup\overline{B})$.

解 根据事件的关系与运算及概率的性质,有

$$\begin{aligned}P(\overline{A}\cup\overline{B})&=P(\overline{AB})=1-P(AB)\\&=1-[P(A)+P(B)-P(A\cup B)]\\&=1-\left(\frac{1}{3}+\frac{1}{4}-\frac{1}{2}\right)=\frac{11}{12}.\end{aligned}$$

习题9 已知 A,B 是两个事件,且 $P(A)=0.5$,$P(B)=0.4$,$P(A\cup B)=0.6$.求 $P(A-B)$ 与 $P(B-A)$.

解 由概率的性质得

$$P(AB)=P(A)+P(B)-P(A\cup B)=0.5+0.4-0.6=0.3,$$

从而

$$P(A-B)=P(A-AB)=P(A)-P(AB)=0.5-0.3=0.2,$$
$$P(B-A)=P(B-AB)=P(B)-P(AB)=0.4-0.3=0.1.$$

习题10 设三个事件 A,B,C 两两独立,且 $ABC=\varnothing$,$P(A)=P(B)=P(C)<\frac{1}{2}$.若 $P(A\cup B\cup C)=\frac{9}{16}$,求 $P(A)$.

解 由

$$\begin{aligned}P(A\cup B\cup C)&=P(A)+P(B)+P(C)-P(AB)-P(AC)-P(BC)+P(ABC)\\&=P(A)+P(B)+P(C)-P(AB)-P(AC)-P(BC)\\&=3P(A)-3[P(A)]^2=\frac{9}{16},\end{aligned}$$

可得

$$P(A)=\frac{1}{4}\quad 或\quad P(A)=\frac{3}{4}.$$

又因为 $P(A)<\frac{1}{2}$,所以

$$P(A)=\frac{1}{4}.$$

习题11 假定10把钥匙中有3把能打开门,现任取2把,求能打开门的概率.

解 随机试验是从10把钥匙中任取2把，从而样本空间Ω的样本点总数为

$$n=C_{10}^2=45.$$

要想把门打开，取出的2把钥匙中，至少有1把是从能把门打开的3把钥匙中取出的.根据加法原理与乘法原理可知，“能把门打开”这一事件所包含的样本点数为

$$m=C_3^2+C_7^1C_3^1=24.$$

根据古典概型可知，所求概率为

$$p=\frac{m}{n}=\frac{24}{45}=\frac{8}{15}\approx 0.53.$$

习题12 在1～1 000的整数中随机地取一个数，求取到的整数既不能被3整除，又不能被4整除的概率.

解 设事件A表示“取到的整数能被3整除”，B表示“取到的整数能被4整除”，C表示“取到的整数既不能被3整除，又不能被4整除”，则由事件的关系与运算及概率的性质可知，所求概率为

$$P(C)=P(\overline{A}\,\overline{B})=P(\overline{A\cup B})=1-P(A\cup B)=1-[P(A)+P(B)-P(AB)].$$

利用古典概型，因

$$333<\frac{1\,000}{3}<334,$$

故

$$P(A)=\frac{333}{1\,000}.$$

又

$$\frac{1\,000}{4}=250,$$

故

$$P(B)=\frac{250}{1\,000}.$$

而因一个数能同时被3和4整除，就相当于能被12整除，有

$$83<\frac{1\,000}{12}<84,$$

故

$$P(AB)=\frac{83}{1\,000}.$$

于是，所求概率为

$$P(C)=1-\left(\frac{333}{1\,000}+\frac{250}{1\,000}-\frac{83}{1\,000}\right)=\frac{1}{2}.$$

习题13 从标号分别为1,2,…,10的10个同样大小的球中任取一个，求事件$A=\{$抽中2号$\}$，$B=\{$抽中奇数号$\}$，$C=\{$抽中的号数不小于7$\}$的概率.

解 显然，样本空间$\Omega=\{1,2,\cdots,10\}$，其基本事件总数为10，事件A,B,C包含的基本事件数分别为1,5,4.由古典概型可得

$$P(A)=\frac{1}{10},\quad P(B)=\frac{5}{10}=\frac{1}{2},\quad P(C)=\frac{4}{10}=\frac{2}{5}.$$

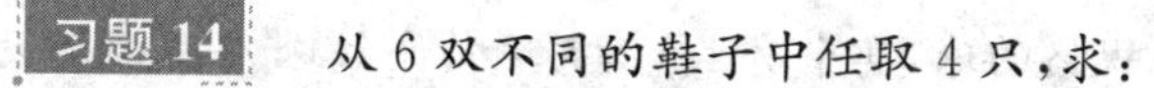

习题 14 从 6 双不同的鞋子中任取 4 只,求:

(1) 恰有两只鞋子配成一双的概率;

(2) 至少有两只鞋子配成一双的概率.

解 (1) 设事件 A 表示"恰有两只鞋子配成一双".先从 6 双中取出一双,两只全取,再从剩下的 5 双中任取两双,每双中各取一只.因此事件 A 所包含的样本点数为 $C_6^1C_2^2C_5^2C_2^1C_2^1$,则所求概率为

$$P(A)=\frac{C_6^1C_2^2C_5^2C_2^1C_2^1}{C_{12}^4}=\frac{16}{33}.$$

(2) 该问题采用求对立事件的概率比较简单.设事件 B 表示"至少有两只鞋子配成一双",则所求概率为

$$P(B)=1-P(\overline{B})=1-\frac{C_6^4C_2^1C_2^1C_2^1C_2^1}{C_{12}^4}=\frac{17}{33}.$$

习题 15 假设能在一个均匀陀螺的圆周上均匀地刻上(0,4) 内的所有实数,旋转陀螺,求陀螺停下来后圆周与桌面的接触点位于[0.5,1]上的概率.

解 在这个随机试验中,样本空间 $\Omega=(0,4)$,则区间 Ω 的长度 $\mu(\Omega)=4$.

设事件 A 表示"圆周与桌面的接触点位于[0.5,1]上",记 $A=[0.5,1]$,则区间 A 的长度 $\mu(A)=0.5$.于是,根据几何概型,有

$$P(A)=\frac{\mu(A)}{\mu(\Omega)}=\frac{0.5}{4}=\frac{1}{8}.$$

习题 16 随机取两个正数 x 和 y,这两个数中的每一个都不超过 1,求 x 与 y 之和不超过 1 的概率.

解 若以 (x,y) 表示平面上某一点的坐标,则样本空间为

$$\Omega=\{(x,y)\,|\,0<x\leqslant 1,0<y\leqslant 1\}.$$

设事件 A 表示"x 与 y 之和不超过 1",则

$$A=\{(x,y)\,|\,(x,y)\in\Omega,x+y\leqslant 1\}.$$

由于事件 A 如图 1.1 中的阴影部分所示,因此所求概率为

$$P(A)=\frac{1}{2}.$$

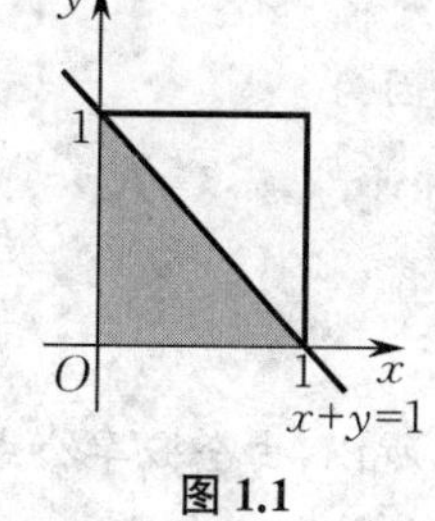

图 1.1

习题 17 某种电器用满 5 000 h 未坏的概率是 0.75,用满 10 000 h 未坏的概率是 0.5.现有一个此种电器,已用 5 000 h 未坏,求它能用到 10 000 h 的概率.

解 设事件 A 表示"用满 10 000 h 未坏",B 表示"用满 5 000 h 未坏".由题意可知

$$P(A)=0.5,\quad P(B)=0.75.$$

又由事件的关系与运算,有

$$A\subset B,\quad AB=A,$$

从而 $P(AB)=0.5$.于是,由条件概率的定义可得

$$P(A|B)=\frac{P(AB)}{P(B)}=\frac{0.5}{0.75}=\frac{2}{3}.$$

习题 18 设一盒中有10个同种规格的球，其中有4个蓝球和6个红球.任意抽取两次，一次抽取一个球，抽取后不再放回，求两次都取到红球的概率.

解 设事件A表示"第一次取到红球"，B表示"第二次取到红球".由题意可知

$$P(A)=\frac{6}{10},\quad P(B|A)=\frac{5}{9}.$$

由乘法公式，有

$$P(AB)=P(A)P(B|A)=\frac{1}{3}.$$

习题 19 一批零件共有100个，其中有10个次品，每次从这批零件中任意抽取一个，取后不再放回，求第三次才取到合格品的概率.

解 设事件A_i表示"第i次取到次品"，$\overline{A}_i$表示"第i次取到合格品"，$i=1,2,3$，则

$$P(A_1)=\frac{10}{100}=\frac{1}{10},\quad P(A_2|A_1)=\frac{9}{99}=\frac{1}{11},\quad P(\overline{A}_3|A_2A_1)=\frac{90}{98}=\frac{45}{49}.$$

由乘法公式，有

$$P(A_1A_2\overline{A}_3)=P(A_1)P(A_2|A_1)P(\overline{A}_3|A_2A_1)=\frac{1}{10}\times\frac{1}{11}\times\frac{45}{49}\approx 0.008\,3.$$

习题 20 某班战士中一等、二等、三等射手各为5人、3人、2人，他们的命中率分别为0.95，0.9，0.8.现从中任选一人射击，求击中目标的概率.

解 设事件A表示"击中目标"，B_i表示"所选的为i等射手"，$i=1,2,3$，则

$$\Omega=B_1\cup B_2\cup B_3.$$

因为

$$P(B_1)=0.5,\quad P(A|B_1)=0.95,$$
$$P(B_2)=0.3,\quad P(A|B_2)=0.9,$$
$$P(B_3)=0.2,\quad P(A|B_3)=0.8,$$

所以，由全概率公式可得，击中目标的概率为

$$P(A)=0.5\times0.95+0.3\times0.9+0.2\times0.8=0.905.$$

习题 21 一袋中有a个白球、b个黑球，甲、乙、丙三人依次从中取出一个球，取出后不再放回，试分别求出三人各自取得黑球的概率.

解 设事件A表示"甲取得黑球"，B表示"乙取得黑球"，C表示"丙取得黑球"，则

$$P(A)=\frac{b}{a+b},$$

$$\begin{aligned}P(B)&=P(BA)+P(B\overline{A})=P(B|A)P(A)+P(B|\overline{A})P(\overline{A})\\&=\frac{b-1}{a+b-1}\times\frac{b}{a+b}+\frac{b}{a+b-1}\times\frac{a}{a+b}\\&=\frac{b}{a+b},\end{aligned}$$

$$
\begin{aligned}
P(C)&=P(CB)+P(C\overline{B})=P(CBA)+P(CB\overline{A})+P(C\overline{B}A)+P(C\overline{B}\,\overline{A})\\
&=P(C|BA)P(B|A)P(A)+P(C|B\overline{A})P(B|\overline{A})P(\overline{A})\\
&\quad+P(C|\overline{B}A)P(\overline{B}|A)P(A)+P(C|\overline{B}\,\overline{A})P(\overline{B}|\overline{A})P(\overline{A})\\
&=\frac{b-2}{a+b-2}\times\frac{b-1}{a+b-1}\times\frac{b}{a+b}+\frac{b-1}{a+b-2}\times\frac{b}{a+b-1}\times\frac{a}{a+b}\\
&\quad+\frac{b-1}{a+b-2}\times\frac{a}{a+b-1}\times\frac{b}{a+b}+\frac{b}{a+b-2}\times\frac{a-1}{a+b-1}\times\frac{a}{a+b}\\
&=\frac{b}{a+b}.
\end{aligned}
$$

习题 22 人们为了解一只股票未来一定时期内价格的变化，往往会去分析影响股票价格的基本因素，如利率的变化.现假设人们经分析估计利率下调的概率为0.6，利率不变的概率为0.4.根据经验，人们估计，在利率下调的情况下，该只股票价格上涨的概率为0.8，而在利率不变的情况下，其价格上涨的概率为0.4，求该只股票价格上涨的概率.

解 设事件A表示“利率下调”，则$\overline{A}$表示“利率不变”，B表示“股票价格上涨”.于是，由对立事件与条件概率的定义，有

$$
P(A)=0.6,\quad P(B|A)=0.8,
$$
$$
P(\overline{A})=0.4,\quad P(B|\overline{A})=0.4.
$$

因事件A和$\overline{A}$构成样本空间的一个划分，故由全概率公式可得，所求概率为

$$
\begin{aligned}
P(B)&=P(A)P(B|A)+P(\overline{A})P(B|\overline{A})\\
&=0.6\times0.8+0.4\times0.4=0.64.
\end{aligned}
$$

习题 23 敌方坦克必须经过我方阵地的三个布雷区之一，才能进入我方阵地.设敌方坦克进入1号雷区的概率为$P(A_1)=0.5$，被炸毁的概率为0.8，进入2号雷区的概率为$P(A_2)=0.4$，被炸毁的概率为0.6，进入3号雷区的概率为$P(A_3)=0.1$，被炸毁的概率为0.3.

(1) 求敌方坦克在进入我方阵地前被炸毁的概率.

(2) 已知敌方坦克已被炸毁，求在2号雷区被炸毁的概率.

解 (1) 设事件B表示“敌方坦克在进入我方阵地前被炸毁”，则有

$$
A_1\cup A_2\cup A_3=\Omega,\quad A_iA_j=\varnothing\quad(i,j=1,2,3;i\neq j).
$$

由全概率公式可得

$$
\begin{aligned}
P(B)&=P(A_1)P(B|A_1)+P(A_2)P(B|A_2)+P(A_3)P(B|A_3)\\
&=0.5\times0.8+0.4\times0.6+0.1\times0.3=0.67.
\end{aligned}
$$

(2) 由贝叶斯公式可得

$$
P(A_2|B)=\frac{P(A_2)P(B|A_2)}{P(B)}=\frac{0.4\times0.6}{0.67}\approx0.36.
$$

习题 24 根据以往的临床记录可知，某种诊断癌症试验的效果如下：若以事件A表示“判断被试者患有癌症”，C表示“被试者确有癌症”，且有$P(A|C)=0.95$，$P(\overline{A}|\overline{C})=0.90$.由对被试者所在人群的普查可知，$P(C)=0.000\,7$，试求被判断为患有癌症者确有癌症的概率.

解 由题意可知

$$P(A|C)=0.95,\quad P(C)=0.000\,7,$$
$$P(A|\overline{C})=1-P(\overline{A}|\overline{C})=0.10,\quad P(\overline{C})=0.999\,3.$$

由全概率公式可得

$$\begin{aligned}P(A)&=P(A|C)P(C)+P(A|\overline{C})P(\overline{C})\\&=0.95\times0.000\,7+0.10\times0.999\,3\\&=0.100\,595.\end{aligned}$$

由贝叶斯公式可得

$$P(C|A)=\frac{P(C)P(A|C)}{P(A)}=\frac{0.000\,7\times0.95}{0.100\,595}\approx0.006\,6.$$

习题 25 设某公路经过的货车与客车的数量之比为 1∶2,货车与客车中途停车修理的概率分别为 0.02,0.01.现有一辆汽车中途停车修理,求该车是货车的概率.

解 设事件 A_1 表示“该车是货车”,A_2 表示“该车是客车”,B 表示“该车中途停车修理”.由题意可知

$$P(A_1)=\frac{1}{3},\quad P(B|A_1)=0.02,$$
$$P(A_2)=\frac{2}{3},\quad P(B|A_2)=0.01.$$

由全概率公式可得

$$\begin{aligned}P(B)&=P(A_1)P(B|A_1)+P(A_2)P(B|A_2)\\&=\frac{1}{3}\times0.02+\frac{2}{3}\times0.01=\frac{1}{75}.\end{aligned}$$

由贝叶斯公式可得

$$P(A_1|B)=\frac{P(A_1)P(B|A_1)}{P(B)}=\frac{\frac{1}{3}\times0.02}{\frac{1}{75}}=0.5.$$

习题 26 在数字通信中,若发报机分别以概率 0.7 和 0.3 发出信号 0 和 1,由于事件干扰的影响,当发出信号 0 时,接收机分别以概率 0.8 和 0.2 收到信号 0 和 1;同样,当发出信号 1 时,接收机分别以概率 0.9 和 0.1 收到信号 1 和 0.记事件 A_i 表示“发出信号 i”,B_i 表示“收到信号 i”$(i=0,1)$,求 $P(A_0|B_0)$.

解 由题意可知

$$P(A_0)=0.7,\quad P(B_0|A_0)=0.8,$$
$$P(A_1)=0.3,\quad P(B_0|A_1)=0.1.$$

由全概率公式可得

$$\begin{aligned}P(B_0)&=P(A_0)P(B_0|A_0)+P(A_1)P(B_0|A_1)\\&=0.7\times0.8+0.3\times0.1=0.59.\end{aligned}$$

由贝叶斯公式可得

$$P(A_0|B_0)=\frac{P(A_0)P(B_0|A_0)}{P(B_0)}=\frac{0.7\times0.8}{0.59}\approx0.949.$$

习题27　已知$P(A)=0.4$,$P(A\cup B)=0.7$,当事件A与B相互独立时,求$P(B)$.

解　由加法公式可得

$$P(A\cup B)=P(A)+P(B)-P(AB).$$

由事件A与B相互独立可得

$$P(AB)=P(A)P(B).$$

故

$$P(B)=\frac{P(A\cup B)-P(A)}{1-P(A)}$$
$$=\frac{0.7-0.4}{1-0.4}=0.5.$$

习题28　有两种花籽,发芽率分别为0.8,0.9.现从中各取一颗,设各花籽是否发芽相互独立,试求:

(1) 这两颗花籽都能发芽的概率;

(2) 至少有一颗花籽能发芽的概率;

(3) 恰有一颗花籽能发芽的概率.

解　设事件A表示"第一种花籽能发芽",B表示"第二种花籽能发芽",则

(1) $P(AB)=P(A)P(B)=0.8\times0.9=0.72.$

(2) $P(A\cup B)=P(A)+P(B)-P(AB)=0.8+0.9-0.72=0.98.$

(3) $P(A\cup B)-P(AB)=0.98-0.72=0.26.$

习题29　图1.2是一个混联电路系统.A,B,C,D,E,F,G,H都是电路中的元件,它们下方的数字是其各自正常工作的概率.求该电路系统的可靠性.

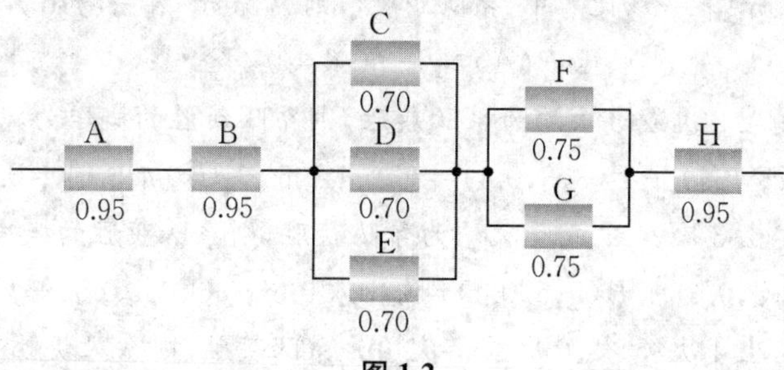

图1.2

解　由题意,根据事件的和与积运算,以事件A,B,C,D,E,F,G,H分别表示"元件A,B,C,D,E,F,G,H正常工作",W表示"电路系统正常工作",则有

$$W=AB(C\cup D\cup E)(F\cup G)H.$$

因各元件的工作相互独立,故

$$P(W)=P(A)P(B)P(C\cup D\cup E)P(F\cup G)P(H).\tag{1.1}$$

利用事件的关系与运算、概率的性质与三个事件的相互独立性,有

$$
\begin{aligned}
P(C \cup D \cup E) &= 1 - P(\overline{C \cup D \cup E}) \\
&= 1 - P(\overline{C}\,\overline{D}\,\overline{E}) \\
&= 1 - P(\overline{C})P(\overline{D})P(\overline{E}) \\
&= 1 - 0.30 \times 0.30 \times 0.30 = 0.973.
\end{aligned}
$$

同理,并利用两个事件的相互独立性,有

$$
\begin{aligned}
P(F \cup G) &= 1 - P(\overline{F \cup G}) \\
&= 1 - P(\overline{F}\,\overline{G}) \\
&= 1 - P(\overline{F})P(\overline{G}) \\
&= 1 - 0.25 \times 0.25 = 0.937\,5.
\end{aligned}
$$

将上述结果代入式(1.1),得所求概率为

$$P(W) = 0.95 \times 0.95 \times 0.973 \times 0.937\,5 \times 0.95 \approx 0.782.$$

习题 30 两门高射炮彼此独立地射击一架敌机,设甲炮击中敌机的概率为 0.9,乙炮击中敌机的概率为 0.8,求敌机被击中的概率.

解 设事件 A 表示"甲炮击中敌机",B 表示"乙炮击中敌机",则 $A \cup B$ 表示"敌机被击中".因为 A 与 B 相互独立,所以,由概率的性质可得

$$
\begin{aligned}
P(A \cup B) &= P(A) + P(B) - P(AB) \\
&= P(A) + P(B) - P(A)P(B) \\
&= 0.9 + 0.8 - 0.9 \times 0.8 = 0.98.
\end{aligned}
$$

习题 31 某大学的校乒乓球队与数学系乒乓球队举行对抗赛.校队的实力较系队强,当一个校队运动员与一个系队运动员比赛时,校队运动员获胜的概率为 0.6.现在校、系双方商量对抗赛的方式,提了三种方案:(1) 双方各出 3 人;(2) 双方各出 5 人;(3) 双方各出 7 人.这三种方案中均以比赛中得胜人数多的一方为胜利方.试问:对系队来说,哪一种方案有利?

解 设事件 A 表示"在一场比赛中,系队获胜",则 $\overline{A}$ 表示"在一场比赛中,校队获胜",所以

$$P(A) = 1 - 0.6 = 0.4.$$

用方案(1),A 发生 2 次或 3 次均为系队获胜,则系队获胜的概率为

$$B(2;3,0.4) + B(3;3,0.4) = C_3^2 0.4^2 0.6^1 + C_3^3 0.4^3 0.6^0 = 0.352.$$

用方案(2),A 发生 3 次、4 次或 5 次均为系队获胜,则系队获胜的概率为

$$B(3;5,0.4) + B(4;5,0.4) + B(5;5,0.4) = C_5^3 0.4^3 0.6^2 + C_5^4 0.4^4 0.6^1 + C_5^5 0.4^5 0.6^0 \approx 0.317.$$

用方案(3),A 发生 4 次、5 次、6 次或 7 次均为系队获胜,则系队获胜的概率为

$$
\begin{aligned}
&B(4;7,0.4) + B(5;7,0.4) + B(6;7,0.4) + B(7;7,0.4) \\
&= C_7^4 0.4^4 0.6^3 + C_7^5 0.4^5 0.6^2 + C_7^6 0.4^6 0.6^1 + C_7^7 0.4^7 0.6^0 \approx 0.290.
\end{aligned}
$$

综上,方案(1) 对系队有利.

习题 32 5 名篮球运动员独立投篮,每个运动员的投篮命中率为 0.8,他们各投一次,试求:

(1) 恰好 4 次命中的概率;

(2) 至少 4 次命中的概率;

(3) 至多 4 次命中的概率.

解 设事件 A 表示"某名运动员投篮命中",每次投篮,只有"命中"和"没有命中"两个结果发生,该试验是伯努利试验.

(1) 设事件 B 表示"5 名篮球运动员独立投篮恰好 4 次命中",是 5 重伯努利试验.根据题意,得

$$P(A)=p=0.8,\quad n=5,\quad k=4.$$

由概率的性质和伯努利定理,得

$$P(B)=B(4;5,0.8)=C_5^4 0.8^4 0.2^1=0.409\,6.$$

(2) 设事件 C 表示"5 名篮球运动员独立投篮至少 4 次命中",B_4 表示"5 名篮球运动员独立投篮 4 次命中",B_5 表示"5 名篮球运动员独立投篮 5 次命中".由概率的性质和伯努利定理,得

$$\begin{aligned}P(C)&=P(B_4)+P(B_5)=B(4;5,0.8)+B(5;5,0.8)\\&=C_5^4 0.8^4 0.2^1+C_5^5 0.8^5 0.2^0\approx 0.737\,3.\end{aligned}$$

(3) 设事件 D 表示"5 名篮球运动员独立投篮至多 4 次命中",B_5 表示"5 名篮球运动员独立投篮 5 次命中".由概率的性质和伯努利定理,得

$$P(D)=1-P(B_5)=1-C_5^5 0.8^5 0.2^0\approx 0.672\,3.$$

习题 33 做一系列独立的试验,每次试验中成功的概率为 p,求在成功 n 次之前已失败了 m 次的概率.

解 设事件 A 表示"第 n 次成功之前恰好失败了 m 次",B 表示"在前 $n+m-1$ 次试验中失败了 m 次",C 表示"第 $n+m$ 次试验成功",则 $A=BC$.由概率的性质和伯努利定理,得

$$P(A)=pB(m;n+m-1,1-p)=C_{n+m-1}^{m}(1-p)^m p^n.$$

1.4 考研专题

考研真题

1.4.1 本章考研大纲要求

在全国硕士研究生招生考试的数学一与数学三中,"概率论与数理统计"部分的考分占总分比重约为 20%."随机事件和概率"是概率论与数理统计中的基础部分,数学一与数学三的考试大纲对该部分的要求基本相同,内容包括:随机事件与样本空间、事件的关系与运算、完备事件组、概率的概念、概率的基本性质、古典概型概率、几何概型概率、条件概率、概率的基本公式、事件的独立性、独立重复试验.具体考试要求如下:

1. 了解样本空间(基本事件空间)的概念,理解随机事件的概念,掌握事件的关系及运算.

2. 理解概率、条件概率的概念,掌握概率的基本性质,会计算古典概型概率和几何概型概率,掌握概率的加法公式、减法公式、乘法公式、全概率公式及贝叶斯公式.

3. 理解事件独立性的概念,掌握用事件独立性进行概率计算;理解独立重复试验的概念,掌握计算有关事件概率的方法.

1.4.2 考题特点分析

分析近十年的考题,该部分在数学一与数学三考察的"概率论与数理统计"内容中分值分

别约占 8.2% 和 10.6%.该部分是概率论与数理统计中的基础,考题大多是选择题和填空题,也作为基本知识点与其他部分的考点结合考察.此考点需要掌握概率论与数理统计的基本概念、公式,核心内容是概率的基本计算,这对于后续考点的学习具有夯实基础的作用.

1.4.3 考研真题

下面给出"随机事件和概率"部分近十年的考题,供读者自我测试.

1.(2012 年数学一、三) 设 A,B,C 为三个事件,且 A,C 互不相容,$P(AB)=\frac{1}{2}$,$P(C)=\frac{1}{3}$,则 $P(AB|\overline{C})=$__________.

2.(2014 年数学一、三) 设事件 A 与 B 相互独立,且 $P(B)=0.5$,$P(A-B)=0.3$,则 $P(B-A)=$(　　).

A. 0.1　　B. 0.2　　C. 0.3　　D. 0.4

3.(2015 年数学一、三) 若 A,B 为任意两个事件,则(　　).

A. $P(AB)\leqslant P(A)P(B)$　　B. $P(AB)\geqslant P(A)P(B)$

C. $P(AB)\leqslant\frac{P(A)+P(B)}{2}$　　D. $P(AB)\geqslant\frac{P(A)+P(B)}{2}$

4.(2016 年数学三) 设 A,B 为两个事件,且 $0<P(A)<1$,$0<P(B)<1$. 若 $P(A|B)=1$,则(　　).

A. $P(\overline{B}|\overline{A})=1$　　B. $P(A|\overline{B})=0$

C. $P(A\cup B)=1$　　D. $P(B|A)=1$

5.(2016 年数学三) 设袋中有红、白、黑球各 1 个,从中有放回地取球,每次取 1 个,直到三种颜色的球都取到时停止,则取球次数恰好为 4 的概率为__________.

6.(2017 年数学三) 设 A,B,C 为三个事件,且 A 与 C 相互独立,B 与 C 相互独立,则 $A\cup B$ 与 C 相互独立的充要条件是(　　).

A. A 与 B 相互独立　　B. A 与 B 互不相容

C. AB 与 C 相互独立　　D. AB 与 C 互不相容

7.(2019 年数学一、三) 设 A,B 为两个事件,则 $P(A)=P(B)$ 的充要条件是(　　).

A. $P(A\cup B)=P(A)+P(B)$　　B. $P(AB)=P(A)P(B)$

C. $P(A\overline{B})=P(\overline{A}B)$　　D. $P(AB)=P(\overline{AB})$

8.(2020 年数学一、三) 设 A,B,C 为三个随机事件,且 $P(A)=P(B)=P(C)=\frac{1}{4}$,$P(AB)=0$,$P(AC)=P(BC)=\frac{1}{12}$,则 A,B,C 中恰好有一个发生的概率为(　　).

A. $\frac{3}{4}$　　B. $\frac{2}{3}$　　C. $\frac{1}{2}$　　D. $\frac{5}{12}$

9.(2021 年数学一、三) 设 A,B 为两个事件,且 $0<P(B)<1$,下列命题中不成立的是(　　).

A. 若 $P(A|B)=P(A)$,则 $P(A|\overline{B})=P(A)$

B. 若 $P(A|B)>P(A)$,则 $P(\overline{A}|\overline{B})>P(\overline{A})$

C. 若 $P(A|B)>P(A|\overline{B})$，则 $P(A\mid B)>P(A)$

D. 若 $P(A|(A\cup B))>P(\overline{A}|(A\cup B))$，则 $P(A)>P(B)$

1.4.4 考研真题参考答案

1.【答案】$\frac{3}{4}$.

【解析】由条件概率的定义可得

$$P(AB|\overline{C})=\frac{P(AB\overline{C})}{P(\overline{C})},$$

其中

$$P(\overline{C})=1-P(C)=\frac{2}{3},$$

$$P(AB\overline{C})=P(AB)-P(ABC)=\frac{1}{2}-P(ABC).$$

由 A,C 互不相容，知 $AC=\varnothing$，$P(AC)=0$.又 $ABC\subset AC$，故 $P(ABC)=0$，从而得 $P(AB\overline{C})=\frac{1}{2}$.于是，得 $P(AB|\overline{C})=\frac{1}{2}\Big/\frac{2}{3}=\frac{3}{4}$.

2.【答案】B.

【解析】因为事件 A 与 B 相互独立，所以

$$P(AB)=P(A)P(B),$$

从而

$$P(A-B)=P(A)-P(A)P(B)=P(A)[1-P(B)]=0.3.$$

将 $P(B)=0.5$ 代入上式，可得

$$P(A)=0.6.$$

于是，有

$$P(AB)=P(A)P(B)=0.6\times0.5=0.3,$$

因此

$$\begin{aligned}P(B-A)&=P(B)-P(BA)\\&=0.5-0.3=0.2.\end{aligned}$$

3.【答案】C.

【解析】因为 $AB\subset A$，$AB\subset B$，所以，由概率的性质可得

$$P(AB)\leqslant P(A),\quad P(AB)\leqslant P(B).$$

因此

$$P(AB)\leqslant\sqrt{P(A)P(B)}\leqslant\frac{P(A)+P(B)}{2}.$$

4.【答案】A.

【解析】由 $P(A|B)=\frac{P(AB)}{P(B)}=1$ 可知，$P(AB)=P(B)$.于是，有

$$P(\overline{A}B)=P(B)-P(AB)=0,$$

因此

$$P(\overline{B}|\overline{A})=\frac{P(\overline{B}\,\overline{A})}{P(\overline{A})}=\frac{P(\overline{A})-P(\overline{A}B)}{P(\overline{A})}=1.$$

5.【答案】$\frac{2}{9}$.

【解析】要求前 3 次必须恰好取到两种不同颜色的球,第 4 次取到另外一种颜色的球.前 3 次恰好取到两种不同颜色球的概率为$\frac{2C_3^2}{3^3}$,在前 3 次恰好取到两种不同颜色的球的前提下,最后一次取到另外一种颜色球的概率为$\frac{1}{3}$.故所求概率为$\frac{2}{9}$.

6.【答案】C.

【解析】因为

$$\begin{aligned}P((A\cup B)C)&=P(AC\cup BC)=P(AC)+P(BC)-P(ABC)\\&=P(A)P(C)+P(B)P(C)-P(ABC)\\&=[P(A)+P(B)]P(C)-P(ABC),\end{aligned}$$

所以,当且仅当

$$P(ABC)=P(AB)P(C),$$

即 AB 与 C 相互独立时,$A\cup B$ 与 C 相互独立.

7.【答案】C.

【解析】由减法公式可知

$$P(A\overline{B})=P(A)-P(AB),\quad P(\overline{A}B)=P(B)-P(AB),$$

故

$$P(A\overline{B})=P(\overline{A}B)\Leftrightarrow P(A)=P(B).$$

8.【答案】D.

【解析】"A,B,C 中恰好有一个发生"可以表示为 $A\overline{B}\,\overline{C}\cup\overline{A}B\overline{C}\cup\overline{A}\,\overline{B}C$.由 $P(AB)=0$ 可知

$$P(ABC)=0.$$

于是,有

$$\begin{aligned}P(A\overline{B}\,\overline{C})&=P(A(\overline{B\cup C}))=P(A)-P(A(B\cup C))\\&=P(A)-P(AB)-P(AC).\end{aligned}$$

同理,

$$\begin{aligned}P(\overline{A}B\overline{C})&=P(B)-P(AB)-P(BC),\\P(\overline{A}\,\overline{B}C)&=P(C)-P(AC)-P(BC).\end{aligned}$$

于是

$$P(A\overline{B}\,\overline{C}\cup\overline{A}B\overline{C}\cup\overline{A}\,\overline{B}C)=\frac{1}{4}-0-\frac{1}{12}+\frac{1}{4}-0-\frac{1}{12}+\frac{1}{4}-\frac{1}{12}-\frac{1}{12}=\frac{5}{12}.$$

9.【答案】D.

【解析】因为

$$P(A|(A\cup B))=\frac{P(A(A\cup B))}{P(A\cup B)}=\frac{P(A)}{P(A)+P(B)-P(AB)},$$

$$P(\overline{A}|(A\cup B))=\frac{P(\overline{A}(A\cup B))}{P(A\cup B)}=\frac{P(\overline{A}B)}{P(A\cup B)}=\frac{P(B)-P(AB)}{P(A)+P(B)-P(AB)},$$

所以,若$P(A|(A\cup B))>P(\overline{A}|(A\cup B))$,则$P(A)>P(B)-P(AB)$,但$P(A)>P(B)$不一定成立.

1.5 数学实验

1.5.1 模拟抛硬币试验

1. 实验要求

利用 Python 产生一系列 0 和 1 的随机数,模拟抛硬币试验.验证抛一枚质地均匀的硬币,正面向上的频率的稳定值为 0.5.

2. 实验步骤

(1) 生成 0 和 1 的随机数序列,0 表示正面向上,1 表示正面向下,n 为生成随机数的个数;

(2) 统计 0 和 1 出现的次数,统计 n 个随机数中 0 的个数 h,将其放入字典 result 中,字典的键为生成随机数的个数 n,值为生成随机数 0 的频率 h/n;

(3) 画图展示每次试验正面向上出现的频率.

3. Python 实现代码

```
import random
import matplotlib.pyplot as plt
result = {}
for n in range(100,20001,10):
    h = 0
    for m in range(n):
        rnumber = random.randint(0,1)          # 生成随机数 0 或 1
        if rnumber == 0:
            h+ = 1                             # 统计正面向上的次数
    result[n] = h/n                            # 将统计结果添加到字典
plt.plot(result.keys(),result.values())        # 画图展示结果
plt.show()
```

运行结果:

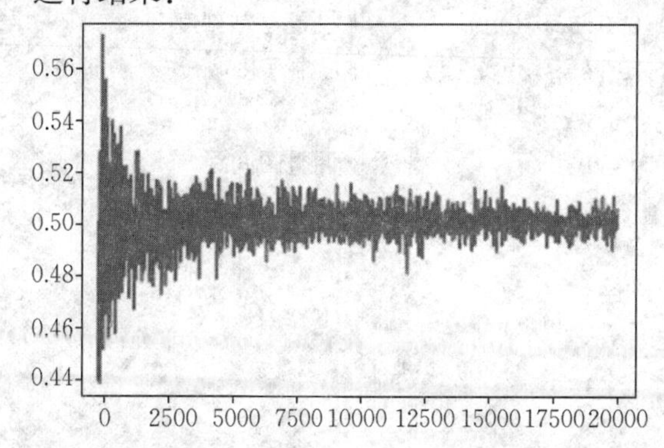

1.5.2　模拟掷骰子试验

1. 实验要求

利用Python产生一系列 1 ~ 6 之间的随机整数，模拟掷骰子试验.验证掷一枚质地均匀的骰子，每面向上的频率的稳定值为$\frac{1}{6}$.

2. 实验步骤

(1) 生成 1 ~ 6 之间的随机整数序列，n 为生成随机数的个数；

(2) 统计每个随机数出现的次数，将其放入字典 result 中，字典的键为生成随机数的个数 n，值为生成随机数的频率；

(3) 画图展示每次试验每面向上出现的频率.

3. Python 实现代码

```
import random
import numpy as np
import pandas as pd
import matplotlib.pyplot as plt
result = []
for n in range(100,20001,10):
    counts = {}                                          #统计次数
    for m in range(n):
        rnumber = random.randint(1,6)                    #生成 1 ~ 6 之间的随机整数
        counts[rnumber] = counts.get(rnumber,0) +1
    dict1 = {}
    for i in sorted(counts):                             #统计生成随机整数的频率
        dict1[i] = round(counts[i]/n,3)
    result.append([n]+list(dict1.values()))              #添加到二维列表
df = pd.DataFrame(result,columns = ['number','1','2','3','4','5','6'])
                                                         #生成 DataFrame 表
fig,axes = plt.subplots(2,3)
n = 1
for i in range(2):
    for j in range(3):
        plt.yticks(list(np.linspace(0,0.33,10)))         #设置 y 轴刻度
        axes[i,j].plot(df['number'],df[str(n)])          #绘制子图
        n+ = 1
plt.subplots_adjust(wspace = 0,hspace = 0)               #调整图间距
plt.show()
```

运行结果：

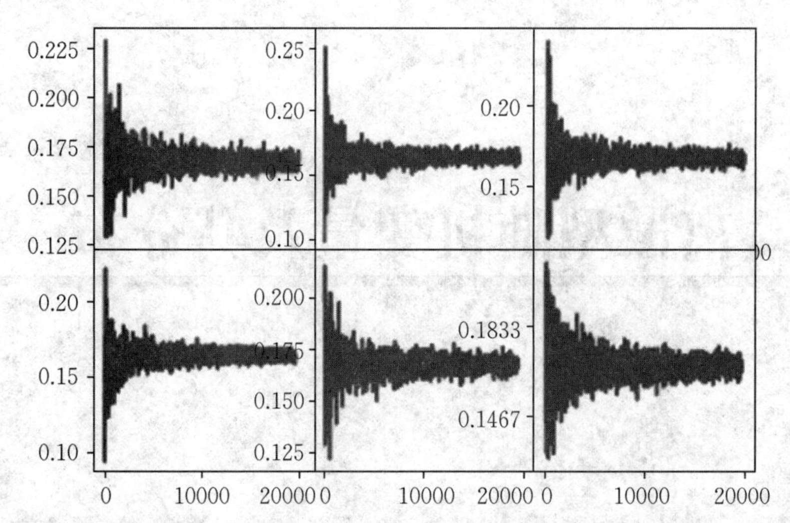
0.225
0.200
0.175
0.150
0.125
0.25
0.20
0.15
0.10
0.20
0.15
0.20
0.15
0.10
0.200
0.175
0.150
0.125
0.1833
0.1467
0
10000
20000
0
10000
20000
0
10000
20000

第2章 离散型随机变量及其分布

学习要求

1. 理解随机变量的概念.

2. 熟练掌握离散型随机变量的定义与性质.

3. 在已知分布律的条件下,能熟练求出有关概率.

4. 熟记两点分布、二项分布、泊松公布等几个常用分布,并熟悉它们的特性.

5. 掌握多维离散型随机变量的一般概念,深刻理解二维离散型随机变量的含义及其实际意义.

6. 深刻理解二维离散型随机变量的联合分布律与边缘分布律,掌握联合分布律的基本性质.

7. 熟练掌握由联合分布求边缘分布的方法.

8. 了解随机变量相互独立的定义,能利用充要条件判断随机变量的独立性.

9. 理解条件分布的概念,在已知联合分布律的情况下,会求条件分布律.

重点

一维随机变量的概念,分布律的概念、性质及计算;二维离散型随机变量的概念,联合分布律的概念、性质,边缘分布律及条件分布律的计算;两个随机变量相互独立的判断.

难点

用随机变量描述事件,求随机变量及随机变量函数的分布律;联合分布律的计算,求边缘分布律与条件概率.

2.1 知识结构

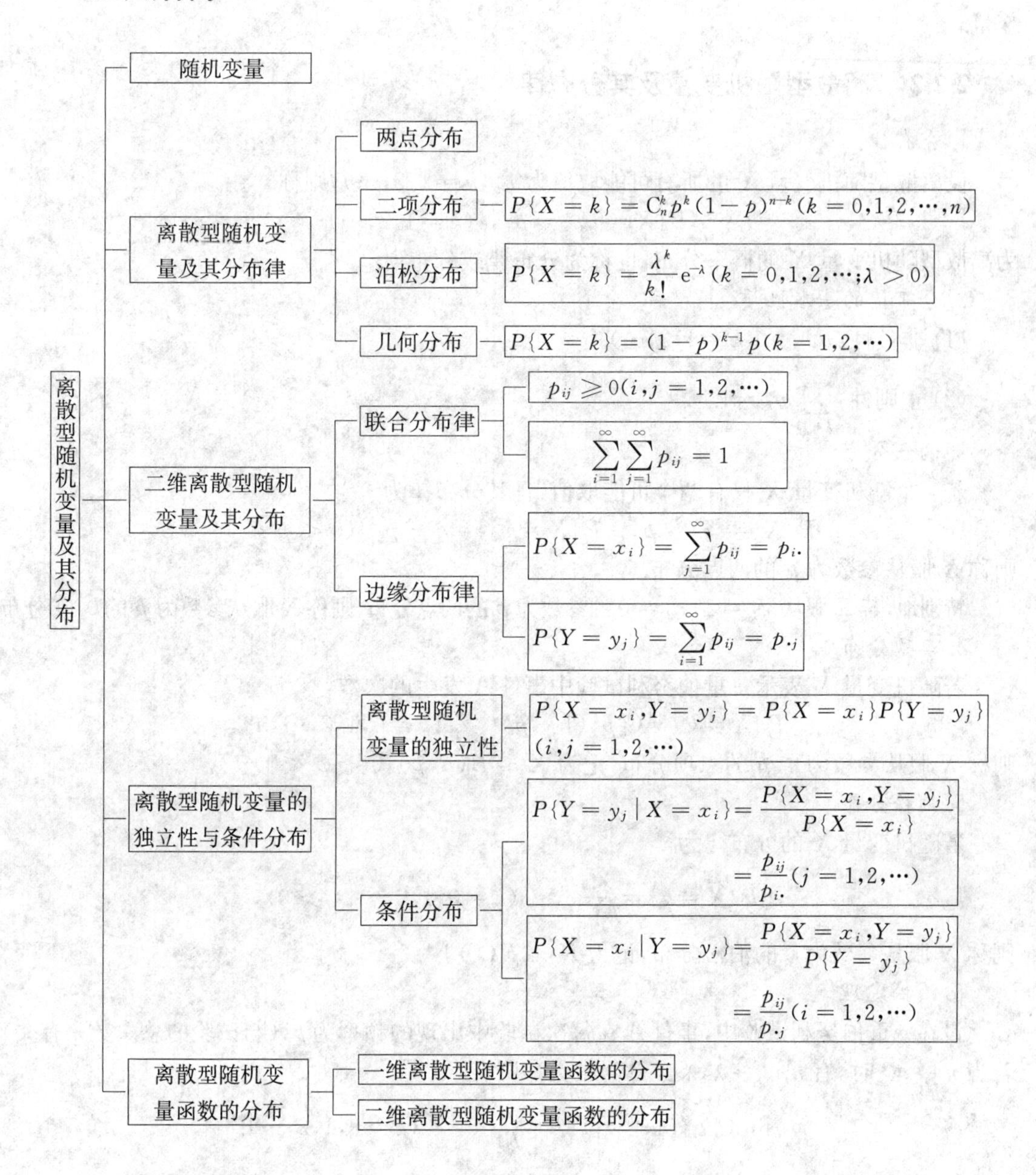

2.2 重点内容介绍

2.2.1 随机变量

1. 随机变量

设随机试验 E 的样本空间为 Ω.如果对于随机试验的每一个结果 $\omega\in\Omega$，都有一个实数 $X(\omega)$ 与之对应，这样就定义了一个定义域为 Ω 的实值函数 $X=X(\omega)$，称之为随机变量.

2. 离散型随机变量

若随机变量 X 的所有可能取值为有限个或可列无限个,则称这种随机变量为离散型随机变量.

2.2.2 离散型随机变量及其分布律

1. 分布律

设离散型随机变量 X 的所有可能取值为 $x_k(k=1,2,\cdots)$,则称

$$P\{X=x_k\}=p_k \quad (k=1,2,\cdots)$$

为离散型随机变量 X 的概率分布,也称为分布律或分布列.

2. 分布律的基本性质

(1) 非负性:$p_k \geqslant 0(k=1,2,\cdots)$.

(2) 正则性:$\sum\limits_{k=1}^{\infty} p_k=1$.

3. 两点分布

若一个随机变量 X 只有两个可能取值,且其分布律为

$$P\{X=x_1\}=p, \quad P\{X=x_2\}=1-p \quad (0<p<1),$$

则称 X 服从参数为 p 的两点分布.

特别地,若 X 服从 $x_1=1,x_2=0$ 的参数为 p 的两点分布,则称 X 服从参数为 p 的 0-1 分布.

4. 二项分布

若随机变量 X 表示 n 重伯努利试验中事件 A 发生的次数,有

$$P\{X=k\}=\mathrm{C}_n^k p^k(1-p)^{n-k} \quad (k=0,1,2,\cdots,n),$$

则称 X 服从参数为 n,p 的二项分布,记为 $X \sim B(n,p)$,$0<p<1$.

5. 泊松分布

若随机变量 X 的分布律为

$$P\{X=k\}=\frac{\lambda^k}{k!}\mathrm{e}^{-\lambda} \quad (k=0,1,2,\cdots;\lambda>0),$$

则称 X 服从参数为 λ 的泊松分布,记为 $X \sim P(\lambda)$.

6. 泊松定理

设在 n 重伯努利试验中,事件 A 在每次试验中出现的频率为 p_n(与试验的总次数 n 有关).若当 $n \to \infty$ 时,有 $np_n \to \lambda$($\lambda>0$ 为常数),则有

$$\lim_{n\to\infty}\mathrm{C}_n^k p_n^k(1-p_n)^{n-k}=\frac{\lambda^k}{k!}\mathrm{e}^{-\lambda} \quad (k=0,1,2,\cdots).$$

7. 几何分布

若随机变量 X 的分布律为

$$P\{X=k\}=(1-p)^{k-1}p \quad (k=1,2,\cdots),$$

则称 X 服从几何分布,记为 $X \sim G(p)$.

8. 超几何分布

若随机变量 X 的分布律为

$$P\{X=k\}=\frac{\mathrm{C}_M^k\mathrm{C}_{N-M}^{n-k}}{\mathrm{C}_N^n} \quad (k=0,1,2,\cdots,j),$$

其中 $j=\min\{M,n\}$，且 $M\leqslant N,n\leqslant N,n,N,M$ 均为正整数，则称 X 服从超几何分布，记为 $X\sim H(n,M,N)$.

2.2.3　二维离散型随机变量及其分布

1. 二维离散型随机变量

若二维随机变量 (X,Y) 的所有可能取值是有限对或可列无限多对，则称 (X,Y) 为二维离散型随机变量.

2. 联合分布律

设二维离散型随机变量 (X,Y) 的所有可能取值为 (x_i,y_j)，$i,j=1,2,\cdots$，则称

$$P\{X=x_i,Y=y_j\}=p_{ij}\quad(i,j=1,2,\cdots)$$

为二维离散型随机变量 (X,Y) 的联合分布律或联合概率分布，简称分布律或概率分布.

3. 联合分布律的基本性质

(1) 非负性：$p_{ij}\geqslant 0(i,j=1,2,\cdots)$.

(2) 正则性：$\sum\limits_{i=1}^{\infty}\sum\limits_{j=1}^{\infty}p_{ij}=1$.

4. 边缘分布律

设 (X,Y) 是二维离散型随机变量，且 $P\{X=x_i,Y=y_j\}=p_{ij}$，则称

$$P\{X=x_i\}=\sum_{j=1}^{\infty}p_{ij}=p_{i\cdot}$$

为随机变量 X 的边缘分布律.同理，称

$$P\{Y=y_j\}=\sum_{i=1}^{\infty}p_{ij}=p_{\cdot j}$$

为随机变量 Y 的边缘分布律.

2.2.4　离散型随机变量的独立性与条件分布

1. 离散型随机变量的独立性

设二维离散型随机变量 (X,Y) 的联合分布律为

$$P\{X=x_i,Y=y_j\}=p_{ij}\quad(i,j=1,2,\cdots).$$

若联合分布律恰为两个边缘分布律的乘积，即

$$P\{X=x_i,Y=y_j\}=P\{X=x_i\}P\{Y=y_j\}\quad(i,j=1,2,\cdots),$$

则称随机变量 X 与 Y 相互独立.

2. 条件分布

设 (X,Y) 是二维离散型随机变量.对于固定的 j，若 $P\{Y=y_j\}>0$，则称

$$P\{X=x_i|Y=y_j\}=\frac{P\{X=x_i,Y=y_j\}}{P\{Y=y_j\}}=\frac{p_{ij}}{p_{\cdot j}}\quad(i=1,2,\cdots)$$

为在 $Y=y_j$ 条件下随机变量 X 的条件分布律.同样，对于固定的 i，若 $P\{X=x_i\}>0$，则称

$$P\{Y=y_j|X=x_i\}=\frac{P\{X=x_i,Y=y_j\}}{P\{X=x_i\}}=\frac{p_{ij}}{p_{i\cdot}}\quad(j=1,2,\cdots)$$

为在 $X=x_i$ 条件下随机变量 Y 的条件分布律.

2.2.5 离散型随机变量函数的分布

1. 一维离散型随机变量函数的分布

(1) 一维随机变量的函数.若存在一个函数 $g(x)$，使得随机变量 X,Y 满足 $Y=g(X)$，则称随机变量 Y 是随机变量 X 的函数.

(2) 若已知离散型随机变量 X 的分布律，求 $Y=g(X)$ 的分布律的步骤如下：

① 给出 Y 的可能取值 $y_1,y_2,\cdots,y_j,\cdots$；

② 利用等价事件写出分布律：找出 $\{Y=y_j\}$ 的等价事件 $\{X\in D\}$，得

$$P\{Y=y_j\}=P\{X\in D\}=\sum_{y_j=g(x_i)}P\{X=x_i\}.$$

2. 二维离散型随机变量函数的分布

(1) 二维随机变量的函数.若存在一个函数 $g(x,y)$，使得随机变量 X,Y,Z 满足 $Z=g(X,Y)$，则称随机变量 Z 是随机变量 (X,Y) 的函数.

(2) 若已知二维离散型随机变量 (X,Y) 的分布律，求 $Z=g(X,Y)$ 的分布律的步骤如下：

① 给出 Z 的可能取值 $z_k=g(x_i,y_j)(k=1,2,\cdots)$；

② 利用等价事件写出分布律：

$$P\{Z=z_k\}=P\{g(x_i,y_j)=z_k\}=\sum_{z_k=g(x_i,y_j)}P\{X=x_i,Y=y_j\}\quad(k=1,2,\cdots).$$

2.3 教材习题解析

习题 1 一袋中有 5 个球，分别编号为 1,2,3,4,5.从袋中任取 3 个球，以 X 表示取出的 3 个球中的最大号码，试求 X 的分布律.

解 从编号为 1,2,3,4,5 的球中，同时取 3 个球，可知取出的球的最大号码可以是 3,4,5，进而可确定 X 的所有可能取值为 3,4,5.利用古典概型可得

$$P\{X=3\}=\frac{1}{C_5^3}=\frac{1}{10},$$

$$P\{X=4\}=\frac{C_3^2}{C_5^3}=\frac{3}{10},$$

$$P\{X=5\}=\frac{C_4^2}{C_5^3}=\frac{6}{10}.$$

故 X 的分布律如表 2.1 所示.

表 2.1

X	3	4	5
p_k	0.1	0.3	0.6

习题 2 从一副 52 张(去除大、小王牌)的扑克牌中任取 5 张，以 X 表示取出的“黑桃”花色的张数，试求 X 的分布律.

解 一副 52 张的扑克牌中共有 13 张“黑桃”，进而任取 5 张可确定 X 的所有可能取值为 0,1,2,3,4,5.利用古典概型可得

$$P\{X=k\}=\frac{C_{13}^{k}C_{39}^{5-k}}{C_{52}^{5}}\quad (k=0,1,2,3,4,5).$$

习题 3 一批产品共有 100 件,其中有 10 件是不合格品.根据验收规则,从中任取 5 件产品进行质量检验,若这 5 件产品中无不合格品,则这批产品被接受,否则就需要对这批产品进行逐个检验.试求:

(1) 5 件产品中不合格品数 X 的分布律;

(2) 需要对这批产品进行逐个检验的概率.

解 (1) 设 X 表示取出的 5 件产品中的不合格品数,由题意可确定 X 的所有可能取值为 0,1,2,3,4,5.利用古典概型可得

$$P\{X=k\}=\frac{C_{10}^{k}C_{90}^{5-k}}{C_{100}^{5}}\quad (k=0,1,2,3,4,5).$$

经计算得

$$P\{X=0\}=\frac{C_{90}^{5}}{C_{100}^{5}}\approx 0.583\,8,\quad P\{X=1\}=\frac{C_{10}^{1}C_{90}^{4}}{C_{100}^{5}}\approx 0.339\,4,$$

$$P\{X=2\}=\frac{C_{10}^{2}C_{90}^{3}}{C_{100}^{5}}\approx 0.070\,2,\quad P\{X=3\}=\frac{C_{10}^{3}C_{90}^{2}}{C_{100}^{5}}\approx 0.006\,4,$$

$$P\{X=4\}=\frac{C_{10}^{4}C_{90}^{1}}{C_{100}^{5}}\approx 0.000\,3,\quad P\{X=5\}=\frac{C_{10}^{5}}{C_{100}^{5}}=0.000\,003.$$

(2) 由题意可知,当任取 5 件产品中出现不合格品,即 $X\geqslant 1$ 时,需要对这批产品进行逐个检验,于是所求的概率为

$$\begin{aligned}&P\{X=1\}+P\{X=2\}+P\{X=3\}+P\{X=4\}+P\{X=5\}\\&=1-P\{X=0\}=1-0.583\,8=0.416\,2.\end{aligned}$$

习题 4 设一批晶体管的次品率为 0.01.现从这批晶体管中抽取 4 个,试求其中恰有 3 个次品的概率.

解 设 X 表示取出的 4 个晶体管中的次品数.由题意可知,这批晶体管的次品率为 0.01,且 $X\sim B(4,0.01)$.利用二项分布的概率公式,得所求概率为

$$P\{X=3\}=C_{4}^{3}0.01^{3}\,(1-0.01)^{1}=0.000\,003\,96.$$

习题 5 一批产品中有 10% 的不合格品.现从中任取 3 件,求其中至多有 1 件不合格品的概率.

解 设 X 表示取出的 3 件产品中的不合格品数.由题意可知,这批产品的不合格品概率为 10%,且 $X\sim B(3,0.1)$.利用二项分布的概率公式,得所求概率为

$$\begin{aligned}P\{X\leqslant 1\}&=P\{X=0\}+P\{X=1\}\\&=C_{3}^{0}0.1^{0}0.9^{3}+C_{3}^{1}0.1^{1}0.9^{2}\\&=0.729+0.243=0.972.\end{aligned}$$

习题 6 一条自动化生产线上产品的一级品率为 0.8.现检查 5 件,求其中至少有 2 件一级品的概率.

解 设 X 表示取出的 5 件产品中的一级品数.由题意可知,这批产品的一级品率为 0.8,且 $X\sim B(5,0.8)$.利用二项分布的概率公式,得所求概率为

$$\begin{aligned}P\{X\geqslant 2\}&=1-P\{X=0\}-P\{X=1\}\\&=1-C_5^0 0.8^0 0.2^5-C_5^1 0.8^1 0.2^4\\&=1-0.000\,32-0.006\,4\\&=0.993\,28.\end{aligned}$$

习题 7 某射手命中10环的概率为0.7,命中9环的概率为0.3,试求该射手三次射击所命中的环数不少于29环的概率.

解 设 X 表示该射手三次射击中命中10环的次数,则 $X\sim B(3,0.7)$.利用二项分布的概率公式,得所求概率为

$$\begin{aligned}P\{X\geqslant 2\}&=1-P\{X=0\}-P\{X=1\}\\&=1-C_3^0 0.7^0 0.3^3-C_3^1 0.7^1 0.3^2\\&=1-0.027-0.189\\&=0.784.\end{aligned}$$

习题 8 经验表明:预定餐厅座位而不来就餐的顾客比例为20%.现餐厅有50个座位,但预定给了52位顾客,求到时顾客来到餐厅而没有座位的概率.

解 设 X 表示预定的52位顾客中不来就餐的顾客数,则 $X\sim B(52,0.2)$."顾客来到餐厅而没有座位"等价于"52位顾客中至多有1位不来就餐",利用二项分布的概率公式,得所求概率为

$$\begin{aligned}P\{X\leqslant 1\}&=P\{X=0\}+P\{X=1\}\\&=C_{52}^0 0.2^0 0.8^{52}+C_{52}^1 0.2^1 0.8^{51}\\&\approx 0.000\,127\,9.\end{aligned}$$

习题 9 设随机变量 $X\sim B(2,p)$,$Y\sim B(4,p)$.若 $P\{X\geqslant 1\}=\dfrac{8}{9}$,试求 $P\{Y\geqslant 1\}$.

解 因为 $P\{X\geqslant 1\}=\dfrac{8}{9}$,$X\sim B(2,p)$,所以

$$P\{X\geqslant 1\}=1-P\{X=0\}=1-C_2^0 p^0(1-p)^2=\frac{8}{9}.$$

对上式求解可得 $p=\dfrac{2}{3}$,从而 $Y\sim B\left(4,\dfrac{2}{3}\right)$.于是,所求概率为

$$P\{Y\geqslant 1\}=1-P\{Y=0\}=1-C_4^0\left(\frac{2}{3}\right)^0\left(1-\frac{2}{3}\right)^4=\frac{80}{81}.$$

习题 10 一批产品的不合格品率为0.02.现从中任取40件进行检查,若发现其中有2件或2件以上不合格品就拒收这批产品.分别用下列方法求拒收的概率:

(1) 用二项分布做精确计算;

(2) 用泊松分布做近似计算.

解 设 X 表示40件产品中的不合格品的数量.

(1) 由题意可知,$X\sim B(40,0.02)$,即 X 的分布律为

$$P\{X=k\}=C_{40}^k 0.02^k(1-0.02)^{40-k}\quad(k=0,1,2,\cdots,40).$$

于是,其中有2件或2件以上不合格品的概率为

$$P\{X \geqslant 2\}=1-P\{X=0\}-P\{X=1\}$$
$$=1-C_{40}^{0}0.02^{0}(1-0.02)^{40}-C_{40}^{1}0.02^{1}(1-0.02)^{39}$$
$$\approx 0.190.$$

(2) 由于 $n=40$ 较大，而 $np=40\times 0.02=0.8$，因此由泊松定理，近似地有 $X\sim P(0.8)$，即有

$$P\{X=k\}\approx \frac{0.8^k}{k!}\mathrm{e}^{-0.8}\quad (k=0,1,2,\cdots,40).$$

于是，其中有2件或2件以上不合格品的概率为

$$P\{X\geqslant 2\}=1-P\{X=0\}-P\{X=1\}$$
$$=1-\frac{0.8^0}{0!}\mathrm{e}^{-0.8}-\frac{0.8^1}{1!}\mathrm{e}^{-0.8}$$
$$\approx 0.191.$$

从以上结果可以看出，两种方法计算出的概率非常接近.

习题11 设一商场在某一时间段的客流量服从参数为 λ 的泊松分布，求商场在此时间段恰有 i 个客人的概率.

解 设 X 表示商场在某一时间段的客流量.由题意可知，$X\sim P(\lambda)$，则商场在此时间段恰有 i 个客人的概率为

$$P\{X=i\}=\frac{\lambda^i}{i!}\mathrm{e}^{-\lambda}\quad (i=0,1,2,\cdots).$$

习题12 设随机变量 X 服从泊松分布，且已知 $P\{X=1\}=P\{X=2\}$，求 $P\{X=4\}$.

解 由题意可知，$X\sim P(\lambda)$，则 X 的分布律为

$$P\{X=k\}=\frac{\lambda^k}{k!}\mathrm{e}^{-\lambda}\quad (k=0,1,2,\cdots).$$

将 $k=1,2$ 代入上式，得

$$P\{X=1\}=\frac{\lambda^1}{1!}\mathrm{e}^{-\lambda},\quad P\{X=2\}=\frac{\lambda^2}{2!}\mathrm{e}^{-\lambda}.$$

已知 $P\{X=1\}=P\{X=2\}$，即

$$\lambda\mathrm{e}^{-\lambda}=\frac{\lambda^2}{2}\mathrm{e}^{-\lambda},$$

而 $\lambda>0$，解得 $\lambda=2$.故所求概率为

$$P\{X=4\}=\frac{2^4}{4!}\mathrm{e}^{-2}=\frac{2}{3}\mathrm{e}^{-2}.$$

习题13 设某商店每月销售某种商品的数量服从参数为6的泊松分布，问：在月初进货时应至少进多少件此种商品，才能保证当月此种商品不脱销的概率不低于0.999 7?

解 设 X 表示此种商品每月销售的数量.由题意可知，$X\sim P(6)$，则 X 的分布律为

$$P\{X=k\}=\frac{6^k}{k!}\mathrm{e}^{-6}\quad (k=0,1,2,\cdots).$$

设 N 表示月初进此种商品的数量，则此种商品不脱销的概率为

$$P\{X\leqslant N\}=\sum_{k=0}^{N}\frac{6^k}{k!}\mathrm{e}^{-6}\geqslant 0.999\,7.$$

查泊松分布表,有

$$P\{X \leqslant 15\}=0.999\,6,\quad P\{X \leqslant 16\}=0.999\,9.$$

也就是说,月初进此种商品不少于16件,才能保证当月此种商品不脱销的概率不低于0.999 7.

习题 14 设一个人一年内患感冒的次数服从参数为 $\lambda=5$ 的泊松分布.现有某种预防感冒的药物对75%的人有效(能将泊松分布的参数减小为 $\lambda=3$),对另外的25%的人无效.如果某人服用了此药,一年内患了两次感冒,那么该药对他有效的可能性是多少?

解 设事件 A 表示"任选一人,此药对此人有效",随机变量 X 表示一个人在一年中患感冒的次数,则所求概率为 $P\{A \mid X=2\}$.由题意可知

$$P(A)=\frac{3}{4},\quad P(\overline{A})=\frac{1}{4},$$

而

$$P\{X=k \mid A\}=\frac{3^k \mathrm{e}^{-3}}{k!},\quad P\{X=k \mid \overline{A}\}=\frac{5^k \mathrm{e}^{-5}}{k!}\quad (k=0,1,2,\cdots).$$

故由贝叶斯公式可得

$$\begin{aligned} P\{A \mid X=2\} &= \frac{P\{X=2 \mid A\}P(A)}{P\{X=2 \mid A\}P(A)+P\{X=2 \mid \overline{A}\}P(\overline{A})} \\ &= \frac{\frac{3^2\mathrm{e}^{-3}}{2!}\times\frac{3}{4}}{\frac{3^2\mathrm{e}^{-3}}{2!}\times\frac{3}{4}+\frac{5^2\mathrm{e}^{-5}}{2!}\times\frac{1}{4}} \approx 0.888\,6. \end{aligned}$$

习题 15 某产品的不合格品率为0.1,每次随机抽取10件产品进行检验,如果发现其中有不合格品,就调整设备.若检验员每天检验4次,试求每天调整设备次数的分布律.

解 设 X 表示取出10件产品中的不合格品数,则 $X \sim B(10,0.1)$,即 X 的分布律为

$$P\{X=k\}=\mathrm{C}_{10}^{k}0.1^{k}(1-0.1)^{10-k}\quad (k=0,1,2,\cdots,10).$$

故发现不合格品的概率为

$$P\{X \geqslant 1\}=1-P\{X=0\}=1-0.9^{10}\approx 0.651\,3.$$

设 Y 表示每天调整设备的次数,则 $Y \sim B(4,0.651\,3)$,即 Y 的分布律为

$$P\{Y=k\}=\mathrm{C}_{4}^{k}0.651\,3^{k}(1-0.651\,3)^{4-k}\quad (k=0,1,2,3,4).$$

习题 16 一个系统由 n 个元件组成,各个元件是否正常工作是相互独立的,且各个元件正常工作的概率为 p.若在系统中至少有一半的元件正常工作,那么整个系统就有效.问:p 取何值时,5个元件的系统比3个元件的系统更有可能有效?

解 设 X 表示由5个元件组成的系统中正常工作元件的个数,则 $X \sim B(5,p)$.由题意可知,整个系统有效的概率为

$$\begin{aligned} P\left\{X \geqslant \frac{5}{2}\right\} &= P\{X=5\}+P\{X=4\}+P\{X=3\} \\ &= \mathrm{C}_5^5 p^5(1-p)^0+\mathrm{C}_5^4 p^4(1-p)^1+\mathrm{C}_5^3 p^3(1-p)^2 \\ &= p^5+5p^4(1-p)+10p^3(1-p)^2 \\ &= 6p^5-15p^4+10p^3. \end{aligned}$$

设 Y 表示由3个元件组成的系统中正常工作元件的个数,则 $Y \sim B(3,p)$.由题意可知,整

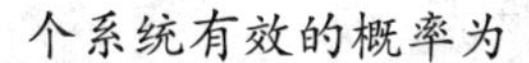

个系统有效的概率为

$$P\left\{Y \geqslant \frac{3}{2}\right\} = P\{Y=3\} + P\{Y=2\}$$
$$= C_3^3 p^3 (1-p)^0 + C_3^2 p^2 (1-p)^1$$
$$= p^3 + 3p^2(1-p)$$
$$= 3p^2 - 2p^3.$$

若 5 个元件的系统比 3 个元件的系统更有可能有效，则

$$P\left\{X \geqslant \frac{5}{2}\right\} > P\left\{Y \geqslant \frac{3}{2}\right\},$$

即

$$6p^5 - 15p^4 + 10p^3 > 3p^2 - 2p^3.$$

由概率的性质可知，$p \geqslant 0$，化简上式得

$$2p^3 - 5p^2 + 4p - 1 = (p-1)^2(2p-1) > 0.$$

当 $0.5 < p \leqslant 1$ 时，5 个元件的系统比 3 个元件的系统更有可能有效.

习题 17 设某批电子管的合格品率为 $\frac{3}{4}$，不合格品率为 $\frac{1}{4}$. 现对该批电子管进行测试，设第 X 次为首次测到合格品，求 X 的分布律.

解 X 的所有可能取值为 $1,2,\cdots,k,\cdots$. 由题意可知，$X=k$ 表示第 k 次为首次测到合格品，即前 $k-1$ 次测到的都是不合格品，则 $X \sim G\left(\frac{3}{4}\right)$，故 X 的分布律为

$$P\{X=k\} = \left(\frac{1}{4}\right)^{k-1} \cdot \frac{3}{4} \quad (k=1,2,\cdots).$$

习题 18 根据 1998 年统计资料显示，在饮料销售额排名中，可口可乐和百事可乐分别位居第一和第二. 假设 10 人中有 6 人偏爱可口可乐，4 人偏爱百事可乐，现从中选出 3 人组成一个随机样本，试求恰好有 2 人偏爱可口可乐的概率.

解 设 X 表示 3 人中偏爱可口可乐的人数，则 X 服从超几何分布 $H(3,6,10)$，故所求概率为

$$P\{X=2\} = \frac{C_6^2 C_4^1}{C_{10}^3} = \frac{15 \times 4}{120} = \frac{1}{2}.$$

习题 19 设随机变量 (X,Y) 的联合分布律如表 2.2 所示，求：(1) a 的值；(2) $P\{Y \leqslant X\}$.

表 2.2

Y	X	
	-1	1
0	$\frac{1}{3}$	$\frac{1}{5}$
1	$\frac{1}{4}$	a

解 (1) 根据二维离散型随机变量的联合分布律的性质 $\sum\limits_{i=1}^{\infty}\sum\limits_{j=1}^{\infty} p_{ij} = 1$，有

$$P\{X=-1,Y=0\}+P\{X=-1,Y=1\}+P\{X=1,Y=0\}+P\{X=1,Y=1\}$$
$$=\frac{1}{3}+\frac{1}{4}+\frac{1}{5}+a=1,$$

解得 $a=\frac{13}{60}$.

(2) $P\{Y\leqslant X\}=P\{X=1,Y=0\}+P\{X=1,Y=1\}$

$$=\frac{1}{5}+\frac{13}{60}=\frac{5}{12}.$$

习题 20 设随机变量 X 表示某种昆虫的产卵数，且 $X\sim P(\lambda)$，卵的孵化率为 p，孵化数为 Y，试求 (X,Y) 的联合分布律.

解 由题意可知，当产卵数 x 固定时，$Y\sim B(x,p)$，故 (X,Y) 的联合分布律为

$$P\{X=i,Y=j\}=P\{Y=j\mid X=i\}P\{X=i\}$$
$$=C_i^j p^j(1-p)^{i-j}e^{-\lambda}\frac{\lambda^i}{i!}\quad(i\geqslant j;i=0,1,2,\cdots).$$

习题 21 在一箱中装有 12 只开关，其中 2 只是次品.现从中取两次，每次任取一只，定义随机变量

$$X=\begin{cases}0, & 第一次取出正品,\\ 1, & 第一次取出次品,\end{cases}\qquad Y=\begin{cases}0, & 第二次取出正品,\\ 1, & 第二次取出次品.\end{cases}$$

现采用有放回和不放回两种抽取方式，试分别求出 (X,Y) 的联合分布律及边缘分布律.

解 采用有放回抽取方式.由题意可知

$$P\{X=0,Y=0\}=\frac{10}{12}\times\frac{10}{12}=\frac{25}{36},$$
$$P\{X=0,Y=1\}=\frac{10}{12}\times\frac{2}{12}=\frac{5}{36},$$
$$P\{X=1,Y=0\}=\frac{2}{12}\times\frac{10}{12}=\frac{5}{36},$$
$$P\{X=1,Y=1\}=\frac{2}{12}\times\frac{2}{12}=\frac{1}{36}.$$

根据上述计算，即可写出 (X,Y) 的联合分布律，如表 2.3 所示.

表 2.3

Y	X	
	0	1
0	$\frac{25}{36}$	$\frac{5}{36}$
1	$\frac{5}{36}$	$\frac{1}{36}$

再根据二维离散型随机变量的边缘分布律的定义，由表 2.3 可得，X 和 Y 的边缘分布律分别为

$$P\{X=0\}=\frac{25}{36}+\frac{5}{36}=\frac{5}{6},\quad P\{X=1\}=\frac{5}{36}+\frac{1}{36}=\frac{1}{6},$$

$$P\{Y=0\}=\frac{25}{36}+\frac{5}{36}=\frac{5}{6},\quad P\{Y=1\}=\frac{5}{36}+\frac{1}{36}=\frac{1}{6}.$$

综上,(X,Y) 的联合分布律及边缘分布律如表 2.4 所示.

表 2.4

Y	X		$P\{Y=y_j\}$
	0	1	
0	$\frac{25}{36}$	$\frac{5}{36}$	$\frac{5}{6}$
1	$\frac{5}{36}$	$\frac{1}{36}$	$\frac{1}{6}$
$P\{X=x_i\}$	$\frac{5}{6}$	$\frac{1}{6}$	

采用不放回抽取方式.由题意可知

$$P\{X=0,Y=0\}=\frac{10}{12}\times\frac{9}{11}=\frac{45}{66},\quad P\{X=0,Y=1\}=\frac{10}{12}\times\frac{2}{11}=\frac{10}{66},$$

$$P\{X=1,Y=0\}=\frac{2}{12}\times\frac{10}{11}=\frac{10}{66},\quad P\{X=1,Y=1\}=\frac{2}{12}\times\frac{1}{11}=\frac{1}{66}.$$

根据上述计算,即可写出(X,Y) 的联合分布律,如表 2.5 所示.

表 2.5

Y	X	
	0	1
0	$\frac{45}{66}$	$\frac{10}{66}$
1	$\frac{10}{66}$	$\frac{1}{66}$

再根据二维离散型随机变量的边缘分布律的定义,由表 2.5 可得,X 和 Y 的边缘分布律分别为

$$P\{X=0\}=\frac{45}{66}+\frac{10}{66}=\frac{5}{6},\quad P\{X=1\}=\frac{10}{66}+\frac{1}{66}=\frac{1}{6},$$

$$P\{Y=0\}=\frac{45}{66}+\frac{10}{66}=\frac{5}{6},\quad P\{Y=1\}=\frac{10}{66}+\frac{1}{66}=\frac{1}{6}.$$

综上,(X,Y) 的联合分布律及边缘分布律如表 2.6 所示.

表 2.6

Y	X		$P\{Y=y_j\}$
	0	1	
0	$\frac{45}{66}$	$\frac{10}{66}$	$\frac{5}{6}$
1	$\frac{10}{66}$	$\frac{1}{66}$	$\frac{1}{6}$
$P\{X=x_i\}$	$\frac{5}{6}$	$\frac{1}{6}$	

习题 22　设随机变量(X,Y) 的可能取值为$(0,0),(-1,1),(-1,2),(1,0)$,且取这些值的概率依次为$\frac{1}{6},\frac{1}{3},\frac{1}{12},\frac{5}{12}$,试求 X 与 Y 的边缘分布律.

解 由题意可知,(X,Y) 的可能取值的概率为

$$P\{X=0,Y=0\}=\frac{1}{6},\quad P\{X=-1,Y=1\}=\frac{1}{3},$$

$$P\{X=-1,Y=2\}=\frac{1}{12},\quad P\{X=1,Y=0\}=\frac{5}{12}.$$

因此,可以写出(X,Y)的联合分布律,如表 2.7 所示.

表 2.7

Y	X		
	-1	0	1
0	0	$\frac{1}{6}$	$\frac{5}{12}$
1	$\frac{1}{3}$	0	0
2	$\frac{1}{12}$	0	0

再根据二维离散型随机变量的边缘分布律的定义,由表 2.7 可得,X 与 Y 的边缘分布律分别为

$$P\{X=-1\}=\frac{1}{3}+\frac{1}{12}=\frac{5}{12},\quad P\{X=0\}=\frac{1}{6},\quad P\{X=1\}=\frac{5}{12},$$

$$P\{Y=0\}=\frac{1}{6}+\frac{5}{12}=\frac{7}{12},\quad P\{Y=1\}=\frac{1}{3},\quad P\{Y=2\}=\frac{1}{12},$$

如表 2.8 所示.

表 2.8

Y	X			$P\{Y=y_j\}$
	-1	0	1	
0	0	$\frac{1}{6}$	$\frac{5}{12}$	$\frac{7}{12}$
1	$\frac{1}{3}$	0	0	$\frac{1}{3}$
2	$\frac{1}{12}$	0	0	$\frac{1}{12}$
$P\{X=x_i\}$	$\frac{5}{12}$	$\frac{1}{6}$	$\frac{5}{12}$	

习题 23 设随机变量(X,Y)的联合分布律如表 2.9 所示,试问:a,b 取何值时,X 与 Y 相互独立?

表 2.9

Y	X	
	1	2
1	$\frac{1}{6}$	$\frac{1}{3}$
2	$\frac{1}{9}$	a
3	$\frac{1}{18}$	b

解 根据二维离散型随机变量的联合分布律的性质$\sum_{i=1}^{\infty}\sum_{j=1}^{\infty}p_{ij}=1$,得

$$\frac{1}{6}+\frac{1}{9}+\frac{1}{18}+\frac{1}{3}+a+b=1, \quad 即 \quad a+b=\frac{1}{3}.$$

由联合分布律可得

$$P\{X=1\}=\frac{1}{6}+\frac{1}{9}+\frac{1}{18}=\frac{1}{3}, \quad P\{Y=2\}=\frac{1}{9}+a.$$

若X与Y相互独立可得

$$P\{X=1,Y=2\}=P\{X=1\}P\{Y=2\},$$

即

$$\frac{1}{9}=\frac{1}{3}\times\left(\frac{1}{9}+a\right),$$

解得$a=\frac{2}{9}$,进而可得$b=\frac{1}{9}$.

习题24 设随机变量X与Y独立同分布,且$P\{X=-1\}=P\{X=1\}=0.5$,试求$P\{X=Y\}$.

解 由X与Y相互独立可得

$$P\{X=-1,Y=-1\}=P\{X=-1\}P\{Y=-1\}=0.25,$$
$$P\{X=1,Y=1\}=P\{X=1\}P\{Y=1\}=0.25,$$

故

$$P\{X=Y\}=P\{X=-1,Y=-1\}+P\{X=1,Y=1\}=0.5.$$

习题25 已知随机变量(X,Y)的联合分布律如表2.10所示,试求:

(1) 在$Y=1$条件下X的分布律;

(2) 在$X=2$条件下Y的分布律.

表2.10

Y	X		
	0	1	2
0	$\frac{1}{4}$	$\frac{1}{8}$	0
1	0	$\frac{1}{3}$	0
2	$\frac{1}{6}$	0	$\frac{1}{8}$

解 根据二维离散型随机变量的边缘分布律的定义,得到X与Y的边缘分布律如表2.11所示.

表 2.11

Y	X			$P\{Y=y_j\}$
	0	1	2	
0	$\frac{1}{4}$	$\frac{1}{8}$	0	$\frac{3}{8}$
1	0	$\frac{1}{3}$	0	$\frac{1}{3}$
2	$\frac{1}{6}$	0	$\frac{1}{8}$	$\frac{7}{24}$
$P\{X=x_i\}$	$\frac{5}{12}$	$\frac{11}{24}$	$\frac{1}{8}$	

(1) 由表 2.11 可知

$$P\{Y=1\}=\frac{1}{3}.$$

再由条件分布律的定义可知

$$P\{X=0 \mid Y=1\}=\frac{P\{X=0,Y=1\}}{P\{Y=1\}}=0,$$

$$P\{X=1 \mid Y=1\}=\frac{P\{X=1,Y=1\}}{P\{Y=1\}}=1,$$

$$P\{X=2 \mid Y=1\}=\frac{P\{X=2,Y=1\}}{P\{Y=1\}}=0,$$

如表 2.12 所示.

表 2.12

X	0	1	2
$P\{X=x_i \mid Y=1\}$	0	1	0

(2) 由表 2.11 可知

$$P\{X=2\}=\frac{1}{8}.$$

再由条件分布律的定义可知

$$P\{Y=0 \mid X=2\}=\frac{P\{X=2,Y=0\}}{P\{X=2\}}=0,$$

$$P\{Y=1 \mid X=2\}=\frac{P\{X=2,Y=1\}}{P\{X=2\}}=0,$$

$$P\{Y=2 \mid X=2\}=\frac{P\{X=2,Y=2\}}{P\{X=2\}}=1,$$

如表 2.13 所示.

表 2.13

Y	0	1	2
$P\{Y=y_j \mid X=2\}$	0	0	1

习题 26 甲、乙两人独立地进行两次射击,假设甲的命中率为 0.2,乙的命中率为0.5,以 X 和 Y 分别表示甲和乙的命中次数,试求 $P\{X \leqslant Y\}$.

解 由题意可知，$X \sim B(2,0.2)$，则 X 的分布律为

$$P\{X=i\}=C_2^i 0.2^i (1-0.2)^{2-i} \quad (i=0,1,2).$$

$Y \sim B(2,0.5)$，则 Y 的分布律为

$$P\{Y=j\}=C_2^j 0.5^j (1-0.5)^{2-j} \quad (j=0,1,2).$$

因 X 与 Y 相互独立，故

$$P\{X=i,Y=j\}=P\{X=i\}P\{Y=j\} \quad (i,j=0,1,2).$$

于是，得到 (X,Y) 的联合分布律如表 2.14 所示.

表 2.14

Y	X			$P\{Y=y_j\}$
	0	1	2	
0	0.16	0.08	0.01	0.25
1	0.32	0.16	0.02	0.50
2	0.16	0.08	0.01	0.25
$P\{X=x_i\}$	0.64	0.32	0.04	

因此，所求概率为

$$\begin{aligned} P\{X \leqslant Y\} &= P\{X=0,Y=0\}+P\{X=0,Y=1\}+P\{X=0,Y=2\} \\ &\quad +P\{X=1,Y=1\}+P\{X=1,Y=2\}+P\{X=2,Y=2\} \\ &= 0.16+0.32+0.16+0.16+0.08+0.01=0.89. \end{aligned}$$

习题 27 设随机变量 X 的分布律如表 2.15 所示，求 $Y=|X|+1$ 的分布律.

表 2.15

X	-2	-1	0	1	2
p_k	$\frac{1}{5}$	$\frac{1}{6}$	$\frac{1}{15}$	$\frac{1}{5}$	$\frac{11}{30}$

解 由题意可知，将 X 的取值代入函数 $Y=|X|+1$，可见 Y 的所有可能取值为 1，2，3，再进一步计算 Y 在取值为 1，2，3 时的概率：

$$P\{Y=1\}=P\{|X|+1=1\}=P\{X=0\}=\frac{1}{15},$$

$$P\{Y=2\}=P\{|X|+1=2\}=P\{X=-1\}+P\{X=1\}=\frac{11}{30},$$

$$P\{Y=3\}=P\{|X|+1=3\}=P\{X=-2\}+P\{X=2\}=\frac{17}{30}.$$

于是，得到 $Y=|X|+1$ 的分布律如表 2.16 所示.

表 2.16

Y	1	2	3
p_k	$\frac{1}{15}$	$\frac{11}{30}$	$\frac{17}{30}$

习题 28 设随机变量 (X,Y) 的联合分布律如表 2.17 所示，试分别求 $Z=X+Y$ 和 $U=\max\{X,Y\}$ 的分布律.

表 2.17

Y	X	
	1	2
0	0.25	0.15
1	0.25	0.35

解 (1) 由题意可知,Z 的所有可能取值为 1,2,3,进而得其概率分别为

$$P\{Z=1\}=P\{X+Y=1\}=P\{X=1,Y=0\}=0.25,$$
$$P\{Z=2\}=P\{X+Y=2\}=P\{X=1,Y=1\}+P\{X=2,Y=0\}=0.4,$$
$$P\{Z=3\}=P\{X+Y=3\}=P\{X=2,Y=1\}=0.35.$$

于是,得到 $Z=X+Y$ 的分布律如表 2.18 所示.

表 2.18

Z	1	2	3
p_k	0.25	0.4	0.35

(2) 由题意可知,U 的所有可能取值为 1,2,进而得其概率分别为

$$P\{U=1\}=P\{\max\{X,Y\}=1\}=P\{X=1,Y=0\}+P\{X=1,Y=1\}=0.5,$$
$$P\{U=2\}=P\{\max\{X,Y\}=2\}=P\{X=2,Y=0\}+P\{X=2,Y=1\}=0.5.$$

于是,得到 $U=\max\{X,Y\}$ 的分布律如表 2.19 所示.

表 2.19

U	1	2
p_k	0.5	0.5

习题 29 设随机变量 X 和 Y 的分布律分别如表 2.20 和表 2.21 所示. 已知 $P\{XY=0\}=1$, 试求 $Z=\min\{X,Y\}$ 的分布律.

表 2.20

X	−1	0	1
p_k	0.25	0.5	0.25

表 2.21

Y	0	1
p_k	0.5	0.5

解 由题意 $P\{XY=0\}=1$ 及联合分布律的性质可知,$P\{XY\neq 0\}=0$,即

$$P\{X=-1,Y=1\}=0,\quad P\{X=1,Y=1\}=0.$$

表 2.22 列出了(X,Y)的联合分布律的部分数值及关于 X 和 Y 的边缘分布律.

表 2.22

Y	X			$P\{Y=y_j\}$
	−1	0	1	
0				0.5
1	0		0	0.5
$P\{X=x_i\}$	0.25	0.5	0.25	

根据二维离散型随机变量的边缘分布律的定义,有

$$P\{X=-1,Y=0\}=P\{X=-1\}-P\{X=-1,Y=1\}=0.25,$$
$$P\{X=1,Y=0\}=P\{X=1\}-P\{X=1,Y=1\}=0.25.$$

同理,可以确定出表 2.22 中的其他数值,最终得到的(X,Y)的联合分布律及关于 X 和 Y 的边缘分布律如表 2.23 所示.

表 2.23

Y	X			$P\{Y=y_j\}$
	-1	0	1	
0	0.25	0	0.25	0.5
1	0	0.5	0	0.5
$P\{X=x_i\}$	0.25	0.5	0.25	

由题意可知,$Z=\min\{X,Y\}$ 的所有可能取值为 $-1,0,1$,进而得其概率分别为

$$P\{Z=-1\}=P\{\min\{X,Y\}=-1\}$$
$$=P\{X=-1,Y=0\}+P\{X=-1,Y=1\}=0.25,$$
$$P\{Z=0\}=P\{\min\{X,Y\}=0\}$$
$$=P\{X=0,Y=0\}+P\{X=1,Y=0\}+P\{X=0,Y=1\}=0.75,$$
$$P\{Z=1\}=P\{\min\{X,Y\}=1\}=P\{X=1,Y=1\}=0.$$

于是,得到 $Z=\min\{X,Y\}$ 的分布律如表 2.24 所示.

表 2.24

Z	-1	0	1
p_k	0.25	0.75	0

习题 30 从 1,2,3 三个数中不放回地任取两个数,记第一个数为 X,第二个数为 Y,并令随机变量 $U=\max\{X,Y\}$,$V=\min\{X,Y\}$.

(1) 求(X,Y)的联合分布律及边缘分布律.

(2) 求(U,V)的联合分布律及边缘分布律.

(3) 判断 U 与 V 是否相互独立.

解 (1) 任取的两个数不可能相等,所以 $P\{X=Y\}=0$,且

$$P\{X=i,Y=j\}=\frac{1}{3\times 2}=\frac{1}{6}\quad (i\neq j;i,j=1,2,3).$$

因此(X,Y)的联合分布律及边缘分布律如表 2.25 所示.

表 2.25

Y	X			$P\{Y=y_j\}$
	1	2	3	
1	0	$\frac{1}{6}$	$\frac{1}{6}$	$\frac{1}{3}$
2	$\frac{1}{6}$	0	$\frac{1}{6}$	$\frac{1}{3}$
3	$\frac{1}{6}$	$\frac{1}{6}$	0	$\frac{1}{3}$
$P\{X=x_i\}$	$\frac{1}{3}$	$\frac{1}{3}$	$\frac{1}{3}$	

(2) 将(X,Y)的联合分布律中去掉概率为0的项,可以写成如表2.26所示的数据.

表 2.26

p_{ij}	$\frac{1}{6}$	$\frac{1}{6}$	$\frac{1}{6}$	$\frac{1}{6}$	$\frac{1}{6}$	$\frac{1}{6}$
(X,Y)	(1,2)	(1,3)	(2,1)	(2,3)	(3,1)	(3,2)
$U=\max\{X,Y\}$	2	3	2	3	3	3
$V=\min\{X,Y\}$	1	1	1	2	1	2

与一维离散型随机变量函数的分布求法相同,把值相同项对应的概率值合并,即可得到$U=\max\{X,Y\}$的分布律,如表2.27所示.

表 2.27

U	2	3
p_k	$\frac{1}{3}$	$\frac{2}{3}$

同理,$V=\min\{X,Y\}$的分布律如表2.28所示.

表 2.28

V	1	2
p_k	$\frac{2}{3}$	$\frac{1}{3}$

因此(U,V)的联合分布律及边缘分布律如表2.29所示.

表 2.29

V	U		$p_{\cdot j}$
	2	3	
1	$\frac{1}{3}$	$\frac{1}{3}$	$\frac{2}{3}$
2	0	$\frac{1}{3}$	$\frac{1}{3}$
$p_{i\cdot}$	$\frac{1}{3}$	$\frac{2}{3}$	

(3) 因为

$$P\{U=2,V=1\}=\frac{1}{3},\quad P\{U=2\}P\{V=1\}=\frac{1}{3}\times\frac{2}{3},$$

即

$$P\{U=2,V=1\}\neq P\{U=2\}P\{V=1\},$$

所以U与V不相互独立.

2.4 考研专题

考研真题

2.4.1 本章考研大纲要求

全国硕士研究生招生考试的数学一与数学三的考试大纲对“离散型随机变量及其分布”部分的要求基本相同,内容包括:离散型随机变量的概念、一维离散型随机变量的概率分布、二

维离散型随机变量的概率分布、二维离散型随机变量的边缘分布、常见离散型随机变量的分布、离散型随机变量函数的分布.具体考试要求如下：

1. 理解随机变量的概念，会计算与随机变量相联系的事件的概率.

2. 理解离散型随机变量及其概率分布的概念，掌握0-1分布、二项分布、几何分布、超几何分布、泊松分布及其应用.

3. 了解泊松定理的结论和应用条件，会用泊松分布近似表示二项分布.

4. 会求随机变量函数的分布.

5. 理解多维随机变量的概念，理解二维离散型随机变量的概率分布、边缘分布和条件分布，会求与二维随机变量相关事件的概率.

6. 理解随机变量的独立性及不相关性的概念，掌握随机变量相互独立的条件.

7. 会根据两个随机变量的联合分布求其函数的分布，会根据多个相互独立随机变量的联合分布求其函数的分布.

2.4.2 考题特点分析

分析近十年的考题，该部分在数学一与数学三考察的“概率论与数理统计”内容中分值分别约占 10.3% 和 5.9%.该部分内容通常出现在选择题和填空题中，同时经常与随机变量的数字特征（如数学期望、方差、协方差及相关系数，第 4 章将讲到）结合起来考察.虽然考题难度一般，但有一定的计算技巧，题型灵活多变.

2.4.3 考研真题

该部分的内容在近十年的考题中单独出现得较少，大多与“数字特征”的内容结合起来考察.为了让读者早些了解这类考题，现将主要涉及“离散型随机变量及其分布”内容的考题，即使与“数字特征”内容有联系，但还是给出.读者可先了解，等到学习“数字特征”的内容时，回头自我测试也可.

1.（2011 年数学一、三）设随机变量 X 与 Y 的分布律分别如表 2.30 和表 2.31 所示，且 $P\{X^2=Y^2\}=1$.试求：

(1) (X,Y) 的联合分布律；

(2) $Z=XY$ 的分布律；

(3) X 与 Y 的相关系数 ρ_{XY}.

表 2.30

X	0	1
p_k	$\frac{1}{3}$	$\frac{2}{3}$

表 2.31

Y	-1	0	1
p_k	$\frac{1}{3}$	$\frac{1}{3}$	$\frac{1}{3}$

2.（2013 年数学三）设随机变量 X 与 Y 相互独立，且 X 和 Y 的分布律分别如表 2.32 和表 2.33 所示，则 $P\{X+Y=2\}=$（　　）.

表 2.32

X	0	1	2	3
p_k	$\frac{1}{2}$	$\frac{1}{4}$	$\frac{1}{8}$	$\frac{1}{8}$

表 2.33

Y	-1	0	1
p_k	$\frac{1}{3}$	$\frac{1}{3}$	$\frac{1}{3}$

A. $\frac{1}{12}$　　B. $\frac{1}{8}$　　C. $\frac{1}{6}$　　D. $\frac{1}{2}$

3.(2018 年数学一、三) 设随机变量 X 与 Y 相互独立,且 $P\{X=1\}=P\{X=-1\}=\frac{1}{2}$,$Y$ 服从参数为 λ 的泊松分布.令 $Z=XY$,试求:

(1) Z 的分布律;

(2) $\operatorname{Cov}(X,Z)$.

4.(2020 年数学三) 设随机变量 X 的分布律为 $P\{X=k\}=\frac{1}{2^k}(k=1,2,\cdots)$,$Y$ 表示 X 被 3 除的余数,则 $E(Y)=$____________.

5.(2021 年数学一、三) 甲、乙两个盒子中各装有 2 个红球和 2 个白球,先从甲盒中任取一球,观察颜色后放入乙盒中,再从乙盒中任取一球,令 X,Y 分别表示从甲盒和乙盒中取到的红球个数,则 X 与 Y 的相关系数为____________.

6.(2022 年数学三) 设随机变量(X,Y)的联合分布律如表 2.34 所示.若事件$\{\max\{X,Y\}=2\}$与事件$\{\min\{X,Y\}=1\}$ 相互独立,则 $\operatorname{Cov}(X,Y)=$(　　).

A. -0.6　　B. -0.36　　C. 0　　D. 0.48

表 2.34

Y	X	
	-1	1
0	0.1	a
1	0.1	0.1
2	b	0.1

2.4.4 考研真题参考答案

1.【解析】(1) 由 $P\{X^2=Y^2\}=1$ 可知,$P\{X^2\neq Y^2\}=0$, 即

$$P\{X=0,Y=1\}=P\{X=0,Y=-1\}=P\{X=1,Y=0\}=0.$$

因

$$P\{Y=1\}=P\{X=0,Y=1\}+P\{X=1,Y=1\}=\frac{1}{3},$$

故

$$P\{X=1,Y=1\}=\frac{1}{3}.$$

同理,得到(X,Y)的联合分布律如表 2.35 所示.

表 2.35

Y	X		$P\{Y=y_j\}$
	0	1	
-1	0	$\frac{1}{3}$	$\frac{1}{3}$
0	$\frac{1}{3}$	0	$\frac{1}{3}$
1	0	$\frac{1}{3}$	$\frac{1}{3}$
$P\{X=x_i\}$	$\frac{1}{3}$	$\frac{2}{3}$	

(2) 由题意可知,$Z=XY$ 的所有可能取值为 $-1,0,1$,进而得其概率分别为

$$P\{Z=-1\}=P\{XY=-1\}=P\{X=1,Y=-1\}=\frac{1}{3},$$

$$\begin{aligned}P\{Z=0\}&=P\{XY=0\}\\&=P\{X=0,Y=-1\}+P\{X=0,Y=0\}+P\{X=0,Y=1\}+P\{X=1,Y=0\}\\&=\frac{1}{3},\end{aligned}$$

$$P\{Z=1\}=P\{XY=1\}=P\{X=1,Y=1\}=\frac{1}{3}.$$

于是,得到 $Z=XY$ 的分布律如表 2.36 所示.

表 2.36

Z	-1	0	1
p_k	$\frac{1}{3}$	$\frac{1}{3}$	$\frac{1}{3}$

(3) 因

$$E(X)=\frac{2}{3},\quad E(Y)=0,\quad E(XY)=0,$$

且

$$\mathrm{Cov}(X,Y)=E(XY)-E(X)E(Y)=0,$$

故

$$\rho_{XY}=\frac{\mathrm{Cov}(X,Y)}{\sqrt{D(X)}\sqrt{D(Y)}}=0.$$

2.【答案】C.

【解析】

$$\begin{aligned}P\{X+Y=2\}&=P\{X=1,Y=1\}+P\{X=2,Y=0\}+P\{X=3,Y=-1\}\\&=P\{X=1\}P\{Y=1\}+P\{X=2\}P\{Y=0\}+P\{X=3\}P\{Y=-1\}\\&=\frac{1}{4}\cdot\frac{1}{3}+\frac{1}{8}\cdot\frac{1}{3}+\frac{1}{8}\cdot\frac{1}{3}=\frac{1}{6}.\end{aligned}$$

3.【解析】(1) 由题意可知,Z 的所有可能取值为 $0,\pm1,\pm2,\cdots$,进而得其概率分别为

$$P\{Z=0\}=P\{X=-1,Y=0\}+P\{X=1,Y=0\}$$
$$=\frac{1}{2}P\{Y=0\}+\frac{1}{2}P\{Y=0\}=\mathrm{e}^{-\lambda},$$
$$P\{Z=k\}=P\{X=1,Y=k\}=\frac{1}{2}P\{Y=k\}=\frac{\lambda^k\mathrm{e}^{-\lambda}}{2k!},$$
$$P\{Z=-k\}=P\{X=-1,Y=k\}=\frac{1}{2}P\{Y=k\}=\frac{\lambda^k\mathrm{e}^{-\lambda}}{2k!},$$

其中 $k=1,2,\cdots$.

(2) 因

$$E(X)=0,\quad E(X^2)=1,\quad E(Y)=\lambda,$$

故

$$E(XZ)=E(X^2Y)=\lambda,$$
$$\mathrm{Cov}(X,Z)=E(XZ)-E(X)E(Z)=\lambda.$$

4.【答案】$\frac{8}{7}$.

【解析】由于

$$P\{Y=0\}=\sum_{n=1}^{\infty}P\{X=3n\}=\sum_{n=1}^{\infty}\frac{1}{8^n}=\frac{1}{7},$$
$$P\{Y=1\}=\sum_{n=0}^{\infty}P\{X=3n+1\}=\sum_{n=0}^{\infty}\left(\frac{1}{2}\times\frac{1}{8^n}\right)=\frac{4}{7},$$
$$P\{Y=2\}=\sum_{n=0}^{\infty}P\{X=3n+2\}=\sum_{n=0}^{\infty}\left(\frac{1}{4}\times\frac{1}{8^n}\right)=\frac{2}{7},$$

因此,有

$$E(Y)=0\times\frac{1}{7}+1\times\frac{4}{7}+2\times\frac{2}{7}=\frac{8}{7}.$$

5.【答案】$\frac{1}{5}$.

【解析】由题意可知,(X,Y) 的联合分布律如表 2.37 所示.

表 2.37

Y	X	
	0	1
0	$\frac{3}{10}$	$\frac{1}{5}$
1	$\frac{1}{5}$	$\frac{3}{10}$

于是,有

$$P\{X=0\}=\frac{1}{2},\quad P\{X=1\}=\frac{1}{2},$$
$$P\{Y=0\}=\frac{1}{2},\quad P\{Y=1\}=\frac{1}{2},$$

从而

$$\mathrm{Cov}(X,Y)=\frac{1}{20},\quad D(X)=\frac{1}{4},\quad D(Y)=\frac{1}{4},$$

即

$$\rho_{XY}=\frac{\mathrm{Cov}(X,Y)}{\sqrt{D(X)}\sqrt{D(Y)}}=\frac{1}{5}.$$

6.【答案】B.

【解析】由题意可知

$$P\{\max\{X,Y\}=2\}=P\{X=-1,Y=2\}+P\{X=1,Y=2\}=b+0.1,$$
$$P\{\min\{X,Y\}=1\}=P\{X=1,Y=1\}+P\{X=1,Y=2\}=0.2.$$

由独立性可知

$$\begin{aligned}P\{\min\{X,Y\}=1,\max\{X,Y\}=2\}&=P\{X=1,Y=2\}\\&=P\{\max(X,Y)=2\}P\{\min(X,Y)=1\},\end{aligned}$$

即

$$0.1=(b+0.1)\times 0.2,$$

解得 $b=0.4$.故由联合分布律的性质可得,$a=0.2$,从而(X,Y)的联合分布律如表 2.38 所示.

表 2.38

Y	X		$P\{Y=y_j\}$
	-1	1	
0	0.1	0.2	0.3
1	0.1	0.1	0.2
2	0.4	0.1	0.5
$P\{X=x_i\}$	0.6	0.4	

计算可得,$E(X)=-0.2$,$E(Y)=1.2$,且 XY 的分布律如表 2.39 所示.

表 2.39

XY	-2	-1	0	1	2
p_k	0.4	0.1	0.3	0.1	0.1

于是,有 $E(XY)=-0.6$,故

$$\mathrm{Cov}(X,Y)=E(XY)-E(X)E(Y)=-0.36.$$

2.5 数学实验

2.5.1 二项分布概率计算

1. 实验要求

在 n 重伯努利试验中,设每次试验中事件 A 发生的概率为 p,用 X 表示 n 重伯努利试验中事件 A 发生的次数,则 X 服从参数为 n,p 的二项分布,即 $X\sim B(n,p)$.利用 Python 求 $P\{X=k\}$ 和 $P\{X\leqslant k\}$.

2. 实验步骤

(1) 从键盘上分别输入 k,n,p 的值;

(2) 利用 scipy.stats 模块中的 binom.pmf(k,n,p) 函数计算并输出 $P\{X=k\}$ 的值;

(3) 利用 scipy.stats 模块中的 binom.cdf(k,n,p) 函数计算并输出 $P\{X\leqslant k\}$ 的值.

3. Python 实现代码

```
#二项分布求概率
from scipy.stats import binom
try:
    k=eval(input('请输入 k 的值:'))
    n=eval(input('请输入 n 的值:'))
    p=eval(input('请输入 p 的值:'))
    print('P(X={})={:.4f}'.format(k,binom.pmf(k,n,p)))
    print('P(X<={})={:.4f}'.format(k,binom.cdf(k,n,p)))
except:
    print('输入数据有问题!')
```

运行结果:

```
请输入 k 的值:4
请输入 n 的值:5
请输入 p 的值:0.8
P(X=4)=0.4096
P(X<=4)=0.6723
```

说明:可以利用该程序验证教材中的例 2.2.2 的计算结果.

2.5.2 泊松分布概率计算

1. 实验要求

设随机变量 X 服从参数为 λ 的泊松分布,即 $X\sim P(\lambda)$.利用 Python 求 $P\{X=k\}$ 和 $P\{X\leqslant k\}$.

2. 实验步骤

(1) 从键盘上分别输入 λ,k 的值;

(2) 利用 scipy.stats 模块中的 poisson.pmf(k,λ) 函数计算并输出 $P\{X=k\}$ 的值;

(3) 利用 scipy.stats 模块中的 poisson.cdf(k,λ) 函数计算并输出 $P\{X\leqslant k\}$ 的值.

3. Python 实现代码

```
#泊松分布求概率
from scipy.stats import poisson
try:
    k=eval(input('请输入 k 的值:'))
    λ=eval(input('请输入 λ 的值:'))
    print('P(X={})={:.4f}'.format(k,poisson.pmf(k,λ)))
    print('P(X<={})={:.4f}'.format(k,poisson.cdf(k,λ)))
except:
    print('输入数据有问题!')
```

运行结果：

```
请输入 k 的值:1
请输入 λ 的值:2
P(X=1) =0.2707
P(X<=1) =0.4060
```

说明：可以利用该程序验证教材中的例 2.2.6 的计算结果.

2.5.3 保险公司利润计算

1. 问题提出

某地区有 10 000 人参加人寿保险，每人在年初向保险公司交付保险费 200 元.若在这一年内投保人死亡，则由其家属从保险公司领取 10 万元赔偿金.求：

(1) 保险公司亏本的概率；

(2) 保险公司一年的利润分别不少于 50 万元、100 万元的概率.

2. 模型假设

假设该地区在一年内一个人死亡的概率为 0.000 5.

3. 符号说明

X："投保人中在这一年内死亡的人数".

Y："保险公司的利润".

A："投保人在这一年内死亡".

$\overline{A}$："投保人在这一年内没有死亡".

4. 模型建立与求解

(1) 把每人参加人寿保险看作一次伯努利试验，它只有两个结果：投保人在这一年内死亡和投保人在这一年内没有死亡，10 000 人参加人寿保险就是进行 10 000 次独立的伯努利试验. X 服从二项分布，即 $X \sim B(10\,000, 0.000\,5)$，从而 X 的分布律为

$$P\{X=k\}=\mathrm{C}_{10\,000}^{k}\ 0.000\,5^{k}(1-0.000\,5)^{10\,000-k} \quad (k=0,1,2,\cdots,10\,000).$$

由于 $n=10\,000$ 较大，而 $np=10\,000 \times 0.000\,5=5$，因此，由泊松定理近似地有 $X \sim P(5)$，即

$$P\{X=k\} \approx \frac{5^{k}}{k!}\mathrm{e}^{-5} \quad (k=0,1,2,\cdots,10\,000).$$

若投保人中有 X 人死亡，则保险公司将赔付 $100\,000X$ 元.而这一年保险公司收入保险费 $10\,000 \times 200=2\,000\,000$ 元，由此可知，当 $100\,000X=2\,000\,000$，即 $X=20$ 时，保险公司获得利润 $Y=0$.于是，当 $X>20$ 时，保险公司亏本.因为保险公司亏本的概率为

$$\begin{aligned} P\{Y<0\} &= P\{10\,000 \times 200-100\,000X<0\}=P\{X>20\} \\ &= 1-P\{X \leqslant 20\} \approx 1-0.999\,999\,918\,907\,495\,4 \approx 0, \end{aligned}$$

所以保险公司几乎不会亏本.

(2) 保险公司一年的利润不少于 50 万元的概率为

$$\begin{aligned} P\{Y \geqslant 500\,000\} &= P\{10\,000 \times 200-100\,000X \geqslant 500\,000\}=P\{X \leqslant 15\} \\ &\approx 0.999\,930\,991\,758\,144\,4. \end{aligned}$$

可以看出，保险公司一年的利润不少于 50 万元的概率接近 1.

保险公司一年的利润不少于 100 万元的概率为

$$P\{Y \geqslant 1\,000\,000\} = P\{10\,000 \times 200 - 100\,000X \geqslant 1\,000\,000\} = P\{X \leqslant 10\}$$
$$\approx 0.986\,304\,731\,401\,617\,1.$$

可以看出,保险公司一年的利润不少于 100 万元的概率约为 98.6%.

5. Python 实现代码

(1) 计算保险公司亏本的概率.

```
from scipy.stats import poisson
n=eval(input('请输入参保人数:'))
m=eval(input('请输入每人参保金额:'))
damage=eval(input('请输入参保人员死亡赔偿金:'))
p=eval(input('请输入参保人员在保险期间死亡概率:'))
profit=0                            #保险公司盈利金额为 0
λ=n*p                               #计算泊松分布参数 λ
k=int((n*m-profit)/damage)          #计算保险公司盈利为 profit 时,死亡人数 k
p1=poisson.cdf(k,λ)                 #计算 X=k 处的分布函数,即 P(X<=k)
print('保险公司亏本的概率为{:.6f}'.format(1-p1))
```

运行结果:

```
请输入参保人数:10000
请输入每人参保金额:200
请输入参保人员死亡赔偿金:100000
请输入参保人员在保险期间死亡概率:0.0005
保险公司亏本的概率为 0.000000
```

(2) 计算保险公司一年的利润不少于 50 万元的概率.

```
from scipy.stats import poisson
n=eval(input('请输入参保人数:'))
m=eval(input('请输入每人参保金额:'))
damage=eval(input('请输入参保人员死亡赔偿金:'))
p=eval(input('请输入参保人员在保险期间死亡概率:'))
profit=eval(input('请输入保险公司最低盈利金额:'))
λ=n*p                               #计算泊松分布参数 λ
k=int((n*m-profit)/damage)          #计算保险公司盈利为 profit 时,死亡人数 k
p1=poisson.cdf(k,λ)                 #计算 X=k 处的分布函数,即 P(X<=k)
print('保险公司一年的利润不少于{}的概率为{}'.format(profit,p1))
```

运行结果:

```
请输入参保人数:10000
请输入每人参保金额:200
请输入参保人员死亡赔偿金:100000
请输入参保人员在保险期间死亡概率:0.0005
请输入保险公司最低盈利金额:500000
保险公司一年的利润不少于 500000 的概率为 0.9999309917581444
```

说明：上述程序运行时输入的数据为计算保险公司一年的利润不少于 50 万元的概率数据，可以再次运行程序，重新输入保险公司一年的利润不少于 100 万元的概率数据.

运行结果：

```
请输入参保人数:10000
请输入每人参保金额:200
请输入参保人员死亡赔偿金:100000
请输入参保人员在保险期间死亡概率:0.0005
请输入保险公司计划盈利金额:1000000
保险公司一年的利润不少于 1000000 的概率为 0.9863047314016171
```

第3章 连续型随机变量及其分布

学习要求

1. 理解连续型随机变量及其分布函数、概率密度的概念及含义,掌握相关性质.
2. 掌握常用的一维连续型随机变量的概率分布及其适用范围.
3. 理解二维连续型随机变量的分布函数、联合概率密度、边缘概率密度及其性质.
4. 理解随机变量的独立性及条件概率密度的定义.
5. 掌握随机变量函数的分布的计算.

重点

分布函数、概率密度的概念;常用的一维连续型随机变量的概率分布及应用;二维连续型随机变量的分布函数、联合概率密度的定义及性质;随机变量的独立性、条件概率密度的概念及应用;随机变量函数的分布的计算.

难点

二维联合分布、概率密度的概念;随机变量独立性的定义及应用;随机变量函数的分布的计算.

3.1 知识结构

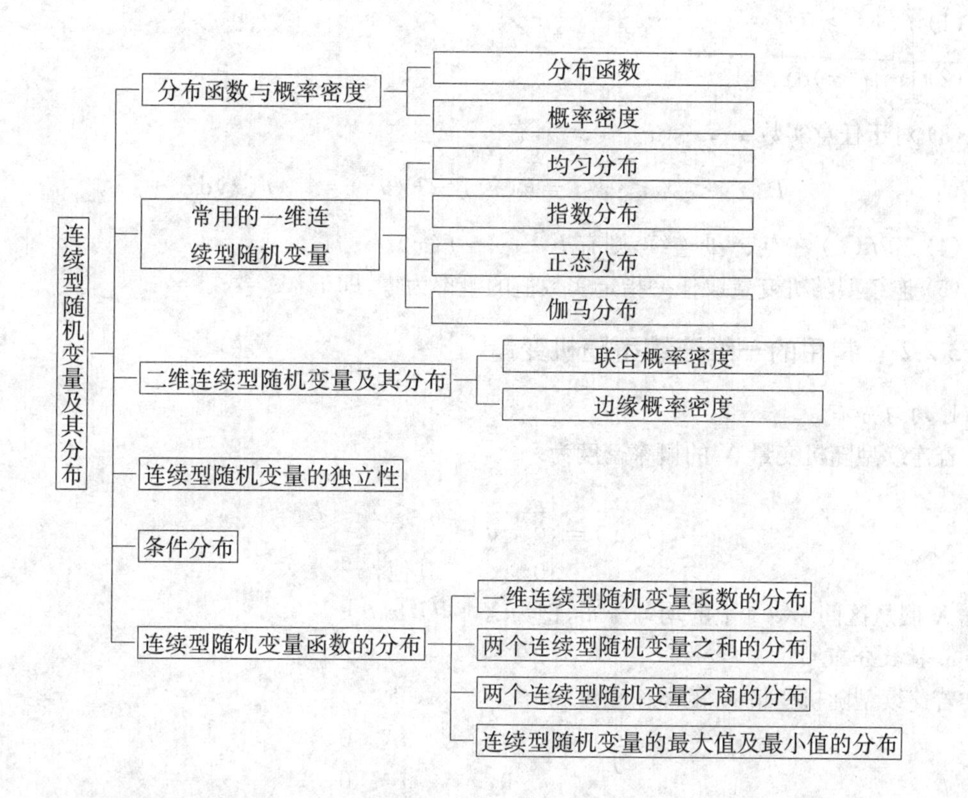

3.2 重点内容介绍

3.2.1 分布函数与概率密度

1. 分布函数

设 X 是一个随机变量.对于任意给定的实数 $x \in (-\infty, +\infty)$,令函数

$$F(x)=P\{X \leqslant x\},$$

则称 $F(x)$ 为随机变量 X 的概率分布函数,简称分布函数.

2. 分布函数的性质

(1) 单调性:对于任意实数 $x_1, x_2 (x_1 < x_2)$,有 $F(x_1) \leqslant F(x_2)$.

(2) 有界性:$0 \leqslant F(x) \leqslant 1$,且

$$F(-\infty)=\lim_{x \to -\infty} F(x)=0, \quad F(+\infty)=\lim_{x \to +\infty} F(x)=1.$$

(3) 右连续性:$\lim\limits_{x \to a^+} F(x)=F(a+0)=F(a)$.

3. 概率密度

设 $F(x)$ 是随机变量 X 的分布函数.若存在非负可积函数 $f(x)$,使得对于任意实数 x,有

$$F(x)=\int_{-\infty}^{x} f(t)\mathrm{d}t,$$

则称 X 为连续型随机变量，$f(x)$ 称为 X 的概率密度函数，也称为概率密度或密度函数.

4. 概率密度的性质

(1) $f(x)\geqslant 0$.

(2) $\int_{-\infty}^{+\infty}f(x)\mathrm{d}x=1$.

(3) 对于任意实数 $x_1,x_2(x_1<x_2)$，有

$$P\{x_1<X\leqslant x_2\}=F(x_2)-F(x_1)=\int_{x_1}^{x_2}f(x)\mathrm{d}x.$$

(4) 若 $f(x)$ 在点 x 处连续，则有 $F'(x)=f(x)$.

(5) 连续型随机变量取任一指定实数值的概率为零，即 $P\{X=x_0\}=0$.

3.2.2 常用的一维连续型随机变量

1. 均匀分布

若连续型随机变量 X 的概率密度为

$$f(x)=\begin{cases}\dfrac{1}{b-a}, & a\leqslant x\leqslant b,\\ 0, & \text{其他},\end{cases}$$

则称 X 服从区间 $[a,b]$ 上的均匀分布，记为 $X\sim U[a,b]$.

2. 指数分布

若连续型随机变量 X 的概率密度为

$$f(x)=\begin{cases}\lambda\mathrm{e}^{-\lambda x}, & x>0,\\ 0, & x\leqslant 0,\end{cases}$$

其中 $\lambda>0$ 为常数，则称 X 服从参数为 λ 的指数分布，记为 $X\sim E(\lambda)$.

3. 正态分布

若连续型随机变量 X 的概率密度为

$$f(x)=\frac{1}{\sqrt{2\pi}\sigma}\mathrm{e}^{-\frac{(x-\mu)^2}{2\sigma^2}}\quad(-\infty<x<+\infty),$$

其中 $\mu,\sigma(\sigma>0)$ 为常数，则称 X 服从参数为 μ 和 σ 的正态分布或高斯分布，记为 $X\sim N(\mu,\sigma^2)$.

4. 伽马分布

假设随机变量 X 为等到第 α 件事发生所需等候的时间，且其概率密度为

$$f(x)=\begin{cases}\dfrac{\lambda^{\alpha}}{\Gamma(\alpha)}x^{\alpha-1}\mathrm{e}^{-\lambda x}, & x>0,\\ 0, & x\leqslant 0,\end{cases}$$

则称 X 服从伽马分布，记为 $X\sim Ga(\alpha,\lambda)$，其中 $\alpha>0$ 为形状参数，$\lambda>0$ 为尺度参数.

3.2.3 二维连续型随机变量及其分布

1. 二维随机变量的分布函数

对于平面上的点 (x,y)，事件 $\{X\leqslant x\}$ 与 $\{Y\leqslant y\}$ 同时发生的概率

$$F(x,y)=P\{X\leqslant x,Y\leqslant y\}\quad(-\infty<x<+\infty,-\infty<y<+\infty)$$

称为二维随机变量(X,Y)的分布函数.

2. 二维随机变量的分布函数的性质

(1) $0 \leqslant F(x,y) \leqslant 1$.

(2) $F(x,y)$是关于变量x和y的单调非减函数,即对于任意固定的x,当$y_1 < y_2$时,有$F(x,y_1) \leqslant F(x,y_2)$;对于任意固定的$y$,当$x_1 < x_2$时,有$F(x_1,y) \leqslant F(x_2,y)$.

(3) 对于任意固定的x,y,有

$$F(x,-\infty)=0,\quad F(-\infty,y)=0,$$
$$F(-\infty,-\infty)=0,\quad F(+\infty,+\infty)=1.$$

(4) $F(x,y)$分别关于x和y右连续,即

$$F(x+0,y)=F(x,y),\quad F(x,y+0)=F(x,y).$$

(5) 对于任意的(x_1,y_1)和(x_2,y_2),其中$x_1<x_2,y_1<y_2$,有

$$F(x_2,y_2)-F(x_2,y_1)+F(x_1,y_1)-F(x_1,y_2) \geqslant 0.$$

3. 联合概率密度

设二维随机变量(X,Y)的分布函数为$F(x,y)$.若存在非负可积函数$f(x,y)$,使得对于任意实数x,y,有

$$F(x,y)=P\{X \leqslant x, Y \leqslant y\}=\int_{-\infty}^{y}\int_{-\infty}^{x} f(u,v)\,\mathrm{d}u\,\mathrm{d}v,$$

则称(X,Y)为二维连续型随机变量,函数$f(x,y)$称为二维随机变量(X,Y)的概率密度或随机变量X,Y的联合概率密度.

4. 联合概率密度的性质

(1) $f(x,y) \geqslant 0$.

(2) $\int_{-\infty}^{+\infty}\int_{-\infty}^{+\infty} f(x,y)\,\mathrm{d}x\,\mathrm{d}y=F(+\infty,+\infty)=1$.

(3) 若$f(x,y)$在点(x,y)处连续,则有

$$\frac{\partial^2 F(x,y)}{\partial x \partial y}=f(x,y).$$

(4) 若D为xOy平面上的区域,则$P\{(X,Y) \in D\}=\iint\limits_D f(x,y)\,\mathrm{d}x\,\mathrm{d}y$.

(5) $P\{X=x_0,Y=y_0\}=P\{X=x_0\}=P\{Y=y_0\}=0$.

5. 二维均匀分布

若随机变量(X,Y)的概率密度为

$$f(x,y)=\begin{cases} \dfrac{1}{A}, & (x,y) \in D, \\ 0, & \text{其他}, \end{cases}$$

其中A为区域D的面积,则称(X,Y)服从D上的二维均匀分布.

6. 二维正态分布

若随机变量(X,Y)的概率密度为

$$f(x,y)=\frac{1}{2\pi\sigma_1\sigma_2\sqrt{1-\rho^2}}\mathrm{e}^{-\frac{1}{2(1-\rho^2)}\left[\frac{(x-\mu_1)^2}{\sigma_1^2}-2\rho\frac{x-\mu_1}{\sigma_1}\frac{y-\mu_2}{\sigma_2}+\frac{(y-\mu_2)^2}{\sigma_2^2}\right]},$$

其中$\sigma_1>0,\sigma_2>0,|\rho|<1$,则称$(X,Y)$服从参数为$\mu_1,\mu_2,\sigma_1,\sigma_2,\rho$的二维正态分布,记为

$(X,Y) \sim N(\mu_1,\mu_2,\sigma_1^2,\sigma_2^2,\rho)$.

7. 边缘分布函数

设二维连续型随机变量(X,Y)的分布函数为$F(x,y)$.对于任意的x,有

$$F_X(x)=P\{X\leqslant x\}=P\{X\leqslant x,Y\leqslant+\infty\}$$
$$=F(x,-\infty<y<+\infty)=F(x,+\infty).$$

按分布函数的定义,称之为随机变量(X,Y)关于X的边缘分布函数.类似地,称

$$F_Y(y)=F(+\infty,y)$$

为随机变量(X,Y)关于Y的边缘分布函数.

8. 边缘概率密度

称

$$f(x)=F'_X(x)=\int_{-\infty}^{+\infty}f(x,y)\mathrm{d}y$$

为X的边缘概率密度.类似地,称

$$f(y)=F'_Y(y)=\int_{-\infty}^{+\infty}f(x,y)\mathrm{d}x$$

为Y的边缘概率密度.

3.2.4 连续型随机变量的独立性

对于一个二维随机变量(X,Y),若对于所有的x和y,有

$$P\{X\leqslant x,Y\leqslant y\}=P\{X\leqslant x\}P\{Y\leqslant y\},$$

即$F(x,y)=F_X(x)F_Y(y)$,则称X与Y相互独立.

设二维连续型随机变量(X,Y)的概率密度为$f(x,y)$,X与Y的边缘概率密度分别为$f_X(x)$和$f_Y(y)$,则X与Y相互独立的充要条件是

$$f(x,y)=f_X(x)f_Y(y).$$

3.2.5 条件分布

对于任意给定的正数ε,若$P\{x-\varepsilon<X\leqslant x+\varepsilon\}>0$,且对于任意实数$x$与$y$,极限

$$\lim_{\varepsilon\to0^+}P\{Y\leqslant y\mid x-\varepsilon<X\leqslant x+\varepsilon\}=\lim_{\varepsilon\to0^+}\frac{P\{x-\varepsilon<X\leqslant x+\varepsilon,Y\leqslant y\}}{P\{x-\varepsilon<X\leqslant x+\varepsilon\}}$$

存在,则称此极限值为在$X=x$条件下Y的条件分布函数,记为$P\{Y\leqslant y\mid X=x\}$或$F_{Y|X}(y\mid x)$.

同样,可以定义在$Y=y$条件下X的条件分布函数.

设随机变量(X,Y)的分布函数为$F(x,y)$,概率密度为$f(x,y)$,且$f(x,y)$在点(x,y)处连续,边缘概率密度$f_X(x)>0$且连续,则在$X=x$条件下Y的条件分布函数为

$$F_{Y|X}(y\mid x)=\int_{-\infty}^{y}\frac{f(x,y)}{f_X(x)}\mathrm{d}y,$$

在$X=x$条件下Y的条件概率密度为

$$f_{Y|X}(y\mid x)=\frac{f(x,y)}{f_X(x)}.$$

类似地,

$$F_{X|Y}(x \mid y)=\int_{-\infty}^{x} \frac{f(x,y)}{f_Y(y)}\mathrm{d}x,\quad f_{X|Y}(x \mid y)=\frac{f(x,y)}{f_Y(y)}.$$

3.2.6 连续型随机变量函数的分布

1. 一维连续型随机变量函数的分布

求 $Y=g(X)$ 的分布函数和概率密度的一般步骤如下：

(1) 根据随机变量 X 的值域 Ω_X，求出 Y 的值域 Ω_Y；

(2) 根据分布函数的定义，对于任意的 $y\in\Omega_Y$，求出

$$F_Y(y)=P\{Y\leqslant y\}=P\{g(X)\leqslant y\}=P\{X\in\{x \mid g(x)<y\}\};$$

(3) 根据分布函数的性质，写出 $F_Y(y)(-\infty<y<+\infty)$；

(4) 对 $F_Y(y)$ 求导数，得到概率密度 $f_Y(y)$.

2. 两个连续型随机变量之和的分布

设随机变量 (X,Y) 的概率密度为 $f(x,y)$，则 $Z=X+Y$ 的分布函数为

$$\begin{aligned}F_Z(z)&=P\{X+Y\leqslant z\}=\iint\limits_{x+y\leqslant z} f(x,y)\mathrm{d}x\mathrm{d}y\\&=\int_{-\infty}^{+\infty}\int_{-\infty}^{z-y} f(x,y)\mathrm{d}x\mathrm{d}y=\int_{-\infty}^{z}\int_{-\infty}^{+\infty} f(u-y,y)\mathrm{d}y\mathrm{d}u.\end{aligned}$$

由概率密度的定义得

$$f_Z(z)=\int_{-\infty}^{+\infty} f(z-y,y)\mathrm{d}y \quad 或 \quad f_Z(z)=\int_{-\infty}^{+\infty} f(x,z-x)\mathrm{d}x.$$

特别地，当 X 与 Y 相互独立时，则有

$$f_Z(z)=\int_{-\infty}^{+\infty} f_X(z-y)f_Y(y)\mathrm{d}y \quad 或 \quad f_Z(z)=\int_{-\infty}^{+\infty} f_X(x)f_Y(z-x)\mathrm{d}x.$$

3. 两个连续型随机变量之商的分布

设随机变量 (X,Y) 的概率密度为 $f(x,y)$，则 $Z=\dfrac{Y}{X}(X\neq 0)$ 的分布函数为

$$\begin{aligned}F_Z(z)&=P\left\{\frac{Y}{X}\leqslant z\right\}=\iint\limits_{\frac{y}{x}\leqslant z} f(x,y)\mathrm{d}x\mathrm{d}y\\&=\int_{-\infty}^{z}\int_{-\infty}^{+\infty}|x|f(x,xu)\mathrm{d}x\mathrm{d}u.\end{aligned}$$

由概率密度的定义得

$$f_Z(z)=\int_{-\infty}^{+\infty}|x|f(x,xz)\mathrm{d}x.$$

特别地，当 X 与 Y 相互独立时，有

$$f_Z(z)=\int_{-\infty}^{+\infty}|x|f_X(x)f_Y(xz)\mathrm{d}x.$$

4. 连续型随机变量的最大值及最小值的分布

设随机变量 X 与 Y 相互独立，且 X 与 Y 的分布函数分别为 $F_X(x)$ 与 $F_Y(y)$，$M=\max\{X,Y\}$，$N=\min\{X,Y\}$，于是

$$F_M(z)=P\{M\leqslant z\}=P\{X\leqslant z,Y\leqslant z\}$$
$$=P\{X\leqslant z\}P\{Y\leqslant z\}=F_X(z)F_Y(z),$$
$$F_N(z)=P\{N\leqslant z\}=1-P\{\min\{X,Y\}>z\}$$
$$=1-P\{X>z\}P\{Y>z\}=1-[1-F_X(z)][1-F_Y(z)].$$

以上结果容易推广到任意多个随机变量的情形. 设 $M=\max\{X_1,X_2,\cdots,X_n\}$, $N=\min\{X_1,X_2,\cdots,X_n\}$，于是

$$F_M(z)=F_{X_1}(z)F_{X_2}(z)\cdots F_{X_n}(z),$$
$$F_N(z)=1-[1-F_{X_1}(z)][1-F_{X_2}(z)]\cdots[1-F_{X_n}(z)].$$

特别地，当这 n 个随机变量相互独立且同分布时，若记它们的分布函数为 $F(x)$，概率密度为 $f(x)$，则有

$$F_M(z)=[F(z)]^n,$$
$$F_N(z)=1-[1-F(z)]^n.$$

将以上两式对 z 求导数，则可得相应的概率密度

$$f_M(z)=n[F(z)]^{n-1}f(z),$$
$$f_N(z)=n[1-F(z)]^{n-1}f(z).$$

3.3 教材习题解析

习题 1 设随机变量 $X\sim B(2,0.6)$，试求 X 的分布函数，并作出其图形.

解 由题意可知，$P\{X=k\}=C_2^k0.6^k0.4^{2-k}$，即 X 的分布律如表 3.1 所示.

表 3.1

X	0	1	2
p_k	0.16	0.48	0.36

故 X 的分布函数为

$$F(x)=\begin{cases}0, & x<0,\\ 0.16, & 0\leqslant x<1,\\ 0.64, & 1\leqslant x<2,\\ 1, & x\geqslant 2.\end{cases}$$

图形略.

习题 2 确定下列函数中的常数 a，使该函数成为一维连续型随机变量的概率密度：

(1) $f(x)=a\mathrm{e}^{-|x|}$；

(2) $f(x)=\begin{cases}a\cos x, & -\dfrac{\pi}{2}\leqslant x\leqslant\dfrac{\pi}{2},\\ 0, & 其他.\end{cases}$

解 由概率密度的性质可知，$\int_{-\infty}^{+\infty}f(x)\mathrm{d}x=1$.

(1) 因为

$$\int_{-\infty}^{+\infty} a\mathrm{e}^{-|x|}\mathrm{d}x=\int_{-\infty}^{0} a\mathrm{e}^{x}\mathrm{d}x+\int_{0}^{+\infty} a\mathrm{e}^{-x}\mathrm{d}x=2a=1,$$

所以 $a=\dfrac{1}{2}$.

(2) 因为

$$\int_{-\frac{\pi}{2}}^{\frac{\pi}{2}} a\cos x\,\mathrm{d}x=2a=1,$$

所以 $a=\dfrac{1}{2}$.

习题 3 已知随机变量 X 的分布函数为

$$F(x)=\begin{cases}0, & x<-1,\\ a+b\arcsin x, & -1\leqslant x\leqslant 1,\\ 1, & x>1.\end{cases}$$

(1) 问:a,b 为何值时,$F(x)$ 为连续函数?

(2) 当 $F(x)$ 连续时,试求 $P\left\{|X|<\dfrac{1}{2}\right\}$.

解 (1) $F(x)$ 连续指其既左连续又右连续,所以有

$$\begin{cases}F(-1)=F(-1-0)=0,\\ F(1)=F(1+0)=1,\end{cases}$$

从而

$$\begin{cases}a+b\left(-\dfrac{\pi}{2}\right)=0,\\ a+b\left(\dfrac{\pi}{2}\right)=1,\end{cases}\quad \text{即}\quad \begin{cases}a=\dfrac{1}{2},\\ b=\dfrac{1}{\pi}.\end{cases}$$

(2) $$P\left\{|X|<\frac{1}{2}\right\}=P\left\{-\frac{1}{2}<X<\frac{1}{2}\right\}=F\left(\frac{1}{2}\right)-F\left(-\frac{1}{2}\right)$$
$$=\frac{1}{\pi}\times\frac{\pi}{6}-\frac{1}{\pi}\times\left(-\frac{\pi}{6}\right)=\frac{1}{3}.$$

习题 4 已知随机变量 ξ 的概率密度为

$$f(x)=\begin{cases}x, & 0<x\leqslant 1,\\ 2-x, & 1<x\leqslant 2,\\ 0, & \text{其他}.\end{cases}$$

求:

(1) 分布函数 $F(x)$;

(2) $P\{\xi<0.5\}$,$P\{\xi>1.3\}$ 及 $P\{0.2<\xi<1.2\}$.

解 $F(x)=P\{\xi\leqslant x\}=\displaystyle\int_{-\infty}^{x} f(t)\mathrm{d}t$.

(1) 当 $x\leqslant 0$ 时,

$$F(x)=P\{\xi\leqslant x\}=\int_{-\infty}^{x} 0\mathrm{d}x=0.$$

当 $0 < x \leqslant 1$ 时,

$$F(x)=P\{\xi \leqslant x\}=\int_{-\infty}^{0} 0\mathrm{d}x+\int_{0}^{x} x\,\mathrm{d}x=\frac{x^2}{2}.$$

当 $1 < x \leqslant 2$ 时,

$$F(x)=P\{\xi \leqslant x\}=\int_{-\infty}^{0} 0\mathrm{d}x+\int_{0}^{1} x\,\mathrm{d}x+\int_{1}^{x}(2-x)\mathrm{d}x=2x-\frac{x^2}{2}-1.$$

当 $x > 2$ 时,$F(x)=P\{\xi \leqslant x\}=1.$

综上所述,分布函数

$$F(x)=\begin{cases} 0, & x \leqslant 0, \\ \dfrac{x^2}{2}, & 0 < x \leqslant 1, \\ 2x-\dfrac{x^2}{2}-1, & 1 < x \leqslant 2, \\ 1, & x > 2. \end{cases}$$

(2) $P\{\xi < 0.5\}=F(0.5)=\dfrac{0.5^2}{2}=0.125,$

$P\{\xi > 1.3\}=1-P\{\xi \leqslant 1.3\}=1-F(1.3)=1-2.6+0.845+1=0.245,$

$P\{0.2 < \xi < 1.2\}=F(1.2)-F(0.2)=2.4-0.72-1-0.02=0.66.$

习题 5 设随机变量 ξ 服从区间 $[0,5]$ 上的均匀分布,求方程 $4x^2+4\xi x+\xi+2=0$ 有实根的概率.

解 一元二次方程有实根的条件为

$$\Delta=(4\xi)^2-4\times 4\times(\xi+2) \geqslant 0,$$

即

$$\xi^2-\xi-2 \geqslant 0,$$

解得 $\xi \geqslant 2$ 或 $\xi \leqslant -1$.于是,该方程有实根的概率为

$$P\{\xi \geqslant 2\}+P\{\xi \leqslant -1\}=\int_{2}^{5} \frac{1}{5}\mathrm{d}x+0=\frac{3}{5}.$$

习题 6 设随机变量 $X \sim N(3,3^2)$,试求:

(1) $P\{2 < X < 5\}$;

(2) $P\{X > 0\}$;

(3) $P\{|X-3| > 6\}$.

解 (1) $P\{2 < X < 5\}=P\left\{-\dfrac{1}{3} < \dfrac{X-3}{3} < \dfrac{2}{3}\right\}=\Phi\left(\dfrac{2}{3}\right)-\Phi\left(-\dfrac{1}{3}\right)$

$$=\Phi\left(\frac{2}{3}\right)+\Phi\left(\frac{1}{3}\right)-1 \approx 0.748\,6+0.629\,3-1=0.377\,9.$$

(2) $P\{X > 0\}=P\left\{\dfrac{X-3}{3} > -1\right\}=1-\Phi(-1)=1-[1-\Phi(1)]=\Phi(1)=0.841\,3.$

(3) $P\{|X-3| > 6\}=1-P\{|X-3| \leqslant 6\}=1-P\left\{-2 \leqslant \dfrac{X-3}{3} \leqslant 2\right\}$

$$=1-[\Phi(2)-\Phi(-2)]=1-[2\Phi(2)-1]$$
$$=2[1-\Phi(2)]=2(1-0.977\,2)=0.045\,6.$$

习题 7 某种电池的寿命(单位:h)$\xi \sim N(a,\sigma^2)$,其中 $a=300,\sigma=35$.求:

(1) 电池寿命在 250 h 以上的概率;

(2) 使得电池寿命在 $a-x$ 与 $a+x$ 之间的概率不小于 0.9 的 x.

解 (1) $P\{\xi>250\}=1-P\{\xi\leqslant 250\}=1-P\left\{\frac{\xi-300}{35}\leqslant -\frac{10}{7}\right\}$

$$=1-\Phi\left(-\frac{10}{7}\right)=\Phi\left(\frac{10}{7}\right)\approx 0.923\,6.$$

(2) 因为

$$P\{a-x\leqslant \xi\leqslant a+x\}=P\left\{-\frac{x}{\sigma}\leqslant \frac{\xi-a}{\sigma}\leqslant \frac{x}{\sigma}\right\}$$
$$=\Phi\left(\frac{x}{\sigma}\right)-\Phi\left(-\frac{x}{\sigma}\right)=2\Phi\left(\frac{x}{\sigma}\right)-1\geqslant 0.9,$$

所以,有 $\Phi\left(\frac{x}{35}\right)\geqslant 0.95$.而 $\Phi(1.645)=0.95$,则有

$$\Phi\left(\frac{x}{35}\right)\geqslant \Phi(1.645),\quad 即 \quad x\geqslant 57.575,$$

故 x 的最小值为 57.575.

习题 8 由某机器生产的螺栓长度(单位:cm)服从参数为 $\mu=10.05,\sigma=0.06$ 的正态分布.规定长度在范围(10.05 ± 0.12)cm 内为合格品,求一螺栓为不合格品的概率.

解 设 X 表示螺栓长度,则所求概率为

$$\begin{aligned}&P\{X\geqslant 10.05+0.12\}+P\{X\leqslant 10.05-0.12\}\\&=1-P\{10.05-0.12\leqslant X\leqslant 10.05+0.12\}\\&=1-P\left\{-2\leqslant \frac{X-10.05}{0.06}\leqslant 2\right\}=1-[\Phi(2)-\Phi(-2)]\\&=1-[2\Phi(2)-1]=2[1-\Phi(2)]\\&=2(1-0.977\,2)=0.045\,6.\end{aligned}$$

习题 9 某厂生产的电子管的寿命(单位:h)X 服从参数为 $\mu=160,\sigma$ 未知的正态分布.若要求 $P\{120<X\leqslant 200\}=0.80$,问:允许 σ 最大为多少?

解 因为

$$P\left\{-\frac{40}{\sigma}<\frac{X-160}{\sigma}\leqslant \frac{40}{\sigma}\right\}=\Phi\left(\frac{40}{\sigma}\right)-\Phi\left(-\frac{40}{\sigma}\right)=2\Phi\left(\frac{40}{\sigma}\right)-1=0.80,$$

所以,有 $\Phi\left(\frac{40}{\sigma}\right)=0.9$.而

$$\Phi(1.29)=0.901\,5,\quad \Phi(1.28)=0.899\,7,$$

则有

$$\Phi(1.28)<\Phi\left(\frac{40}{\sigma}\right),\quad 即 \quad \sigma<31.25,$$

故 $\sigma_{\max}=31.25$.

习题 10 设某类电子管的寿命(单位:h)的概率密度为

$$f(x)=\begin{cases}\dfrac{100}{x^2}, & x>100,\\ 0, & x\leqslant 100.\end{cases}$$

一台电子管收音机最初使用的150 h中,三个这类电子管没有一个要替换的概率是多少?三个这类电子管全部要替换的概率是多少?假设这三个电子管的寿命分布是相互独立的.

解 设 X 表示电子管的寿命,则有

$$P\{X\geqslant 150\}=\int_{150}^{+\infty}\frac{100}{x^2}\mathrm{d}x=100\left(0+\frac{1}{150}\right)=\frac{2}{3}.$$

设 Y 表示寿命大于150 h的电子管的个数,从而 $Y\sim B\left(3,\dfrac{2}{3}\right)$,则

$$P\{Y=k\}=\mathrm{C}_3^k\left(\frac{2}{3}\right)^k\left(\frac{1}{3}\right)^{3-k}\quad(k=0,1,2,3).$$

于是,所求概率为

$$P\{Y=3\}=\left(\frac{2}{3}\right)^3=\frac{8}{27},\quad P\{Y=0\}=\left(\frac{1}{3}\right)^3=\frac{1}{27}.$$

习题 11 设随机变量 X,Y 的联合概率密度为

$$f(x,y)=\begin{cases}6, & x^2\leqslant y\leqslant x,\\ 0, & \text{其他},\end{cases}$$

试求边缘概率密度 $f_X(x)$ 和 $f_Y(y)$.

解
$$f_X(x)=\int_{-\infty}^{+\infty}f(x,y)\mathrm{d}y=\begin{cases}\displaystyle\int_{x^2}^{x}6\mathrm{d}y, & 0\leqslant x\leqslant 1,\\ 0, & \text{其他}\end{cases}$$
$$=\begin{cases}6(x-x^2), & 0\leqslant x\leqslant 1,\\ 0, & \text{其他},\end{cases}$$

$$f_Y(y)=\int_{-\infty}^{+\infty}f(x,y)\mathrm{d}x=\begin{cases}\displaystyle\int_{y}^{\sqrt{y}}6\mathrm{d}x, & 0\leqslant y\leqslant 1,\\ 0, & \text{其他}\end{cases}$$
$$=\begin{cases}6(\sqrt{y}-y), & 0\leqslant y\leqslant 1,\\ 0, & \text{其他}.\end{cases}$$

习题 12 设随机变量 (ξ,η) 的概率密度为

$$f(x,y)=\begin{cases}\dfrac{1}{2}\sin(x+y), & 0\leqslant x\leqslant\dfrac{\pi}{2},0\leqslant y\leqslant\dfrac{\pi}{2},\\ 0, & \text{其他},\end{cases}$$

求 (ξ,η) 的分布函数.

解 $F(x,y)=P\{\xi\leqslant x,\eta\leqslant y\}=\displaystyle\int_{-\infty}^{x}\mathrm{d}x\int_{-\infty}^{y}f(x,y)\mathrm{d}y.$

当 $x<0$ 或 $y<0$ 时,$F(x,y)=0.$

当 $0\leqslant x\leqslant\frac{\pi}{2},0\leqslant y\leqslant\frac{\pi}{2}$ 时,

$$\begin{aligned}F(x,y)&=\int_0^x\mathrm{d}x\int_0^y\frac{1}{2}\sin(x+y)\,\mathrm{d}y=\frac{1}{2}\int_0^x[-\cos(x+y)]\Big|_0^y\mathrm{d}x\\&=\frac{1}{2}\int_0^x[-\cos(x+y)+\cos x]\,\mathrm{d}x=\frac{1}{2}[-\sin(x+y)+\sin x]\Big|_0^x\\&=\frac{1}{2}[-\sin(x+y)+\sin x+\sin y].\end{aligned}$$

当 $0\leqslant x\leqslant\frac{\pi}{2},y>\frac{\pi}{2}$ 时,

$$\begin{aligned}F(x,y)&=\int_0^x\mathrm{d}x\int_0^{\frac{\pi}{2}}\frac{1}{2}\sin(x+y)\mathrm{d}y=\frac{1}{2}\int_0^x\left[-\cos\left(x+\frac{\pi}{2}\right)+\cos x\right]\mathrm{d}x\\&=\frac{1}{2}\left[-\sin\left(x+\frac{\pi}{2}\right)+\sin x\right]\Big|_0^x=\frac{1}{2}\left[-\sin\left(x+\frac{\pi}{2}\right)+\sin x+1\right]\\&=\frac{1}{2}(-\cos x+\sin x+1).\end{aligned}$$

当 $0\leqslant y\leqslant\frac{\pi}{2},x>\frac{\pi}{2}$ 时,

$$\begin{aligned}F(x,y)&=\int_0^{\frac{\pi}{2}}\mathrm{d}x\int_0^y\frac{1}{2}\sin(x+y)\mathrm{d}y=\frac{1}{2}\int_0^{\frac{\pi}{2}}[-\cos(x+y)+\cos x]\,\mathrm{d}x\\&=\frac{1}{2}[-\sin(x+y)+\sin x]\Big|_0^{\frac{\pi}{2}}=\frac{1}{2}\left[-\sin\left(\frac{\pi}{2}+y\right)+1+\sin y\right]\\&=\frac{1}{2}(-\cos y+\sin y+1).\end{aligned}$$

当 $x>\frac{\pi}{2},y>\frac{\pi}{2}$ 时,$F(x,y)=1$.

综上所述,分布函数

$$F(x,y)=\begin{cases}0, & x<0\text{ 或 }y<0,\\ \frac{1}{2}[-\sin(x+y)+\sin x+\sin y], & 0\leqslant x\leqslant\frac{\pi}{2},0\leqslant y\leqslant\frac{\pi}{2},\\ \frac{1}{2}(-\cos x+\sin x+1), & 0\leqslant x\leqslant\frac{\pi}{2},y>\frac{\pi}{2},\\ \frac{1}{2}(-\cos y+\sin y+1), & 0\leqslant y\leqslant\frac{\pi}{2},x>\frac{\pi}{2},\\ 1, & x>\frac{\pi}{2},y>\frac{\pi}{2}.\end{cases}$$

习题 13 设随机变量(ξ,η)的概率密度为

$$f(x,y)=\begin{cases}k\mathrm{e}^{-3x-4y}, & x>0,y>0,\\0, & \text{其他},\end{cases}$$

试求:

(1) 常数 k;

(2) (ξ,η) 的分布函数；

(3) $P\{0<\xi<1,0<\eta<2\}$.

解 (1) 因为

$$\int_0^{+\infty}\int_0^{+\infty} k\mathrm{e}^{-3x-4y}\mathrm{d}x\mathrm{d}y=k\int_0^{+\infty}\mathrm{e}^{-3x}\mathrm{d}x\int_0^{+\infty}\mathrm{e}^{-4y}\mathrm{d}y=-\frac{k}{4}\int_0^{+\infty}\mathrm{e}^{-3x}(0-1)\mathrm{d}x$$
$$=\frac{k}{12}=1,$$

所以 $k=12$.

(2) $F(x,y)=P\{\xi\leqslant x,\eta\leqslant y\}=\int_{-\infty}^{y}\int_{-\infty}^{x}f(x,y)\mathrm{d}x\mathrm{d}y$.

当 $x\leqslant 0$ 或 $y\leqslant 0$ 时，$F(x,y)=0$.

当 $x>0,y>0$ 时，

$$F(x,y)=\int_0^y\int_0^x 12\mathrm{e}^{-3x-4y}\mathrm{d}x\mathrm{d}y=\int_0^x 3\mathrm{e}^{-3x}\mathrm{d}x\int_0^y 4\mathrm{e}^{-4y}\mathrm{d}y$$
$$=(-\mathrm{e}^{-3x})\Big|_0^x\cdot(-\mathrm{e}^{-4y})\Big|_0^y=(1-\mathrm{e}^{-3x})(1-\mathrm{e}^{-4y}).$$

综上所述，

$$F(x,y)=\begin{cases}0, & x\leqslant 0 \text{ 或 } y\leqslant 0,\\ (1-\mathrm{e}^{-3x})(1-\mathrm{e}^{-4y}), & x>0,y>0.\end{cases}$$

(3) $P\{0<\xi<1,0<\eta<2\}=\int_0^2\int_0^1 12\mathrm{e}^{-3x-4y}\mathrm{d}x\mathrm{d}y=\int_0^1 3\mathrm{e}^{-3x}\mathrm{d}x\int_0^2 4\mathrm{e}^{-4y}\mathrm{d}y$

$$=(-\mathrm{e}^{-3x})\Big|_0^1\cdot(-\mathrm{e}^{-4y})\Big|_0^2=(1-\mathrm{e}^{-3})(1-\mathrm{e}^{-8}).$$

习题 14 设随机变量(ξ,η)的概率密度为

$$f(x,y)=\begin{cases}\dfrac{1}{\pi}, & x^2+y^2\leqslant 1,\\ 0, & \text{其他},\end{cases}$$

问:ξ与η是否相互独立?

解 只需证明 $f(x,y)=f_X(x)f_Y(y)$ 是否成立即可，而

$$f_X(x)=\int_{-\infty}^{+\infty}f(x,y)\mathrm{d}y,\quad f_Y(y)=\int_{-\infty}^{+\infty}f(x,y)\mathrm{d}x.$$

当 $-1\leqslant x\leqslant 1$ 时，

$$f_X(x)=\int_{-\sqrt{1-x^2}}^{\sqrt{1-x^2}}\frac{1}{\pi}\mathrm{d}y=\frac{2}{\pi}\sqrt{1-x^2};$$

当 $x>1$ 或 $x<-1$ 时，$f_X(x)=0$.

当 $-1\leqslant y\leqslant 1$ 时，

$$f_Y(y)=\int_{-\sqrt{1-y^2}}^{\sqrt{1-y^2}}\frac{1}{\pi}\mathrm{d}x=\frac{2}{\pi}\sqrt{1-y^2};$$

当 $y>1$ 或 $y<-1$ 时，$f_Y(y)=0$.

因为

$$f(x,y)\neq f_X(x)f_Y(y),$$

所以 ξ 与 η 不相互独立.

习题15 设随机变量 (X,Y) 的概率密度为

$$f(x,y)=\begin{cases}k(6-x-y), & 0<x<2,2<y<4,\\ 0, & \text{其他},\end{cases}$$

试求:

(1) 常数 k;

(2) $P\{X<1,Y<3\}$;

(3) $P\{X<1.5\}$;

(4) $P\{X+Y\leqslant 4\}$.

解 (1) 因为

$$\int_0^2 \mathrm{d}x\int_2^4 k(6-x-y)\mathrm{d}y=k\int_0^2(-2x+6)\mathrm{d}x=k(-x^2+6x)\Big|_0^2 =8k=1,$$

所以 $k=\dfrac{1}{8}$.

(2) $P\{X<1,Y<3\}=\displaystyle\int_0^1\mathrm{d}x\int_2^3\frac{1}{8}(6-x-y)\mathrm{d}y=\frac{1}{8}\int_0^1\left(\frac{7}{2}-x\right)\mathrm{d}x=\frac{3}{8}$.

(3) $P\left\{X<\dfrac{3}{2}\right\}=\displaystyle\int_0^{\frac{3}{2}}\mathrm{d}x\int_2^4\frac{1}{8}(6-x-y)\mathrm{d}y=\frac{1}{8}\int_0^{\frac{3}{2}}(6-2x)\mathrm{d}x=\frac{1}{8}(6x-x^2)\Big|_0^{\frac{3}{2}}=\frac{27}{32}$.

(4) $$P\{X+Y\leqslant 4\}=\int_0^2\mathrm{d}x\int_2^{-x+4}\frac{1}{8}(6-x-y)\mathrm{d}y=\frac{1}{8}\int_0^2\left(\frac{x^2}{2}-4x+6\right)\mathrm{d}x$$
$$=\frac{1}{8}\left(\frac{x^3}{6}-2x^2+6x\right)\Big|_0^2=\frac{2}{3}.$$

习题16 设随机变量 (ξ,η) 具有下列概率密度,求其边缘概率密度:

(1) $f(x,y)=\begin{cases}\dfrac{2\mathrm{e}^{-y+1}}{x^3}, & x>1,y>1,\\ 0, & \text{其他};\end{cases}$

(2) $f(x,y)=\begin{cases}\dfrac{1}{\pi}\mathrm{e}^{-\frac{1}{2}(x^2+y^2)}, & x>0,y\leqslant 0\text{ 或 }x\leqslant 0,y>0,\\ 0, & \text{其他};\end{cases}$

(3) $f(x,y)=\begin{cases}\dfrac{1}{\Gamma(k_1)\Gamma(k_2)}x^{k_1-1}(y-x)^{k_2-1}\mathrm{e}^{-y}, & 0<x<y,\\ 0, & \text{其他}.\end{cases}$

解 (1) $$f_\xi(x)=\int_{-\infty}^{+\infty}f(x,y)\mathrm{d}y=\begin{cases}\displaystyle\int_1^{+\infty}\frac{2\mathrm{e}^{-y+1}}{x^3}\mathrm{d}y, & x>1,\\ 0, & \text{其他}\end{cases}=\begin{cases}\dfrac{2}{x^3}, & x>1,\\ 0, & \text{其他},\end{cases}$$

$$f_\eta(y)=\int_{-\infty}^{+\infty}f(x,y)\mathrm{d}x=\begin{cases}\displaystyle\int_1^{+\infty}\frac{2\mathrm{e}^{-y+1}}{x^3}\mathrm{d}x, & y>1,\\ 0, & \text{其他}\end{cases}=\begin{cases}\mathrm{e}^{-y+1}, & y>1,\\ 0, & \text{其他}.\end{cases}$$

(2) 当 $x>0$ 时,

$$f_\xi(x)=\int_{-\infty}^{0}\frac{1}{\pi}\mathrm{e}^{-\frac{1}{2}(x^2+y^2)}\mathrm{d}y=\frac{1}{\sqrt{2\pi}}\mathrm{e}^{-\frac{x^2}{2}};$$

当 $x\leqslant 0$ 时，

$$f_\xi(x)=\int_{0}^{+\infty}\frac{1}{\pi}\mathrm{e}^{-\frac{1}{2}(x^2+y^2)}\mathrm{d}y=\frac{1}{\sqrt{2\pi}}\mathrm{e}^{-\frac{x^2}{2}}.$$

综上，$f_\xi(x)=\frac{1}{\sqrt{2\pi}}\mathrm{e}^{-\frac{x^2}{2}}$.

同理，$f_\eta(y)=\frac{1}{\sqrt{2\pi}}\mathrm{e}^{-\frac{y^2}{2}}$.

(3) $$f_\xi(x)=\begin{cases}\dfrac{x^{k_1-1}}{\Gamma(k_1)\Gamma(k_2)}\displaystyle\int_x^{+\infty}(y-x)^{k_2-1}\mathrm{e}^{-y}\mathrm{d}y, & x>0,\\ 0, & \text{其他}\end{cases}$$

$$=\begin{cases}\dfrac{1}{\Gamma(k_1)}x^{k_2-1}\mathrm{e}^{-x}, & x>0,\\ 0, & \text{其他},\end{cases}$$

$$f_\eta(y)=\begin{cases}\dfrac{\mathrm{e}^{-y}}{\Gamma(k_1)\Gamma(k_2)}\displaystyle\int_0^{y}x^{k_1-1}(y-x)^{k_2-1}\mathrm{d}x, & y>0,\\ 0, & \text{其他}\end{cases}$$

$$=\begin{cases}\dfrac{1}{\Gamma(k_1+k_2)}y^{k_1+k_2-1}, & y>0,\\ 0, & \text{其他}.\end{cases}$$

习题 17 设随机变量 (ξ,η) 的概率密度为

$$f(x,y)=\begin{cases}\dfrac{1}{2}, & 0\leqslant x\leqslant 1, 0\leqslant y\leqslant 2,\\ 0, & \text{其他},\end{cases}$$

求 ξ 与 η 中至少有一个小于 0.5 的概率.

解 $P\{\xi<0.5,\eta<0.5\}+P\{\xi<0.5,\eta\geqslant 0.5\}+P\{\xi\geqslant 0.5,\eta<0.5\}$

$$=\int_0^{0.5}\int_0^{0.5}\frac{1}{2}\mathrm{d}x\,\mathrm{d}y+\int_{0.5}^{2}\int_0^{0.5}\frac{1}{2}\mathrm{d}x\,\mathrm{d}y+\int_0^{0.5}\int_{0.5}^{1}\frac{1}{2}\mathrm{d}x\,\mathrm{d}y$$

$$=0.125+0.375+0.125=0.625.$$

习题 18 设随机变量 $X\sim E(\lambda)$，试求 $Y=\mathrm{e}^{-\lambda X}$ 与 $Z=1-\mathrm{e}^{-\lambda X}$ 的概率密度.

解 因为

$$f_Y(y)=f_X[h(y)]|h'(y)|,$$

而

$$X=h(Y)=-\frac{\ln Y}{\lambda}\quad(0<Y<1),$$

所以

$$f_Y(y)=\lambda\mathrm{e}^{-\lambda\left(-\frac{\ln y}{\lambda}\right)}\left|-\frac{1}{\lambda y}\right|=1,$$

即

$$f_Y(y)=\begin{cases}1, & 0<y<1,\\ 0, & 其他.\end{cases}$$

类似地，

$$f_Z(z)=\begin{cases}1, & 0<z<1,\\ 0, & 其他.\end{cases}$$

习题 19 设随机变量 $X\sim U[0,\pi]$，试求 $Y=\sin X$ 的分布函数与概率密度.

解 由题意可知，$F_Y(y)=P\{Y\leqslant y\}=P\{\sin X\leqslant y\}$.

当 $y<0$ 时，$F_Y(y)=0$.

当 $0\leqslant y\leqslant 1$ 时，

$$\begin{aligned}F_Y(y)&=P\{X\leqslant \arcsin y\}+P\{X\geqslant \pi-\arcsin y\}\\&=\int_0^{\arcsin y}\frac{1}{\pi}\mathrm{d}x+\int_{\pi-\arcsin y}^{\pi}\frac{1}{\pi}\mathrm{d}x=\frac{2}{\pi}\arcsin y.\end{aligned}$$

综上，分布函数为

$$F_Y(y)=\begin{cases}0, & y<0,\\ \dfrac{2}{\pi}\arcsin y, & 0\leqslant y\leqslant 1,\\ 1, & y>1.\end{cases}$$

概率密度为

$$f_Y(y)=F'_Y(y)=\begin{cases}\dfrac{2}{\pi\sqrt{1-y^2}}, & 0\leqslant y\leqslant 1,\\ 0, & 其他.\end{cases}$$

习题 20 设随机变量 X 与 Y 相互独立，且 $X\sim N(1,5)$，$Y\sim N(2,3)$，试求 $Z=2X-3Y+1$ 的概率密度.

解 因 X 与 Y 相互独立，故利用卷积公式可得，Z 的概率密度为

$$\begin{aligned}f_Z(z)&=\int_{-\infty}^{+\infty}f\left(x,\frac{2x-z+1}{3}\right)\mathrm{d}x=\int_{-\infty}^{+\infty}f_X(x)f_Y\left(\frac{2x-z+1}{3}\right)\mathrm{d}x\\&=\int_{-\infty}^{+\infty}\frac{1}{\sqrt{2\pi}\sqrt{5}}\mathrm{e}^{-\frac{(x-1)^2}{2\times 5}}\cdot\frac{1}{\sqrt{2\pi}\sqrt{3}}\mathrm{e}^{-\frac{\left(\frac{2x-z+1}{3}-2\right)^2}{2\times 3}}\mathrm{d}x\\&=\frac{1}{\sqrt{94\pi}}\mathrm{e}^{-\frac{(z+3)^2}{94}}\quad(-\infty<z<+\infty).\end{aligned}$$

习题 21 设随机变量 (X,Y) 的概率密度为

$$f(x,y)=\begin{cases}b\mathrm{e}^{-(x+y)}, & 0<x<1,y>0,\\ 0, & 其他,\end{cases}$$

试求：

(1) 常数 b；

(2) 边缘概率密度 $f_X(x)$，$f_Y(y)$；

(3) $U=\max\{X,Y\}$ 的分布函数.

解 (1) 因为

$$\int_0^1 dx\int_0^{+\infty} be^{-(x+y)}dy=\int_0^1 be^{-x}dx=-b(e^{-1}-1)=1,$$

所以 $b=\dfrac{1}{1-e^{-1}}$.

(2) X 的边缘概率密度为

$$f_X(x)=\begin{cases}\displaystyle\int_0^{+\infty}\frac{1}{1-e^{-1}}e^{-(x+y)}dy, & 0<x<1,\\ 0, & \text{其他}\end{cases}$$

$$=\begin{cases}\dfrac{e^{-x}}{1-e^{-1}}, & 0<x<1,\\ 0, & \text{其他}.\end{cases}$$

Y 的边缘概率密度为

$$f_Y(y)=\begin{cases}\displaystyle\int_0^{1}\frac{1}{1-e^{-1}}e^{-(x+y)}dx, & y>0,\\ 0, & \text{其他}\end{cases}$$

$$=\begin{cases}e^{-y}, & y>0,\\ 0, & \text{其他}.\end{cases}$$

(3) 由(1),(2) 可知,$f(x,y)=f_X(x)f_Y(y)$,则 X 与 Y 相互独立.对于$U=\max\{X,Y\}$,其分布函数为

$$F_U(u)=P\{X\leqslant u,Y\leqslant u\}=F_X(u)F_Y(u).$$

当 $u<0$ 时,$F_U(u)=0$.

当 $0\leqslant u<1$ 时,

$$F_U(u)=\int_0^u dx\int_0^u\frac{1}{1-e^{-1}}e^{-(x+y)}dy=\frac{(1-e^{-u})^2}{1-e^{-1}}.$$

当 $u\geqslant 1$ 时,

$$F_U(u)=\int_0^1 dx\int_0^u\frac{1}{1-e^{-1}}e^{-(x+y)}dy=1-e^{-u}.$$

综上,U 的分布函数为

$$F_U(u)=\begin{cases}0, & u<0,\\ \dfrac{(1-e^{-u})^2}{1-e^{-1}}, & 0\leqslant u<1,\\ 1-e^{-u}, & u\geqslant 1.\end{cases}$$

习题 22 设随机变量(X,Y) 的概率密度为

$$f(x,y)=\begin{cases}cx^2y, & x^2\leqslant y\leqslant 1,\\ 0, & \text{其他},\end{cases}$$

试求:

(1) 常数 c;

(2) 边缘概率密度 $f_X(x)$,$f_Y(y)$.

解 (1) 因为

$$\int_{-1}^{1}\mathrm{d}x\int_{x^2}^{1}cx^2y\mathrm{d}y=\int_{-1}^{1}cx^2\cdot\frac{1-x^4}{2}\mathrm{d}x=\frac{4c}{21}=1,$$

所以 $c=\frac{21}{4}$.

(2) X 的边缘概率密度为

$$f_X(x)=\begin{cases}\int_{x^2}^{1}\frac{21}{4}x^2y\mathrm{d}y, & -1\leqslant x\leqslant 1,\\ 0, & \text{其他}\end{cases}$$

$$=\begin{cases}\frac{21}{8}(x^2-x^6), & -1\leqslant x\leqslant 1,\\ 0, & \text{其他}.\end{cases}$$

Y 的边缘概率密度为

$$f_Y(y)=\begin{cases}\int_{-\sqrt{y}}^{\sqrt{y}}\frac{21}{4}x^2y\mathrm{d}x, & 0\leqslant y\leqslant 1,\\ 0, & \text{其他}\end{cases}$$

$$=\begin{cases}\frac{7}{2}y^{\frac{5}{2}}, & 0\leqslant y\leqslant 1,\\ 0, & \text{其他}.\end{cases}$$

习题 23 设随机变量 $\xi\sim N(0,1)$,求 $|\xi|$ 的概率密度.

解 设 $Y=|\xi|$,则有

$$F_Y(y)=P\{Y\leqslant y\}=P\{|\xi|\leqslant y\}.$$

当 $y<0$ 时,$F_Y(y)=0,f_Y(y)=0$.

当 $y\geqslant 0$ 时,

$$F_Y(y)=P\{-y\leqslant\xi\leqslant y\}=\int_{-y}^{y}f(x)\mathrm{d}x=F_\xi(y)-F_\xi(-y)=2F_\xi(y)-1,$$

$$f_Y(y)=2f_\xi(y)=\sqrt{\frac{2}{\pi}}\mathrm{e}^{-\frac{y^2}{2}}.$$

综上,$Y=|\xi|$ 的概率密度为

$$f_Y(y)=\begin{cases}\sqrt{\frac{2}{\pi}}\mathrm{e}^{-\frac{y^2}{2}}, & y\geqslant 0,\\ 0, & y<0.\end{cases}$$

习题 24 设随机变量 X 服从参数为 2 的指数分布,证明:$Y=1-\mathrm{e}^{-2X}$ 在区间 $[0,1]$ 上服从均匀分布.

解题思路参考习题 18,过程省略.

习题 25 设随机变量 $X\sim U[0,1]$,当观察到 $X=x(0\leqslant x\leqslant 1)$ 时,$Y\sim U[x,1]$,求 Y 的概率密度 $f_Y(y)$.

解 (1) 由题意可知,

$$f_{Y|X}(y|x)=\begin{cases}\frac{1}{1-x}, & 0\leqslant x\leqslant y\leqslant 1,\\ 0, & \text{其他}.\end{cases}$$

因为

$$f_{Y|X}(y|x)=\frac{f(x,y)}{f_X(x)},$$

所以

$$f(x,y)=\begin{cases}\dfrac{1}{1-x}, & 0\leqslant x\leqslant y\leqslant 1,\\ 0, & \text{其他},\end{cases}$$

从而 Y 的概率密度为

$$f_Y(y)=\int_0^y\frac{1}{1-x}\mathrm{d}x=-\ln(1-y),\quad 0\leqslant y\leqslant 1.$$

习题 26 设随机变量 (X,Y) 服从区域 G 上的均匀分布,其中 G 由直线 $y=-x$, $y=x$ 与 $x=2$ 所围成.

(1) 求 (X,Y) 的概率密度.

(2) 求 X 与 Y 的边缘概率密度.

(3) 判断 X 与 Y 是否相互独立.

(4) 求 $f_{X|Y}(x|1)$ 与 $f_{X|Y}(x|y)$,其中 $|y|<2$.

(5) 求 $P\{X\leqslant\sqrt{2}\mid Y=1\}$.

解 (1) (X,Y) 的概率密度为

$$f(x,y)=\begin{cases}\dfrac{1}{4}, & 0\leqslant x\leqslant 2, -x\leqslant y\leqslant x,\\ 0, & \text{其他}.\end{cases}$$

(2) X 与 Y 的边缘概率密度分别为

$$f_X(x)=\begin{cases}\displaystyle\int_{-x}^{x}\frac{1}{4}\mathrm{d}y, & 0\leqslant x\leqslant 2,\\ 0, & \text{其他}\end{cases}=\begin{cases}\dfrac{x}{2}, & 0\leqslant x\leqslant 2,\\ 0, & \text{其他},\end{cases}$$

$$f_Y(y)=\begin{cases}\displaystyle\int_{|y|}^{2}\frac{1}{4}\mathrm{d}x=\frac{2-|y|}{4}, & -2\leqslant y\leqslant 2,\\ 0, & \text{其他}.\end{cases}$$

(3) 因为 $f(x,y)\neq f_X(x)f_Y(y)$,所以 X 与 Y 不相互独立.

(4) $f_{X|Y}(x|1)=\dfrac{f(x,y)}{f_Y(1)}=1,\quad 1\leqslant x\leqslant 2,$

$$f_{X|Y}(x|y)=\frac{f(x,y)}{f_Y(y)}=\frac{1}{2-|y|},\quad |y|\leqslant x\leqslant 2.$$

(5) $P\{X\leqslant\sqrt{2}\mid Y=1\}=\displaystyle\int_1^{\sqrt{2}}1\mathrm{d}x=\sqrt{2}-1.$

习题 27 设随机变量 ξ 与 η 相互独立,且其概率密度分别为

$$f_\xi(x)=\begin{cases}\lambda\mathrm{e}^{-\lambda x}, & x>0,\\ 0, & \text{其他},\end{cases}\quad f_\eta(y)=\begin{cases}\lambda\mathrm{e}^{-\lambda y}, & y>0,\\ 0, & \text{其他},\end{cases}$$

其中 $\lambda>0$,求 $Z=\xi+\eta$ 的概率密度.

解 当 $z \leqslant 0$ 时，$F_Z(z)=0$.

当 $z>0$ 时，

$$F_Z(z)=P\{\xi+\eta \leqslant z\}=\int_0^z \mathrm{d}x \int_0^{-x+z} f_\xi(x) f_\eta(y) \mathrm{d}y$$
$$=1-\mathrm{e}^{-\lambda z}-z\lambda \mathrm{e}^{-\lambda z}.$$

于是，$Z=\xi+\eta$ 的概率密度为

$$f_Z(z)=F'_Z(z)=\begin{cases} z\lambda^2 \mathrm{e}^{-\lambda z}, & z>0, \\ 0, & \text{其他}. \end{cases}$$

习题 28 设随机变量 (ξ, η) 的概率密度为

$$f(x, y)=\begin{cases} \dfrac{1+xy}{4}, & |x|<1,|y|<1, \\ 0, & \text{其他}, \end{cases}$$

证明：ξ 与 η 不相互独立，但 ξ^2 与 η^2 相互独立.

证明 当 $|x|<1$ 时，

$$f_\xi(x)=\int_{-1}^1 \frac{1+xy}{4} \mathrm{d}y=\frac{1}{2}.$$

当 $|x| \geqslant 1$ 时，$f_\xi(x)=0$. 于是

$$f_\xi(x)=\begin{cases} \dfrac{1}{2}, & |x|<1, \\ 0, & \text{其他}. \end{cases}$$

类似地，

$$f_\eta(y)=\begin{cases} \dfrac{1}{2}, & |y|<1, \\ 0, & \text{其他}. \end{cases}$$

显然，当 $|x|<1,|y|<1$ 时，$f(x, y) \neq f_\xi(x) f_\eta(y)$，所以 ξ 与 η 不相互独立.

设 ξ^2 的分布函数为 $F_1(x)$. 当 $0 \leqslant x<1$ 时，

$$F_1(x)=P\{\xi^2 \leqslant x\}=\int_{-\sqrt{x}}^{\sqrt{x}} \frac{1}{2} \mathrm{d}x=\sqrt{x},$$

从而

$$F_1(x)=\begin{cases} 0, & x<0, \\ \sqrt{x}, & 0 \leqslant x<1, \\ 1, & x \geqslant 1. \end{cases}$$

类似地，η^2 的分布函数为

$$F_2(y)=\begin{cases} 0, & y<0, \\ \sqrt{y}, & 0 \leqslant y<1, \\ 1, & y \geqslant 1. \end{cases}$$

设 (ξ^2, η^2) 的分布函数为 $F_3(x, y)$. 当 $x<0$ 或 $y<0$ 时，$F_3(x, y)=0$.

当 $0 \leqslant x<1, y \geqslant 1$ 时，

$$F_3(x,y)=P\{\xi^2\leqslant x,\eta^2\leqslant y\}=P\{\xi^2\leqslant x\}=\sqrt{x}.$$

当 $0\leqslant y<1,x\geqslant 1$ 时，$F_3(x,y)=\sqrt{y}$.

当 $0\leqslant x<1,0\leqslant y<1$ 时，

$$F_3(x,y)=\int_{-\sqrt{x}}^{\sqrt{x}}\mathrm{d}x\int_{-\sqrt{y}}^{\sqrt{y}}\frac{1+xy}{4}\mathrm{d}y=\sqrt{xy}.$$

当 $x\geqslant 1,y\geqslant 1$ 时，$F_3(x,y)=1$.

综上所述，

$$F_3(x,y)=\begin{cases}0, & x<0\text{ 或 }y<0,\\ \sqrt{x}, & 0\leqslant x<1,y\geqslant 1,\\ \sqrt{y}, & 0\leqslant y<1,x\geqslant 1,\\ \sqrt{xy}, & 0\leqslant x<1,0\leqslant y<1,\\ 1, & x\geqslant 1,y\geqslant 1.\end{cases}$$

显然，$F_3(x,y)=F_1(x)F_2(y)$ 对所有的 x,y 均成立，所以 ξ^2 与 η^2 相互独立.

习题 29 设随机变量 X 与 Y 相互独立，且 $X\sim E(1),Y\sim E(2)$，求 $Z=X+2Y$ 的概率密度.

解 方法一：当 $z\leqslant 0$ 时，$F_Z(z)=0$.

当 $z>0$ 时，

$$F_Z(z)=\int_0^z\mathrm{d}x\int_0^{\frac{-x+z}{2}}f_X(x)f_Y(y)\mathrm{d}y=-\mathrm{e}^{-z}+1-z\mathrm{e}^{-z}.$$

于是，$Z=X+2Y$ 的概率密度为

$$f_Z(z)=F_Z'(z)=\begin{cases}z\mathrm{e}^{-z}, & z>0,\\ 0, & \text{其他}.\end{cases}$$

方法二：由卷积公式可得

$$f_Z(z)=\int_{-\infty}^{+\infty}f_X(z-2y)f_Y(y)\mathrm{d}y.$$

当 $z>0$ 时，$y<\dfrac{z}{2}$，则

$$f_Z(z)=\int_0^{\frac{z}{2}}\mathrm{e}^{-(z-2y)}\cdot 2\mathrm{e}^{-2y}\mathrm{d}y=z\mathrm{e}^{-z}.$$

当 $z\leqslant 0$ 时，$f_Z(z)=0$.

习题 30 设随机变量 X 与 Y 相互独立，且均服从标准正态分布，求 $Z=\dfrac{X}{Y}$ 的概率密度.

解 由题意可知

$$\begin{aligned}f_Z(z)&=\int_{-\infty}^{+\infty}|y|f(yz,y)\mathrm{d}y\\&=\int_{-\infty}^{0}-yf_X(yz)f_Y(y)\mathrm{d}y+\int_0^{+\infty}yf_X(yz)f_Y(y)\mathrm{d}y\\&=\frac{1}{\pi(1+z^2)}.\end{aligned}$$

习题 31 设随机变量 X 在区间$[0,1]$上服从均匀分布,Y 服从参数为 1 的指数分布,且 X 与 Y 相互独立,试求:

(1) $Z=X+Y$ 的概率密度;

(2) $W=\dfrac{X}{Y}$ 的概率密度.

解 (1) 由题意可知

$$f_Z(z)=\int_{-\infty}^{+\infty}f_X(x)f_Y(z-x)\mathrm{d}x.$$

当 $0<z<1$ 时,

$$f_Z(z)=\int_0^z 1\cdot \mathrm{e}^{-z+x}\mathrm{d}x=1-\mathrm{e}^{-z}.$$

当 $z\geqslant 1$ 时,

$$f_Z(z)=\int_0^1 1\cdot \mathrm{e}^{-z+x}\mathrm{d}x=\mathrm{e}^{1-z}-\mathrm{e}^{-z}.$$

综上所述,$Z=X+Y$ 的概率密度为

$$f_Z(z)=\begin{cases}1-\mathrm{e}^{-z}, & 0<z<1,\\ \mathrm{e}^{1-z}-\mathrm{e}^{-z}, & z\geqslant 1,\\ 0, & \text{其他}.\end{cases}$$

(2) 由题意可知,$f_W(w)=\int_{-\infty}^{+\infty}|y|f(yw,y)\mathrm{d}y$.

当 $w>0$ 时,

$$f_W(w)=\int_0^{\frac{1}{w}}yf_X(yw)f_Y(y)\mathrm{d}y=\int_0^{\frac{1}{w}}y\cdot 1\cdot \mathrm{e}^{-y}\mathrm{d}y=1,$$

所以

$$f_W(w)=\begin{cases}1-\mathrm{e}^{-\frac{1}{w}}\left(1+\dfrac{1}{w}\right), & w>0,\\ 0, & \text{其他}.\end{cases}$$

习题 32 设随机变量 X 与 Y 相互独立,且均服从参数为 1 的指数分布,试求:

(1) $Z=\min\{X,Y\}$ 的概率密度;

(2) $W=\max\{X,Y\}$ 的概率密度.

解 (1) 当 $z>0$ 时,

$$\begin{aligned}F_Z(z)&=1-[1-F_X(z)][1-F_Y(z)]\\&=1-(1-1+\mathrm{e}^{-z})(1-1+\mathrm{e}^{-z})=1-\mathrm{e}^{-2z},\end{aligned}$$

故 $Z=\min\{X,Y\}$ 的概率密度为

$$f_Z(z)=F_Z'(z)=\begin{cases}2\mathrm{e}^{-2z}, & z>0,\\ 0, & \text{其他}.\end{cases}$$

(2) 当 $w>0$ 时,

$$F_W(w)=F_X(w)F_Y(w)=(1-\mathrm{e}^{-w})^2,$$

故 $W=\max\{X,Y\}$ 的概率密度为

$$f_W(w)=F_W'(w)=\begin{cases}2(\mathrm{e}^{-w}-\mathrm{e}^{-2w}), & w>0,\\0, & 其他.\end{cases}$$

习题 33 设随机变量 X 与 Y 相互独立,且均服从 $N(0,\sigma^2)$,试求 $Z=\sqrt{X^2+Y^2}$ 的概率密度.

解 当 $z<0$ 时,$F_Z(z)=0$.

当 $z\geqslant 0$ 时,

$$F_Z(z)=P\{\sqrt{X^2+Y^2}\leqslant z\}=\iint\limits_{\sqrt{x^2+y^2}\leqslant z} f(x,y)\mathrm{d}x\mathrm{d}y$$

$$=\iint\limits_{x^2+y^2\leqslant z^2} f_X(x)f_Y(y)\mathrm{d}x\mathrm{d}y=\iint\limits_{x^2+y^2\leqslant z^2}\frac{1}{2\pi\sigma^2}\mathrm{e}^{-\frac{(x^2+y^2)}{2\sigma^2}}\mathrm{d}x\mathrm{d}y.$$

将上式转换为极坐标,令 $x=r\cos\theta,y=r\sin\theta$,则有

$$F_Z(z)=\int_0^{2\pi}\mathrm{d}\theta\int_0^z\frac{1}{2\pi\sigma^2}\mathrm{e}^{-\frac{r^2}{2\sigma^2}}r\mathrm{d}r=1-\mathrm{e}^{-\frac{z^2}{2\sigma^2}},$$

从而

$$f_Z(z)=F_Z'(z)=\frac{z}{\sigma^2}\mathrm{e}^{-\frac{z^2}{2\sigma^2}}.$$

综上所述,$Z=\sqrt{X^2+Y^2}$ 的概率密度为

$$f_Z(z)=\begin{cases}\dfrac{z}{\sigma^2}\mathrm{e}^{-\frac{z^2}{2\sigma^2}}, & z\geqslant 0,\\0, & 其他.\end{cases}$$

习题 34 设 X,Y 是两个相互独立的随机变量,X 在区间 $[0,1]$ 上服从均匀分布,Y 的概率密度为

$$f_Y(y)=\begin{cases}\dfrac{1}{2}\mathrm{e}^{-\frac{y}{2}}, & y>0,\\0, & y\leqslant 0.\end{cases}$$

(1) 求 X,Y 的联合概率密度.

(2) 设含有 a 的二次方程为 $a^2+2Xa+Y=0$,试求有实根的概率.

解 (1) 由题意可知,X 的概率密度为

$$f_X(x)=\begin{cases}1, & 0\leqslant x\leqslant 1,\\0, & 其他.\end{cases}$$

X,Y 的联合概率密度为

$$f(x,y)=f_X(x)f_Y(y)=\begin{cases}\dfrac{1}{2}\mathrm{e}^{-\frac{y}{2}}, & 0\leqslant x\leqslant 1,y>0,\\0, & 其他.\end{cases}$$

(2) 当 $\Delta=4X^2-4Y\geqslant 0$,即 $Y\leqslant X^2$ 时,此方程才有实根. 记 $D=\{(x,y)\mid 0<x<1,0<y<x^2\}$,则有

$$P\{Y \leqslant X^2\} = \iint\limits_D f(x,y)\mathrm{d}x\mathrm{d}y = \int_0^1 \mathrm{d}x \int_0^{x^2} \frac{1}{2}\mathrm{e}^{-\frac{y}{2}}\mathrm{d}y$$

$$= 1 - \sqrt{2\pi} \cdot \frac{1}{\sqrt{2\pi}} \int_0^1 \mathrm{e}^{-\frac{x^2}{2}}\mathrm{d}x = 1 - \sqrt{2\pi}[\Phi(1) - 0.5]$$

$$= 1 - \sqrt{2\pi}(0.841\,3 - 0.5) \approx 0.144\,5.$$

3.4 考研专题

考研真题

3.4.1 本章考研大纲要求

全国硕士研究生招生考试的数学一与数学三的考试大纲对“连续型随机变量及其分布”部分的要求基本相同，内容包括：连续型随机变量的概念、一维连续型随机变量的分布函数与概率密度、二维离散型随机变量的分布函数、常见的一维连续型随机变量、二维连续型随机变量的边缘概率密度和条件概率密度、随机变量的独立性和不相关性、常见的二维连续型随机变量、一个及两个以上随机变量简单函数的分布.具体考试要求如下：

1. 理解一维、多维连续型随机变量的概率密度及分布函数的概念和基本性质.

2. 掌握常见的连续型随机变量的分布：均匀分布、指数分布、正态分布及其应用.

3. 理解二维随机变量的分布函数、概率分布，掌握二维连续型随机变量的边缘分布和条件分布.

4. 理解随机变量的独立性的概念，掌握随机变量相互独立的条件.

5. 掌握根据随机变量的分布求随机变量函数的分布.

3.4.2 考题特点分析

分析近十年的考题，该部分在数学一与数学三考察的“概率论与数理统计”内容中分值分别约占 27.4% 和 40.3%.二维连续型随机变量的考察是考试的重点，也是难点，是每年必考的内容.此考点难度较大，且常与协方差、相关系数等结合考察，与高等数学中的二重积分结合密切，是概率论与数理统计的重点考察部分之一.做题时需理清不同变量之间的关系，重点练习此类考点题型，着重对待.

3.4.3 考研真题

1. (2004 年数学一、三) 设随机变量 $X \sim N(0,1)$，对于给定的 $\alpha(0 < \alpha < 1)$，数 u_α 满足 $P\{X > u_\alpha\} = \alpha$. 若 $P\{|X| < x\} = \alpha$，则 $x = (\quad)$.

A. $u_{\frac{\alpha}{2}}$　　B. $u_{1-\frac{\alpha}{2}}$　　C. $u_{\frac{1-\alpha}{2}}$　　D. $u_{1-\alpha}$

2. (2007 年数学一、三) 设随机变量(X,Y) 的概率密度为

$$f(x,y) = \begin{cases} 2 - x - y, & 0 < x < 1, 0 < y < 1, \\ 0, & \text{其他}, \end{cases}$$

试求：

(1) $P\{X > 2Y\}$；

(2) $Z=X+Y$ 的概率密度.

3. (2011 年数学一、三) 设$F_1(x)$ 与$F_2(x)$ 为两个分布函数,其相应的概率密度$f_1(x)$ 与$f_2(x)$ 是连续函数,则下列选项中必为概率密度的是(　　).

A. $f_1(x)f_2(x)$　　B. $2f_2(x)F_1(x)$

C. $f_1(x)F_2(x)$　　D. $f_1(x)F_2(x)+f_2(x)F_1(x)$

4. (2012 年数学一) 设随机变量 X 与 Y 相互独立,且分别服从参数为 1 与参数为 4 的指数分布,则 $P\{X<Y\}=$(　　).

A. $\frac{1}{5}$　　B. $\frac{1}{3}$　　C. $\frac{2}{5}$　　D. $\frac{4}{5}$

5. (2012 年数学三) 设随机变量 X 与 Y 相互独立,且都服从区间$[0,1]$上的均匀分布,则 $P\{X^2+Y^2\leqslant 1\}=$(　　).

A. $\frac{1}{4}$　　B. $\frac{1}{2}$　　C. $\frac{\pi}{8}$　　D. $\frac{\pi}{4}$

6. (2012 年数学三) 设随机变量 X 与 Y 相互独立,且均服从参数为 1 的指数分布.记 $U=\max\{X,Y\}$,$V=\min\{X,Y\}$,试求:

(1) V 的概率密度;

(2) $E(U+V)$.

7. (2013 年数学一、三) 设 X_1,X_2,X_3 是随机变量,且 $X_1\sim N(0,1)$,$X_2\sim N(0,2^2)$,$X_3\sim N(5,3^2)$,$p_i=P\{-2\leqslant X_i\leqslant 2\}(i=1,2,3)$,则(　　).

A. $p_1>p_2>p_3$　　B. $p_2>p_1>p_3$

C. $p_3>p_1>p_2$　　D. $p_1>p_3>p_2$

8. (2013 年数学一) 设随机变量 X 的概率密度为

$$f(x)=\begin{cases}\frac{1}{9}x^2, & 0<x<3,\\ 0, & \text{其他}.\end{cases}$$

令随机变量

$$Y=\begin{cases}2, & X\leqslant 1,\\ X, & 1<X<2,\\ 1, & X\geqslant 2,\end{cases}$$

试求:

(1) Y 的分布函数;

(2) $P\{X\leqslant Y\}$.

9. (2015 年数学一、三) 设二维随机变量(X,Y) 服从二维正态分布 $N(1,0,1,1,0)$,则 $P\{XY-Y<0\}=$__________.

10. (2015 年数学一、三) 设随机变量 X 的概率密度为

$$f(x)=\begin{cases}2^{-x}\ln 2, & x>0,\\ 0, & x\leqslant 0,\end{cases}$$

对 X 进行独立重复的观察,直到 2 个大于 3 的观察值出现时停止.记 Y 为观察次数,求:

(1) Y 的分布律;

(2) $E(Y)$.

11. (2016 年数学一) 设随机变量 $X \sim N(\mu,\sigma^2)(\sigma>0)$,记 $p=P\{X\leqslant\mu+\sigma^2\}$,则(　　).

A. p 随着 μ 的增加而增加　　B. p 随着 σ 的增加而增加

C. p 随着 μ 的增加而减少　　D. p 随着 σ 的增加而减少

12. (2016 年数学一、三) 设随机变量 (X,Y) 在区域 $D=\{(x,y)\mid 0<x<1,x^2<y<\sqrt{x}\}$ 上服从均匀分布. 令 $U=\begin{cases}1, & X\leqslant Y,\\ 0, & X>Y.\end{cases}$

(1) 求 (X,Y) 的概率密度.

(2) 判断 U 与 X 是否相互独立,并说明理由.

(3) 求 $Z=U+X$ 的分布函数.

13. (2017 年数学一) 设随机变量 X 的分布函数为 $F(x)=0.5\Phi(x)+0.5\Phi\left(\frac{x-4}{2}\right)$,其中 $\Phi(x)$ 为标准正态分布函数,则 $E(X)=$________.

14. (2017 年数学一、三) 设随机变量 X 与 Y 相互独立,且 X 的分布律为

$$P\{X=0\}=P\{X=2\}=\frac{1}{2},$$

Y 的概率密度为

$$f(y)=\begin{cases}2y, & 0<y<1,\\ 0, & \text{其他}.\end{cases}$$

试求:

(1) $P\{Y\leqslant E(Y)\}$;

(2) $Z=X+Y$ 的概率密度.

15. (2018 年数学一、三) 设随机变量 X 的概率密度 $f(x)$ 满足 $f(1+x)=f(1-x)$,且 $\int_0^2 f(x)\mathrm{d}x=0.6$,则 $P\{X<0\}=$(　　).

A. 0.2　　B. 0.3　　C. 0.4　　D. 0.6

16. (2019 年数学一、三) 设随机变量 X 与 Y 相互独立,且都服从正态分布 $N(\mu,\sigma^2)$,则 $P\{|X-Y|<1\}$(　　).

A. 与 μ 无关,而与 σ^2 有关　　B. 与 μ 有关,而与 σ^2 无关

C. 与 μ,σ^2 都有关　　D. 与 μ,σ^2 都无关

17. (2020 年数学三) 设随机变量 (X,Y) 服从二维正态分布 $N\left(0,0,1,2^2,-\frac{1}{2}\right)$,则下列随机变量中服从标准正态分布且与 X 相互独立的是(　　).

A. $\frac{\sqrt{5}}{5}(X+Y)$　　B. $\frac{\sqrt{5}}{5}(X-Y)$

C. $\frac{\sqrt{3}}{3}(X+Y)$　　D. $\frac{\sqrt{3}}{3}(X-Y)$

18. (2020 年数学一) 设随机变量 X_1,X_2,X_3 相互独立,其中 X_1 与 X_2 均服从标准正态分

布，X_3 的分布律为 $P\{X_3=0\}=P\{X_3=1\}=\frac{1}{2}$，且随机变量 $Y=X_3X_1+(1-X_3)X_2$.

(1) 求二维随机变量(X_1,Y)的分布函数，结果用标准正态分布函数 $\Phi(x)$ 表示.

(2) 证明：Y 服从标准正态分布.

19.(2021年数学一、三) 在区间$[0,2]$上随机取一点，将该区间分成两段，较短一段的长度记为 X，较长一段的长度记为 Y.令 $Z=\frac{Y}{X}$，求：

(1) X 的概率密度；

(2) Z 的概率密度；

(3) $E\left(\frac{X}{Y}\right)$.

3.4.4 考研真题参考答案

1.【答案】C.

【解析】由标准正态分布概率密度的对称性可知，$P\{X<-u_\alpha\}=\alpha$，于是

$$\begin{aligned}1-\alpha&=1-P\{|X|<x\}=P\{|X|\geqslant x\}\\&=P\{X\geqslant x\}+P\{X\leqslant -x\}=2P\{X\geqslant x\},\end{aligned}$$

即

$$P\{X\geqslant x\}=\frac{1-\alpha}{2},$$

则 $x=u_{\frac{1-\alpha}{2}}$.

2.【解析】(1) $P\{X>2Y\}=P\left\{Y<\frac{X}{2}\right\}=\int_0^1 \mathrm{d}x\int_0^{\frac{x}{2}}(2-x-y)\mathrm{d}y=\frac{7}{24}$.

(2) 当 $z<0$ 时，$F_Z(z)=0$.

当 $0\leqslant z<1$ 时，

$$\begin{aligned}F_Z(z)&=P\{X+Y\leqslant z\}=\int_0^z \mathrm{d}x\int_0^{-x+z}(2-x-y)\mathrm{d}y\\&=-\frac{1}{3}z^3+z^2.\end{aligned}$$

当 $1\leqslant z<2$ 时，

$$\begin{aligned}F_Z(z)&=P\{X+Y\leqslant z\}=1-\int_{z-1}^1 \mathrm{d}x\int_{-x+z}^1(2-x-y)\mathrm{d}y\\&=\frac{1}{3}z^3-2z^2+4z-\frac{5}{3}.\end{aligned}$$

当 $z\geqslant 2$ 时，$F_Z(z)=1$.

综上所述，$Z=X+Y$ 的概率密度为

$$f_Z(z)=F_Z'(z)=\begin{cases}-z^2+2z, & 0\leqslant z<1,\\ z^2-4z+4, & 1\leqslant z<2,\\ 0, & \text{其他}.\end{cases}$$

3.【答案】D.

【解析】因为

$$\int_{-\infty}^{+\infty}[f_1(x)F_2(x)+f_2(x)F_1(x)]\mathrm{d}x=F_1(x)F_2(x)\Big|_{-\infty}^{+\infty}=1,$$

所以 $f_1(x)F_2(x)+f_2(x)F_1(x)$ 为概率密度.

4.【答案】A.

【解析】由题意可知,(X,Y) 的概率密度为

$$f(x,y)=f_X(x)f_Y(y)=\begin{cases}\mathrm{e}^{-x}\cdot 4\mathrm{e}^{-4y}, & x>0,y>0,\\ 0, & \text{其他}.\end{cases}$$

于是,有

$$P\{X<Y\}=\iint\limits_{x<y}f(x,y)\mathrm{d}x\,\mathrm{d}y=\int_0^{+\infty}\mathrm{d}x\int_x^{+\infty}\mathrm{e}^{-x}\cdot 4\mathrm{e}^{-4y}\mathrm{d}y=\frac{1}{5}.$$

5.【答案】D.

【解析】(X,Y) 的可行域 D 是第一象限中以点$(0,0)$为一个顶点、边长为 1 的正方形.而 $X^2+Y^2\leqslant 1$ 区域与 D 的交集区域的面积 S 为半径为 1 的圆面积的$\frac{1}{4}$,即 $S=\frac{1}{4}\pi$.

6.【解析】(1) 由题意可知,X 的分布函数为

$$F(x)=\begin{cases}1-\mathrm{e}^{-x}, & x>0,\\ 0, & \text{其他},\end{cases}$$

Y 与 X 同分布.根据 X 与 Y 的独立性,$V=\min\{X,Y\}$ 的分布函数和概率密度分别为

$$\begin{aligned}F_V(v)&=P\{\min\{X,Y\}\leqslant v\}=1-P\{\min\{X,Y\}>v\}\\&=1-P\{X>v,Y>v\}=\begin{cases}1-\mathrm{e}^{-2v}, & v>0,\\ 0, & \text{其他},\end{cases}\end{aligned}$$

$$f_V(v)=F'_V(v)=\begin{cases}2\mathrm{e}^{-2v}, & v>0,\\ 0, & \text{其他}.\end{cases}$$

(2) 因为

$$U+V=\max\{X,Y\}+\min\{X,Y\}=X+Y,$$

所以

$$E(U+V)=E(X)+E(Y)=2.$$

7.【答案】A.

【解析】由题意可知

$$p_1=P\{-2\leqslant X_1\leqslant 2\}=\Phi(2)-\Phi(-2)=2\Phi(2)-1,$$

$$p_2=P\left\{-1\leqslant\frac{X_2-0}{2}\leqslant 1\right\}=2\Phi(1)-1,$$

$$p_3=P\left\{-\frac{7}{3}\leqslant\frac{X_3-5}{3}\leqslant -1\right\}=\Phi\left(\frac{7}{3}\right)-\Phi(1),$$

故

$$p_1>p_2>p_3.$$

8.【解析】(1) Y 是关于随机变量 X 的函数,$1\leqslant Y\leqslant 2$,讨论 Y 的分布函数 $F_Y(y)$ 时要分段讨论.

当 $y<1$ 时,$F_Y(y)=P\{Y\leqslant y\}=0$.

当 $1 \leqslant y < 2$ 时,

$$\begin{aligned} F_Y(y) &= P\{Y \leqslant y\} = P\{Y < 1\} + P\{Y = 1\} + P\{1 < Y \leqslant y\} \\ &= 0 + P\{X \geqslant 2\} + P\{1 < X \leqslant y\} \\ &= \int_2^3 \frac{x^2}{9}\mathrm{d}x + \int_1^y \frac{x^2}{9}\mathrm{d}x = \frac{y^3+18}{27}. \end{aligned}$$

当 $y \geqslant 2$ 时,$F_Y(y) = P\{Y \leqslant y\} = 1$.

综上所述,Y 的分布函数为

$$F_Y(y) = \begin{cases} 0, & y < 1, \\ \dfrac{y^3+18}{27}, & 1 \leqslant y < 2, \\ 1, & y \geqslant 2. \end{cases}$$

(2) $P\{X \leqslant Y\} = P\{X = Y\} + P\{X < Y\} = P\{1 < X < 2\} + P\{X \leqslant 1\}$

$$= P\{X < 2\} = \int_0^2 \frac{x^2}{9}\mathrm{d}x = \frac{8}{27}.$$

9.【答案】$\frac{1}{2}$.

【解析】由题意可知,$X \sim N(1,1)$,$Y \sim N(0,1)$,且 X 与 Y 相互独立,故

$$\begin{aligned} P\{XY - Y < 0\} &= P\{(X-1)Y < 0\} \\ &= P\{X - 1 > 0, Y < 0\} + P\{X - 1 < 0, Y > 0\} \\ &= P\{X > 1\}P\{Y < 0\} + P\{X < 1\}P\{Y > 0\} \\ &= \frac{1}{2} \times \frac{1}{2} + \frac{1}{2} \times \frac{1}{2} = \frac{1}{2}. \end{aligned}$$

10.【解析】(1) 记 p 为观察值大于 3 的概率,则

$$\begin{aligned} p &= P\{X > 3\} = 1 - P\{X \leqslant 3\} \\ &= 1 - \int_0^3 2^{-x}\ln 2\,\mathrm{d}x = \frac{1}{8}. \end{aligned}$$

因为 $Y \sim Nb\left(2, \frac{1}{8}\right)$,所以 Y 的分布律为

$$P\{Y = n\} = \mathrm{C}_{n-1}^{1}\left(\frac{1}{8}\right)^2\left(\frac{7}{8}\right)^{n-2}, \quad n = 2, 3, \cdots.$$

(2) $E(Y) = \sum\limits_{n=2}^{\infty} nP\{Y = n\} = \sum\limits_{n=2}^{\infty} n(n-1)\left(\frac{1}{8}\right)^2\left(\frac{7}{8}\right)^{n-2}$

$$= \frac{1}{64}\sum_{n=2}^{\infty} n(n-1)\left(\frac{7}{8}\right)^{n-2}.$$

设 $S(x) = \sum\limits_{n=2}^{\infty} n(n-1)x^{n-2}$,$-1 < x < 1$,则

$$\begin{aligned} S(x) &= \sum_{n=2}^{\infty} n(n-1)x^{n-2} = \sum_{n=2}^{\infty} \frac{\mathrm{d}^2(x^n)}{\mathrm{d}x^2} \\ &= \frac{\mathrm{d}^2\left(\sum\limits_{n=2}^{\infty} x^n\right)}{\mathrm{d}x^2} = \frac{\mathrm{d}^2}{\mathrm{d}x^2}\left(\frac{x^2}{1-x}\right) = \frac{2}{(1-x)^3}, \end{aligned}$$

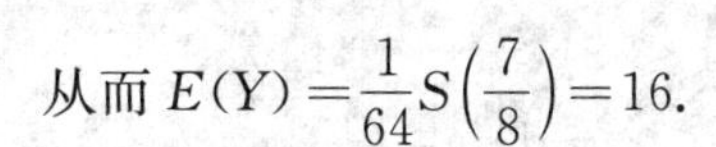

从而 $E(Y)=\frac{1}{64}S\left(\frac{7}{8}\right)=16.$

11.【答案】B.

【解析】因为

$$p=P\{X\leqslant\mu+\sigma^2\}=P\left\{\frac{X-\mu}{\sigma}\leqslant\sigma\right\}=\Phi(\sigma),$$

所以 p 的大小与 μ 无关,随着 σ 的增加而增加.

12.【解析】(1) 因为

$$S_D=\int_0^1(\sqrt{x}-x^2)\mathrm{d}x=\frac{1}{3},$$

所以 (X,Y) 的概率密度为

$$f(x,y)=\begin{cases}3, & 0<x<1,x^2<y<\sqrt{x},\\ 0, & \text{其他}.\end{cases}$$

(2) 因为

$$\begin{aligned}P\left\{U=1,0<X<\frac{1}{2}\right\}&=P\left\{X\leqslant Y,0<X<\frac{1}{2}\right\}\\&=\int_0^{\frac{1}{2}}\mathrm{d}x\int_x^{\sqrt{x}}3\mathrm{d}y=\sqrt{\frac{1}{2}}-\frac{3}{8},\end{aligned}$$

$$P\{U=1\}=P\{X\leqslant Y\}=\int_0^1\mathrm{d}x\int_x^{\sqrt{x}}3\mathrm{d}y=\frac{1}{2},$$

而 X 的概率密度为

$$f_X(x)=\begin{cases}\int_{x^2}^{\sqrt{x}}3\mathrm{d}y=3(\sqrt{x}-x^2), & 0<x<1,\\ 0, & \text{其他},\end{cases}$$

$$P\left\{0<X<\frac{1}{2}\right\}=\int_0^{\frac{1}{2}}3(\sqrt{x}-x^2)\mathrm{d}x=\sqrt{\frac{1}{2}}-\frac{1}{8},$$

显然,$P\left\{U=1,0<X<\frac{1}{2}\right\}\neq P\{U=1\}P\left\{0<X<\frac{1}{2}\right\}$,所以 U 与 X 不相互独立.

(3) 由题意可知

$$F_Z(z)=P\{U+X\leqslant z\}.$$

因为 $0<x<1,U=0$ 或 1,所以 $0<U+X<2$.

当 $z\geqslant2$ 时,$F_Z(z)=1$.

当 $z<0$ 时,$F_Z(z)=0$.

当 $0\leqslant z<1$ 时,

$$\begin{aligned}F_Z(z)&=P\{U=0,X\leqslant z\}=P\{X>Y,X\leqslant z\}\\&=\int_0^z\mathrm{d}x\int_{x^2}^x3\mathrm{d}y=\frac{3}{2}z^2-z^3.\end{aligned}$$

当 $1\leqslant z<2$ 时,

$$\begin{aligned}F_Z(z)&=P\{U=0,X\leqslant z\}+P\{U=1,X+1\leqslant z\}\\&=P\{X>Y,X\leqslant z\}+P\{X\leqslant Y,X\leqslant z-1\}\\&=\int_0^1\mathrm{d}x\int_{x^2}^{x}3\mathrm{d}y+\int_0^{z-1}\mathrm{d}x\int_x^{\sqrt{x}}3\mathrm{d}y\\&=\frac{1}{2}+2(z-1)^{\frac{3}{2}}-\frac{3}{2}(z-1)^2.\end{aligned}$$

综上所述，$Z=U+X$ 的分布函数为

$$F_Z(z)=\begin{cases}0, & z<0,\\ \frac{3}{2}z^2-z^3, & 0\leqslant z<1,\\ \frac{1}{2}+2(z-1)^{\frac{3}{2}}-\frac{3}{2}(z-1)^2, & 1\leqslant z<2,\\ 1, & z\geqslant 2.\end{cases}$$

13.【答案】2.

【解析】因为 X 的概率密度为

$$f(x)=F'(x)=0.5\Phi'(x)+0.25\Phi'\left(\frac{x-4}{2}\right),$$

所以

$$E(X)=0.5\int_{-\infty}^{+\infty}x\Phi'(x)\mathrm{d}x+0.25\int_{-\infty}^{+\infty}x\Phi'\left(\frac{x-4}{2}\right)\mathrm{d}x.$$

已知$\int_{-\infty}^{+\infty}x\Phi'(x)\mathrm{d}x=0$，且令 $t=\frac{x-4}{2}$，则

$$\int_{-\infty}^{+\infty}x\Phi'\left(\frac{x-4}{2}\right)\mathrm{d}x=2\int_{-\infty}^{+\infty}(4+2t)\Phi'(t)\mathrm{d}t=8.$$

故 $E(X)=2$.

14.【解析】(1) 因为

$$E(Y)=\int_0^1 y\cdot 2y\mathrm{d}y=\frac{2}{3},$$

所以

$$P\{Y\leqslant E(Y)\}=P\left\{Y\leqslant\frac{2}{3}\right\}=\int_0^{\frac{2}{3}}2y\mathrm{d}y=\frac{4}{9}.$$

(2) 由题意可知，$Z=X+Y$ 的分布函数为

$$\begin{aligned}F_Z(z)&=P\{Z\leqslant z\}=P\{X+Y\leqslant z\}=P\{X=0,Y\leqslant z\}+P\{X=2,2+Y\leqslant z\}\\&=\frac{1}{2}P\{Y\leqslant z\}+\frac{1}{2}P\{Y\leqslant z-2\}.\end{aligned}$$

当 $z\leqslant 0$ 时，$F_Z(z)=0$.

当 $0<z<1$ 时，

$$F_Z(z)=\frac{1}{2}P\{Y\leqslant z\}=\frac{1}{2}\int_0^z 2y\mathrm{d}y=\frac{z^2}{2}.$$

当 $1\leqslant z<2$ 时，

$$F_Z(z)=\frac{1}{2}P\{Y\leqslant z\}=\frac{1}{2}P\{Y\leqslant 1\}=\frac{1}{2}.$$

当 $2\leqslant z<3$ 时,

$$\begin{aligned}F_Z(z)&=\frac{1}{2}P\{Y\leqslant 1\}+\frac{1}{2}P\{Y\leqslant z-2\}\\&=\frac{1}{2}+\frac{1}{2}\int_0^{z-2}2y\mathrm{d}y=\frac{1}{2}+\frac{1}{2}(z-2)^2.\end{aligned}$$

当 $z\geqslant 3$ 时,$F_Z(z)=1$.

综上所述,$Z=X+Y$ 的概率密度为

$$f_Z(z)=F_Z'(z)=\begin{cases}z, & 0<z<1,\\ z-2, & 2\leqslant z<3,\\ 0, & \text{其他}.\end{cases}$$

15.【答案】A.

【解析】由 $f(1+x)=f(1-x)$ 可知,$f(x)$ 的图形关于直线 $x=1$ 对称.将 $f(x)$ 看作随机变量 $X\sim N(1,\sigma^2)$ 的概率密度,根据正态分布的对称性可知,$P\{X<0\}=0.2$.

16.【答案】A.

【解析】记 $Z=X-Y$,因为 X 与 Y 相互独立,且均服从 $N(\mu,\sigma^2)$,所以 Z 服从 $N(0,2\sigma^2)$.于是,有

$$P\{|Z|<1\}=P\left\{\left|\frac{Z}{\sqrt{2}\sigma}\right|<\frac{1}{\sqrt{2}\sigma}\right\}=\Phi\left(\frac{1}{\sqrt{2}\sigma}\right)-\Phi\left(-\frac{1}{\sqrt{2}\sigma}\right)=2\Phi\left(\frac{1}{\sqrt{2}\sigma}\right)-1,$$

即它只与 σ^2 有关.

17.【答案】C.

【解析】由二维正态分布可知,$X\sim N(0,1)$, $Y\sim N(0,2^2)$,$\rho_{XY}=-\frac{1}{2}$.因为

$$D(X+Y)=D(X)+D(Y)+2\rho_{XY}\sqrt{D(X)}\sqrt{D(Y)}=3,$$

所以

$$X+Y\sim N(0,3),\quad \frac{\sqrt{3}}{3}(X+Y)\sim N(0,1).$$

又

$$\begin{aligned}\mathrm{Cov}(X,X+Y)&=\mathrm{Cov}(X,X)+\mathrm{Cov}(X,Y)\\&=D(X)+\rho_{XY}\sqrt{D(X)}\sqrt{D(Y)}=0,\end{aligned}$$

所以 X 与 $\frac{\sqrt{3}}{3}(X+Y)$ 相互独立.

18.【解析】(1) 由题意可知,(X_1,Y) 的分布函数为

$$\begin{aligned}F(x,y)&=P\{X_1\leqslant x,Y\leqslant y\}\\&=P\{X_3=0,X_1\leqslant x,Y\leqslant y\}+P\{X_3=1,X_1\leqslant x,Y\leqslant y\}\\&=P\{X_3=0,X_1\leqslant x,X_2\leqslant y\}+P\{X_3=1,X_1\leqslant x,X_1\leqslant y\}\\&=\frac{1}{2}P\{X_1\leqslant x,X_2\leqslant y\}+\frac{1}{2}P\{X_1\leqslant x,X_1\leqslant y\}.\end{aligned}$$

当 $x \leqslant y$ 时，

$$F(x,y)=\frac{1}{2}P\{X_1 \leqslant x\}P\{X_2 \leqslant y\}+\frac{1}{2}P\{X_1 \leqslant x\}$$
$$=\frac{1}{2}\Phi(x)\Phi(y)+\frac{1}{2}\Phi(x).$$

当 $x > y$ 时，

$$F(x,y)=\frac{1}{2}P\{X_1 \leqslant x\}P\{X_2 \leqslant y\}+\frac{1}{2}P\{X_1 \leqslant y\}$$
$$=\frac{1}{2}\Phi(x)\Phi(y)+\frac{1}{2}\Phi(y).$$

综上所述，

$$F(x,y)=\begin{cases}\frac{1}{2}\Phi(x)\Phi(y)+\frac{1}{2}\Phi(x), & x \leqslant y,\\ \frac{1}{2}\Phi(x)\Phi(y)+\frac{1}{2}\Phi(y), & x > y.\end{cases}$$

(2) 因为 Y 的分布函数为

$$F(y)=P\{Y \leqslant y\}=P\{X_3=0,X_2 \leqslant y\}+P\{X_3=1,X_1 \leqslant y\}$$
$$=\frac{1}{2}P\{X_2 \leqslant y\}+\frac{1}{2}P\{X_1 \leqslant y\}=\Phi(y),$$

所以 Y 服从标准正态分布.

19.【解析】(1) 设随机取的点的坐标为 V,则 $V \sim U[0,2]$, $X=\min\{V,2-V\}$.

当 $x<0$ 时, $F_X(x)=0$.

当 $0 \leqslant x<1$ 时，

$$F_X(x)=P\{X \leqslant x\}=P\{\min\{V,2-V\} \leqslant x\}$$
$$=1-P\{\min\{V,2-V\}>x\}=1-P\{x<V \leqslant 2-x\}$$
$$=1-\frac{2-x-x}{2}=x.$$

当 $x \geqslant 1$ 时, $F_X(x)=1$.

综上所述, X 的分布函数为

$$F_X(x)=\begin{cases}0, & x<0,\\ x, & 0 \leqslant x<1,\\ 1, & x \geqslant 1.\end{cases}$$

故 X 的概率密度为

$$f_X(x)=\begin{cases}1, & 0<x<1,\\ 0, & \text{其他}.\end{cases}$$

(2) 当 $z<1$ 时, $F_Z(z)=0$.

当 $z \geqslant 1$ 时，

$$F_Z(z)=P\left\{\frac{Y}{X} \leqslant z\right\}=P\left\{\frac{2-X}{X} \leqslant z\right\}$$
$$=P\left\{X \geqslant \frac{2}{1+z}\right\}=1-\frac{2}{1+z}.$$

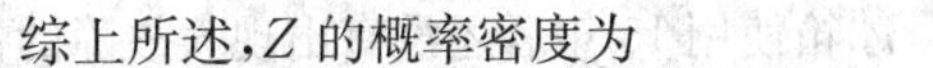

综上所述，Z 的概率密度为

$$f_Z(z)=F_Z'(z)=\begin{cases}\dfrac{2}{(1+z)^2}, & z\geqslant 1,\\ 0, & \text{其他}.\end{cases}$$

(3) $E\left(\dfrac{X}{Y}\right)=E\left(\dfrac{X}{2-X}\right)=\int_0^1 \dfrac{x}{2-x}\cdot 1\mathrm{d}x=2\ln 2-1.$

3.5 数学实验

3.5.1 指数分布概率计算

1. 实验要求

设随机变量 X 服从参数为 λ 的指数分布，即 $X\sim E(\lambda)$，利用 Python 求 $P\{X\leqslant x\}$.

2. 实验步骤

(1) 从键盘上分别输入 λ，x 的值；

(2) 利用 scipy.stats 模块中的 expon.cdf(x,scale=1/λ) 函数计算并输出 $P\{X\leqslant x\}$ 的值.

3. Python 实现代码

```
#指数分布求概率
from scipy.stats import expon
try:
    x=eval(input('请输入 x 的值:'))
    λ=eval(input('请输入 λ 的值:'))
    print('P(X<={})={:.3f}'.format(x,expon.cdf(x,scale=1/λ)))
except:
    print('输入数据有问题!')
```

运行结果：

```
请输入 x 的值:1
请输入 λ 的值:2
P(X<=1)=0.865
```

3.5.2 指数分布的应用

1. 实验要求

设冰箱平均 10 年出现一次大故障，求：

(1) 冰箱使用 15 年后还没有出现大故障的概率；

(2) 如果厂家想提供大故障免费维修的质保，试确定保修 1 ～ 5 年内，需要维修冰箱的概率.

2. 实验分析

冰箱平均 10 年出现一次大故障，可见故障率不高.设随机变量 X 表示冰箱使用后没有出现大故障的年数，则 $X\sim E(\lambda)$，冰箱使用超过 x 年没有出现大故障的概率为

$$P\{X>x\}=1-P\{X\leqslant x\}=\mathrm{e}^{-\lambda x}.$$

因冰箱平均10年出现一次大故障，故$\lambda=0.1$，冰箱使用15年后还没有出现大故障的概率为

$$P\{X>15\}=1-P\{X\leqslant 15\}=\mathrm{e}^{-1.5}\approx 0.223.$$

利用 scipy.stats 模块中的 expon.cdf(x,λ) 函数计算并输出概率.

3. Python 实现代码

(1) 计算冰箱使用15年后还没有出现大故障的概率.

```
#指数分布应用
from scipy.stats import expon
x=15
λ=0.1
print('P(X>={})={:.3f}'.format(x,1-expon.cdf(x,scale=1/λ)))
```

运行结果：

```
P(X>=15)=0.223
```

(2) 计算保修1～5年内需要维修冰箱的概率.

```
from scipy.stats import expon
λ=0.1
for x in range(1,6):
    print('P(X<={})={:.4f}'.format(x,expon.cdf(x,scale=1/λ)))
```

运行结果：

```
P(X<=1)=0.0952
P(X<=2)=0.1813
P(X<=3)=0.2592
P(X<=4)=0.3297
P(X<=5)=0.3935
```

由上述结果可知，若厂家要把上门修理的次数控制在20%以内，一般应选择保修2年.

3.5.3 正态分布概率计算

1. 实验要求

设随机变量X服从正态分布，即$X\sim N(\mu,\sigma^2)$.

(1) 绘制$X\sim N(\mu,\sigma^2)$的概率密度曲线.

(2) 求$P\{X\leqslant x_1\}$.

(3) 若$P\{X<C\}=p$，且p已知，求常数C.

2. 实验步骤

(1) 从键盘上分别输入μ,σ的值，利用NumPy库构造x的值，使用matplotlib.pyplot模块中的 plt.plot() 函数绘图；

(2) 从键盘上输入x_1的值，利用 scipy.stats 模块中的 norm.cdf(x,μ,σ) 函数计算并输出$P\{X\leqslant x_1\}$的值；

(3) 从键盘上输入p的值，利用scipy.stats模块中的norm.ppf(p,μ,σ) 函数计算$P\{X<C\}=p$中的C.

3. Python 实现代码

```
#正态分布求概率
import numpy as np
import matplotlib.pyplot as plt
from scipy.stats import norm
plt.rcParams['font.sans-serif']=['SimHei']              #用来正常显示中文标签
plt.rcParams['axes.unicode_minus']=False                #用来正常显示负号
#绘制正态分布概率密度曲线图
try:
    x=np.arange(-5,10,0.1)                              #x轴数据
    μ=eval(input('请输入μ的值:'))
    σ=eval(input('请输入σ的值:'))
    plt.plot(x,norm.pdf(x,μ,σ),'r',label='μ={},σ={}'.format(μ,σ))
    plt.legend(),plt.show()
except:
    print('输入数据有问题!')
#计算P(X<=x1)
try:
    x1=eval(input('请输入x1的值:'))
    print('P(X<={})={:.3f}'.format(x1,norm.cdf(x1,μ,σ)))
except:
    print('输入数据有问题!')
#计算P(X<C)=p中的C
try:
    p=eval(input('请输入p的值:'))
    print('P(X<={})={:.3f}'.format(norm.ppf(p,μ,σ),p))
except:
    print('输入数据有问题!')
```

运行结果:

请输入 μ 的值:0

请输入 σ 的值:1

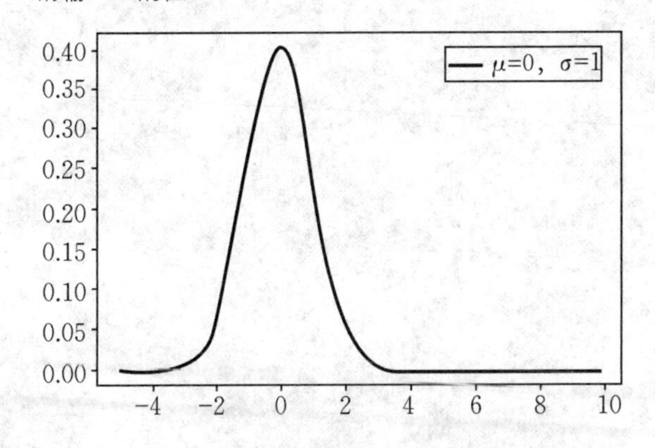

```
请输入 x1 的值:2
P(X<=2)=0.977
请输入 p 的值:0.5
P(X<=0.0)=0.500
```

3.5.4 正态分布的应用

1. 实验要求

设某品牌瓶装矿泉水的标准容量是 500 mL，每瓶矿泉水的容量 X 是随机变量，$X \sim N(500,5^2)$，求：

(1) 随机抽查一瓶，其容量大于 510 mL 的概率；

(2) 随机抽查一瓶，其容量与标准容量之差的绝对值在 8 mL 之内的概率；

(3) 常数 C，使每瓶容量小于 C 的概率为 0.05.

2. 实验分析

(1) $X \sim N(500,5^2)$，随机抽查一瓶，其容量大于 510 mL 的概率为

$$P\{X>510\}=1-P\{X\leqslant 510\}.$$

(2) 随机抽查一瓶，其容量与标准容量之差的绝对值在 8 mL 之内的概率为

$$P\{492<X\leqslant 508\}=P\{X\leqslant 508\}-P\{X\leqslant 492\}.$$

(3) 使每瓶容量小于 C 的概率为 0.05，即

$$P\{X<C\}=0.05.$$

(4) 利用 scipy.stats 模块中的 norm.cdf(x, μ, σ) 函数计算并输出 $P\{X\leqslant x\}$ 的值.

(5) 利用 scipy.stats 模块中的 norm.ppf(p, μ, σ) 函数计算并输出 $P\{X<C\}=p$ 中的 C.

3. Python 实现代码

```
from scipy.stats import norm
prob1=1-norm.cdf(510,500,5)
print(prob1)
prob2=norm.cdf(508,500,5)-norm.cdf(492,500,5)
print(prob2)
alpha=norm.ppf(0.05,500,5)
print(alpha)
```

运行结果：

```
0.02275013194817921
0.890401416600884
491.7757318652426
```

第4章 随机变量的数字特征

学习要求

1. 掌握常用的随机变量的数字特征(如数学期望、方差、标准差、协方差、相关系数)的定义、计算方法.

2. 掌握数学期望、方差、协方差的性质,并可以灵活运用性质计算复杂随机变量的数字特征.

3. 理解协方差矩阵、矩的定义.

4. 理解偏度系数、峰度系数的定义及不同取值代表的含义.

重点

常用的随机变量的数字特征(如数学期望、方差、标准差、协方差、相关系数)的定义、计算方法及性质.

难点

随机变量函数的数学期望;方差的性质;协方差的性质;不相关与独立的关系.

4.1 知识结构

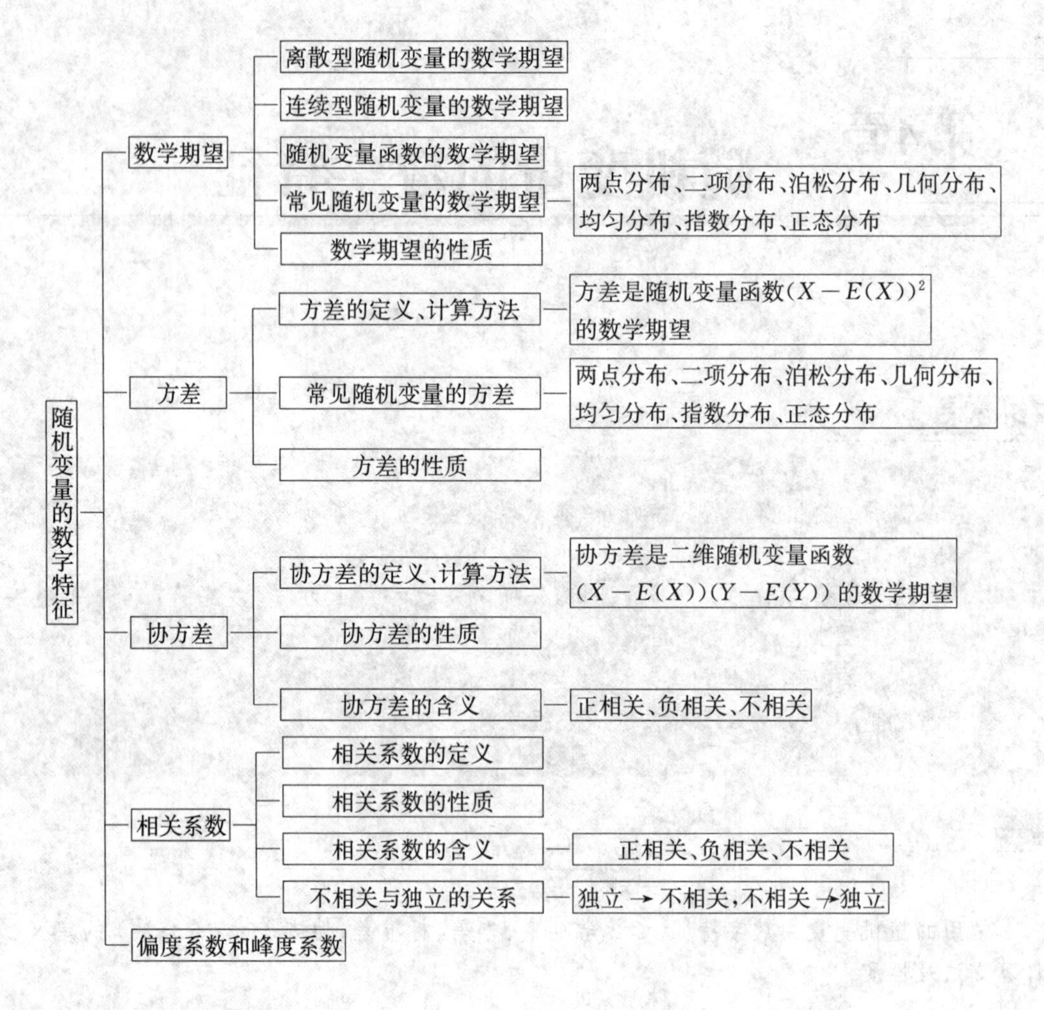

4.2 重点内容介绍

4.2.1 数学期望

1. 数学期望的定义

设随机变量 X 的分布用分布律 $p(x_i)$ 或概率密度 $f(x)$ 表示.若

$$\begin{cases} \sum_i |x_i| p(x_i) < +\infty, & X \text{ 为离散型随机变量}, \\ \int_{-\infty}^{+\infty} |x| f(x)\mathrm{d}x < +\infty, & X \text{ 为连续型随机变量}, \end{cases}$$

则称

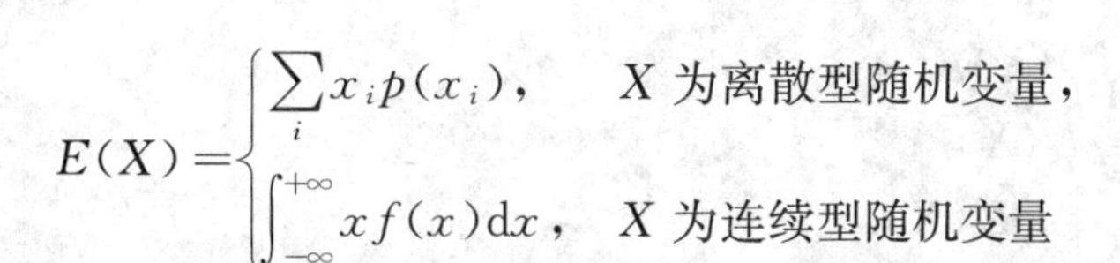

$$E(X)=\begin{cases}\sum_i x_i p(x_i), & X\text{ 为离散型随机变量,}\\ \int_{-\infty}^{+\infty} x f(x)\mathrm{d}x, & X\text{ 为连续型随机变量}\end{cases}$$

为 X 的数学期望,简称期望或均值,且称 X 的数学期望存在.

2. 随机变量函数的数学期望

(1) 设随机变量 $Y=g(X)$ 是随机变量 X 的函数.若

$$\begin{cases}\sum_i g(x_i)p(x_i)<+\infty, & X\text{ 为离散型随机变量,}\\ \int_{-\infty}^{+\infty} g(x)f(x)\mathrm{d}x<+\infty, & X\text{ 为连续型随机变量,}\end{cases}$$

则

$$E(Y)=E(g(X))=\begin{cases}\sum_i g(x_i)p(x_i), & X\text{ 为离散型随机变量,}\\ \int_{-\infty}^{+\infty} g(x)f(x)\mathrm{d}x, & X\text{ 为连续型随机变量.}\end{cases}$$

(2) 若随机变量 (X,Y) 的分布用联合分布律 $P\{X=x_i,Y=y_j\}$ 或概率密度 $f(x,y)$ 表示,则 $Z=g(X,Y)$ 的数学期望(假设存在)为

$$E(g(X,Y))=\begin{cases}\sum_i\sum_j g(x_i,y_j)P\{X=x_i,Y=y_j\}, & (X,Y)\text{ 为离散型随机变量,}\\ \int_{-\infty}^{+\infty}\int_{-\infty}^{+\infty} g(x,y)f(x,y)\mathrm{d}x\mathrm{d}y, & (X,Y)\text{ 为连续型随机变量.}\end{cases}$$

对于 $n(n\geqslant 3)$ 维随机变量,结论是类似的.

3. 数学期望的性质

对于以下所涉及的数学期望,均假定其存在.

(1) 设 c 是常数,则有 $E(c)=c$.

(2) 设 X 是随机变量,c 是常数,则有 $E(cX)=cE(X)$.

(3) 设 X,Y 是随机变量,则有 $E(X+Y)=E(X)+E(Y)$.

(4) 设 X,Y 是相互独立的随机变量,则有 $E(XY)=E(X)E(Y)$.

4.2.2 方差

1. 方差的定义

设 X 为随机变量.若 $E((X-E(X))^2)$ 存在,则称

$$D(X)=E((X-E(X))^2)$$

为 X 的方差,称 $\sqrt{D(X)}$ 为 X 的标准差或均方差.

2. 方差的计算公式

计算方差时的常用公式为

$$D(X)=E(X^2)-(E(X))^2.$$

3. 方差的性质

设 c,k,b 均为常数.

(1) $D(c)=0$.

(2) $D(kX)=k^2D(X)$.

(3) $D(X+b)=D(X)$.

(4) $D(kX+b)=k^2D(X)$.

(5) 若随机变量 X 与 Y 相互独立,则有 $D(X\pm Y)=D(X)+D(Y)$.

4. 切比雪夫不等式

设随机变量 X 的数学期望 $E(X)=\mu$,方差 $D(X)=\sigma^2$,则对于任意的正数 ε,有

$$P\{|X-\mu|\geqslant\varepsilon\}\leqslant\frac{\sigma^2}{\varepsilon^2}\quad 或\quad P\{|X-\mu|<\varepsilon\}\geqslant 1-\frac{\sigma^2}{\varepsilon^2}.$$

5. 常用分布的数学期望和方差(见表 4.1)

表 4.1

分布名称	数学期望 $E(X)$	方差 $D(X)$
两点分布 $B(1,p)$	p	$p(1-p)$
二项分布 $B(n,p)$	np	$np(1-p)$
泊松分布 $P(\lambda)$	λ	λ
几何分布 $G(p)$	$\frac{1}{p}$	$\frac{1-p}{p^2}$
均匀分布 $U[a,b]$	$\frac{a+b}{2}$	$\frac{(b-a)^2}{12}$
指数分布 $E(\lambda)$	$\frac{1}{\lambda}$	$\frac{1}{\lambda^2}$
正态分布 $N(\mu,\sigma^2)$	μ	σ^2

4.2.3 协方差

1. 协方差的定义

若 $E((X-E(X))(Y-E(Y)))$ 存在,则称

$$\mathrm{Cov}(X,Y)=E((X-E(X))(Y-E(Y)))$$

为随机变量 X 与 Y 的协方差.

(1) 当 $\mathrm{Cov}(X,Y)>0$ 时,称 X 与 Y 正相关,这时,两个偏差 $X-E(X)$ 与 $Y-E(Y)$ 同时增加或同时减少. 因 $E(X)$ 与 $E(Y)$ 都是常数,故等价于 X 与 Y 同时增加或同时减少.

(2) 当 $\mathrm{Cov}(X,Y)<0$ 时,称 X 与 Y 负相关,这时,X 增加则 Y 减少,或者 Y 增加则 X 减少.

(3) 当 $\mathrm{Cov}(X,Y)=0$ 时,称 X 与 Y 不相关.

2. 协方差的性质

设 a,b 均为常数.

(1) $\mathrm{Cov}(X,Y)=\mathrm{Cov}(Y,X)$.

(2) $\mathrm{Cov}(X,X)=D(X)$.

(3) $D(X\pm Y)=D(X)+D(Y)\pm 2\mathrm{Cov}(X,Y)$.

(4) $\mathrm{Cov}(aX,bY)=ab\mathrm{Cov}(X,Y)$.

(5) $\mathrm{Cov}(X_1+X_2,Y)=\mathrm{Cov}(X_1,Y)+\mathrm{Cov}(X_2,Y)$.

4.2.4 相关系数

1. 相关系数的定义

当随机变量 X,Y 满足 $D(X)>0,D(Y)>0$ 时,称

$$\rho_{XY}=\frac{\mathrm{Cov}(X,Y)}{\sqrt{D(X)}\sqrt{D(Y)}}$$

为 X 与 Y 的相关系数.

从相关系数的定义中可以看出，相关系数 ρ_{XY} 与协方差 $\mathrm{Cov}(X,Y)$ 是同符号的，即同为正或同为负或同为 0. 因此相关系数的符号也可以反映出 X 与 Y 的正相关、负相关和不相关.

2. 相关系数的性质

(1) $|\rho_{XY}|\leqslant 1$.

(2) $|\rho_{XY}|=1$ 的充要条件是存在常数 $a\neq 0,b$,使得

$$P\{Y=aX+b\}=1.$$

4.2.5 矩和协方差矩阵

1. 矩的定义

设 X,Y 为两个随机变量,k 为正整数.若以下数学期望都存在,则称

$$\mu_k=E(X^k)$$

为 X 的 k 阶原点矩,称

$$\nu_k=E((X-E(X))^k)$$

为 X 的 k 阶中心矩,称

$$E((X-E(X))^k(Y-E(Y))^l)$$

为 X 与 Y 的 $k+l$ 阶混合中心矩.

2. 协方差矩阵的定义

设 n 维随机变量$(X_1,X_2,\cdots,X_n)$ 的二阶中心矩

$$c_{ij}=E((X_i-E(X_i))(X_j-E(X_j))),\quad i,j=1,2,\cdots,n$$

都存在,则称矩阵

$$\boldsymbol{\Sigma}=\begin{pmatrix} c_{11} & c_{12} & \cdots & c_{1n} \\ c_{21} & c_{22} & \cdots & c_{2n} \\ \vdots & \vdots & & \vdots \\ c_{n1} & c_{n2} & \cdots & c_{nn} \end{pmatrix}$$

为 n 维随机变量$(X_1,X_2,\cdots,X_n)$ 的协方差矩阵.

4.2.6 随机变量的形态特征

1. 偏度系数

设随机变量 X 的三阶矩存在,则称比值

$$\beta_1=\frac{E((X-E(X))^3)}{(E((X-E(X))^2))^{3/2}}=\frac{\nu_3}{\nu_2^{3/2}}$$

为 X 的分布的偏度系数,简称偏度.

偏度系数可以描述分布的形态特征，其取值的正负反映的是：

(1) 当 $\beta_1>0$ 时，分布为正偏或右偏.

(2) 当 $\beta_1=0$ 时，分布关于其均值 $E(X)$ 对称.

(3) 当 $\beta_1<0$ 时，分布为负偏或左偏.

2. 峰度系数

设随机变量 X 的四阶矩存在，则称比值

$$\beta_2=\frac{E((X-E(X))^4)}{(E((X-E(X))^2))^2}-3=\frac{\nu_4}{\nu_2^2}-3$$

为 X 的分布的峰度系数，简称峰度.

分布的峰度系数取值的正负反映的是：

(1) 当 $\beta_2<0$ 时，标准化后的分布形状比标准正态分布更平坦，称为低峰度.

(2) 当 $\beta_2=0$ 时，标准化后的分布形状与标准正态分布相当.

(3) 当 $\beta_2>0$ 时，标准化后的分布形状比标准正态分布更尖峭，称为高峰度.

4.3 教材习题解析

习题 1 设随机变量 ξ 的分布律为 $P\{\xi=k\}=\frac{1}{5}(k=1,2,3,4,5)$，试求 $E(\xi)$，$E(\xi^2)$ 及 $E((\xi+2)^2)$.

解 $E(\xi)=\sum_{k=1}^{5}x_kp_k=1\times\frac{1}{5}+2\times\frac{1}{5}+3\times\frac{1}{5}+4\times\frac{1}{5}+5\times\frac{1}{5}=3$,

$E(\xi^2)=\sum_{k=1}^{5}x_k^2p_k=1^2\times\frac{1}{5}+2^2\times\frac{1}{5}+3^2\times\frac{1}{5}+4^2\times\frac{1}{5}+5^2\times\frac{1}{5}=11$,

$E((\xi+2)^2)=E(\xi^2)+4E(\xi)+4=27$.

习题 2 设随机变量 ξ 的分布律为 $P\{\xi=k\}=\frac{1}{2^k}(k=1,2,\cdots)$，试求 $E(\xi)$ 及 $D(\xi)$.

解 可以看出 ξ 服从几何分布，分布律为 $P\{X=k\}=(1-p)^{k-1}p$，则由 $P\{\xi=k\}=\frac{1}{2^k}=\left(\frac{1}{2}\right)^{k-1}\frac{1}{2}$ 可知，$p=\frac{1}{2}$，则

$$E(\xi)=\frac{1}{p}=2,\quad D(\xi)=\frac{1-p}{p^2}=2.$$

习题 3 设随机变量 X 的分布律如表 4.2 所示，试求 $E(X)$，$E(X^2+2)$ 及 $D(X)$.

表 4.2

X	0	1	2
p_k	0.25	0.5	0.25

解 $E(X)=\sum_{k=1}^{3}x_kp_k=0\times0.25+1\times0.5+2\times0.25=1$,

$E(X^2)=\sum_{k=1}^{3}x_k^2p_k=0^2\times0.25+1^2\times0.5+2^2\times0.25=1.5$,

$$E(X^2+2)=E(X^2)+E(2)=1.5+2=3.5,$$
$$D(X)=E(X^2)-(E(X))^2=1.5-1^2=0.5.$$

习题 4 设在某一规定的时间段里，某电气设备用于最大负荷的时间（单位：min）X 是一个连续型随机变量，其概率密度为

$$f(x)=\begin{cases}\dfrac{1}{1\,500^2}x, & 0\leqslant x\leqslant 1\,500,\\ \dfrac{-1}{1\,500^2}(x-3\,000), & 1\,500<x\leqslant 3\,000,\\ 0, & \text{其他},\end{cases}$$

试求 $E(X)$.

解 $E(X)=\int_{-\infty}^{+\infty}xf(x)\mathrm{d}x$

$$=\int_0^{1\,500}x\cdot\frac{x}{1\,500^2}\mathrm{d}x+\int_{1\,500}^{3\,000}x\cdot\frac{(3\,000-x)}{1\,500^2}\mathrm{d}x$$
$$=\frac{1}{1\,500^2}\cdot\frac{x^3}{3}\bigg|_0^{1\,500}+\frac{1}{1\,500^2}\left(1\,500x^2-\frac{x^3}{3}\right)\bigg|_{1\,500}^{3\,000}$$
$$=1\,500.$$

习题 5 设随机变量 X 的概率密度为

$$f(x)=\begin{cases}\mathrm{e}^{-x}, & x>0,\\ 0, & x\leqslant 0,\end{cases}$$

试求：(1) $Y=2X$，(2) $Y=\mathrm{e}^{-2X}$ 的数学期望.

解 (1) $E(Y)=E(2X)=\int_{-\infty}^{+\infty}2xf(x)\mathrm{d}x=\int_0^{+\infty}2x\mathrm{e}^{-x}\mathrm{d}x$

$$=(-2x\mathrm{e}^{-x}-2\mathrm{e}^{-x})\bigg|_0^{+\infty}=2.$$

(2) $E(Y)=E(\mathrm{e}^{-2X})=\int_{-\infty}^{+\infty}\mathrm{e}^{-2x}f(x)\mathrm{d}x=\int_0^{+\infty}\mathrm{e}^{-2x}\mathrm{e}^{-x}\mathrm{d}x$

$$=-\frac{1}{3}\mathrm{e}^{-3x}\bigg|_0^{+\infty}=\frac{1}{3}.$$

习题 6 设随机变量 (X,Y) 的联合分布律如表 4.3 所示，试求：(1) $E(X)$，$E(Y)$；(2) $Z=\dfrac{Y}{X}$ 的数学期望；(3) $W=(X-Y)^2$ 的数学期望.

表 4.3

Y	X		
	1	2	3
−1	0.2	0.1	0
0	0.1	0	0.3
1	0.1	0.1	0.1

解 (1) 由 (X,Y) 的联合分布律易得边缘分布律，如表 4.4 所示.

表 4.4

Y	X			$p_{\cdot j}$
	1	2	3	
-1	0.2	0.1	0	0.3
0	0.1	0	0.3	0.4
1	0.1	0.1	0.1	0.3
$p_{i\cdot}$	0.4	0.2	0.4	

于是，有

$$E(X)=1\times 0.4+2\times 0.2+3\times 0.4=0.4+0.4+1.2=2,$$
$$E(Y)=(-1)\times 0.3+0\times 0.4+1\times 0.3=0.$$

(2) 由(X,Y)的联合分布律易得$Z=\dfrac{Y}{X}$的分布律，如表 4.5 所示.

表 4.5

$Z=\dfrac{Y}{X}$	-1	$-\dfrac{1}{2}$	$-\dfrac{1}{3}$	0	$\dfrac{1}{3}$	$\dfrac{1}{2}$	1
p_k	0.2	0.1	0	0.4	0.1	0.1	0.1

于是，有

$$\begin{aligned} E(Z)&=(-1)\times 0.2+\left(-\frac{1}{2}\right)\times 0.1+\left(-\frac{1}{3}\right)\times 0 \\ &\quad +0\times 0.4+\frac{1}{3}\times 0.1+\frac{1}{2}\times 0.1+1\times 0.1 \\ &=-\frac{1}{15}. \end{aligned}$$

(3) 由(X,Y)的联合分布律易得$W=(X-Y)^2$的分布律，如表 4.6 所示.

表 4.6

$W=(X-Y)^2$	0	1	4	9	16
p_k	0.1	0.2	0.3	0.4	0

于是，有

$$E(W)=0\times 0.1+1\times 0.2+4\times 0.3+9\times 0.4+16\times 0=5.$$

习题 7 一工厂生产的某种设备的寿命(单位：年)X服从指数分布，概率密度为

$$f(x)=\begin{cases}\dfrac{1}{4}\mathrm{e}^{-\frac{1}{4}x}, & x>0,\\ 0, & x\leqslant 0.\end{cases}$$

工厂规定出售的设备如果在一年内损坏，则可予以调换. 若工厂出售一台设备可盈利 100 元，调换一台设备工厂需花费 300 元，试求工厂出售一台设备净盈利的数学期望.

解 因一台设备在一年内损坏的概率为

$$P\{X<1\}=\frac{1}{4}\int_0^1 e^{-\frac{1}{4}x}dx=-e^{-\frac{x}{4}}\Big|_0^1=1-e^{-\frac{1}{4}},$$

故

$$P\{X\geqslant 1\}=1-P\{X<1\}=1-(1-e^{-\frac{1}{4}})=e^{-\frac{1}{4}}.$$

设 Y 表示出售一台设备的净盈利(单位:元),则

$$Y=f(X)=\begin{cases}-300+100=-200, & X<1,\\ 100, & X\geqslant 1.\end{cases}$$

故

$$\begin{aligned}E(Y)&=(-200)\cdot P\{X<1\}+100\cdot P\{X\geqslant 1\}\\&=-200+200e^{-\frac{1}{4}}+100e^{-\frac{1}{4}}\\&=300e^{-\frac{1}{4}}-200\approx 33.64.\end{aligned}$$

习题 8 设随机变量 X_1,X_2 的概率密度分别为

$$f_1(x)=\begin{cases}2e^{-2x}, & x>0,\\ 0, & x\leqslant 0,\end{cases}\quad f_2(x)=\begin{cases}4e^{-4x}, & x>0,\\ 0, & x\leqslant 0.\end{cases}$$

(1) 求 $E(X_1+X_2),E(2X_1-3X_2^2)$.

(2) 又设 X_1 与 X_2 相互独立,求 $E(X_1X_2)$.

解 (1) $$\begin{aligned}E(X_1+X_2)&=E(X_1)+E(X_2)=\int_0^{+\infty}x\cdot 2e^{-2x}dx+\int_0^{+\infty}x\cdot 4e^{-4x}dx\\&=\left(-xe^{-2x}-\frac{1}{2}e^{-2x}\right)\Big|_0^{+\infty}+\left(-xe^{-4x}-\frac{1}{4}e^{-4x}\right)\Big|_0^{+\infty}\\&=\frac{1}{2}+\frac{1}{4}=\frac{3}{4}.\end{aligned}$$

$$\begin{aligned}E(2X_1-3X_2^2)&=2E(X_1)-3E(X_2^2)=2\times\frac{1}{2}-3\int_0^{+\infty}x^2\cdot 4e^{-4x}dx\\&=1-3\left(-x^2e^{-4x}-\frac{x}{2}e^{-4x}-\frac{1}{8}e^{-4x}\right)\Big|_0^{+\infty}=1-\frac{3}{8}=\frac{5}{8}.\end{aligned}$$

(2) $E(X_1X_2)=E(X_1)E(X_2)=\frac{1}{2}\times\frac{1}{4}=\frac{1}{8}$.

习题 9 设随机变量 X 的数学期望为 $E(X)$,方差为 $D(X)>0$,引入新的随机变量

$$X^*=\frac{X-E(X)}{\sqrt{D(X)}}.$$

(1) 证明:$E(X^*)=0,D(X^*)=1$.

(2) 设 X 的概率密度为

$$f(x)=\begin{cases}1-|1-x|, & 0<x<2,\\ 0, & \text{其他},\end{cases}$$

求 X^* 的概率密度.

解 (1) $E(X^*)=E\left(\frac{X-E(X)}{\sqrt{D(X)}}\right)=\frac{1}{\sqrt{D(X)}}(E(X)-E(X))=0$,

$$D(X^*)=E((X^*-E(X^*))^2)=E(X^{*2})=E\left(\left(\frac{X-E(X)}{\sqrt{D(X)}}\right)^2\right)$$

$$=\frac{1}{D(X)}E((X-E(X))^2)=\frac{1}{D(X)}D(X)=1.$$

(2) 因为

$$E(X)=\int_0^2 x(1-|1-x|)\mathrm{d}x=\int_0^1 x[1-(1-x)]\mathrm{d}x+\int_1^2 x[1+(1-x)]\mathrm{d}x=1,$$

$$E(X^2)=\int_0^2 x^2(1-|1-x|)\mathrm{d}x=\int_0^1 x^2[1-(1-x)]\mathrm{d}x+\int_1^2 x^2[1+(1-x)]\mathrm{d}x=\frac{7}{6},$$

$$D(X)=E(X^2)-(E(X))^2=\frac{7}{6}-1=\frac{1}{6},$$

所以

$$X^*=\frac{X-E(X)}{\sqrt{D(X)}}=\frac{X-1}{\sqrt{\frac{1}{6}}}.$$

令随机变量 $Y=X^*$，得其分布函数为

$$F_{X^*}(y)=P\{X^*\leqslant y\}=P\left\{\frac{X-1}{\sqrt{\frac{1}{6}}}\leqslant y\right\}$$

$$=P\left\{X\leqslant\sqrt{\frac{1}{6}}y+1\right\}=\int_{-\infty}^{\frac{1}{\sqrt{6}}y+1}f(x)\mathrm{d}x$$

$$=\begin{cases}0, & y\leqslant-\sqrt{6},\\ \int_0^{\frac{1}{\sqrt{6}}y+1}(1-|1-x|)\mathrm{d}x, & -\sqrt{6}<y\leqslant\sqrt{6},\\ 1, & y>\sqrt{6},\end{cases}$$

故其概率密度为

$$f_{X^*}(y)=\begin{cases}\frac{1}{\sqrt{6}}\left(1-\left|\frac{1}{\sqrt{6}}y\right|\right), & -\sqrt{6}<y\leqslant\sqrt{6},\\ 0, & \text{其他}.\end{cases}$$

习题 10 设随机变量 (X,Y) 的联合分布律如表 4.7 所示，证明：X 与 Y 不相关，但 X 与 Y 不是相互独立的.

表 4.7

Y	X		
	-1	0	1
-1	$\frac{1}{8}$	$\frac{1}{8}$	$\frac{1}{8}$
0	$\frac{1}{8}$	0	$\frac{1}{8}$
1	$\frac{1}{8}$	$\frac{1}{8}$	$\frac{1}{8}$

证明 因为

$$P\{X=1,Y=1\}=\frac{1}{8}, \quad P\{X=1\}=\frac{3}{8}, \quad P\{Y=1\}=\frac{3}{8},$$

即

$$P\{X=1,Y=1\}\neq P\{X=1\}P\{Y=1\},$$

所以 X 与 Y 不是相互独立的.

又

$$E(X)=-1\times\frac{3}{8}+0\times\frac{2}{8}+1\times\frac{3}{8}=0,$$

$$E(Y)=-1\times\frac{3}{8}+0\times\frac{2}{8}+1\times\frac{3}{8}=0,$$

则

$$\begin{aligned}\mathrm{Cov}(X,Y)&=E(XY)-E(X)E(Y)\\&=(-1)\times(-1)\times\frac{1}{8}+(-1)\times 1\times\frac{1}{8}+1\times(-1)\times\frac{1}{8}+1\times 1\times\frac{1}{8}=0,\end{aligned}$$

所以 X 与 Y 是不相关的.

习题 11 设随机变量 (X_1,X_2) 的概率密度为

$$f(x,y)=\frac{1}{8}(x+y) \quad (0\leqslant x\leqslant 2, 0\leqslant y\leqslant 2),$$

试求 $E(X_1)$, $E(X_2)$, $\mathrm{Cov}(X_1,X_2)$, $\rho_{X_1X_2}$ 及 $D(X_1+X_2)$.

解 $E(X_1)=\int_0^2 \mathrm{d}x\int_0^2 x\cdot\frac{1}{8}(x+y)\mathrm{d}y=\frac{7}{6},$

$$E(X_2)=\int_0^2 \mathrm{d}x\int_0^2 y\cdot\frac{1}{8}(x+y)\mathrm{d}y=\frac{7}{6},$$

$$\begin{aligned}\mathrm{Cov}(X_1,X_2)&=E\left(\left(X_1-\frac{7}{6}\right)\left(X_2-\frac{7}{6}\right)\right)\\&=\int_0^2 \mathrm{d}x\int_0^2\left(x-\frac{7}{6}\right)\left(y-\frac{7}{6}\right)\cdot\frac{1}{8}(x+y)\mathrm{d}y=-\frac{1}{36},\end{aligned}$$

$$D(X_1)=E(X_1^2)-(E(X_1))^2=\int_0^2 \mathrm{d}x\int_0^2 x^2\cdot\frac{1}{8}(x+y)\mathrm{d}y-\left(\frac{7}{6}\right)^2=\frac{11}{36},$$

$$D(X_2)=E(X_2^2)-(E(X_2))^2=\int_0^2 \mathrm{d}x\int_0^2 y^2\cdot\frac{1}{8}(x+y)\mathrm{d}y-\left(\frac{7}{6}\right)^2=\frac{11}{36},$$

$$\rho_{X_1X_2}=\frac{\mathrm{Cov}(X_1,X_2)}{\sqrt{D(X_1)}\sqrt{D(X_2)}}=\frac{-\frac{1}{36}}{\frac{11}{36}}=-\frac{1}{11},$$

$$\begin{aligned}D(X_1+X_2)&=D(X_1)+D(X_2)+2\mathrm{Cov}(X_1,X_2)\\&=\frac{11}{36}+\frac{11}{36}+2\times\left(-\frac{1}{36}\right)=\frac{5}{9}.\end{aligned}$$

习题 12 设随机变量 $X \sim N(\mu,\sigma^2)$，$Y \sim N(\mu,\sigma^2)$，且 X 与 Y 相互独立，试求 $Z_1 = \alpha X + \beta Y$ 和 $Z_2 = \alpha X - \beta Y$ 的相关系数（其中 α,β 是不为零的常数）.

解 因为 X 与 Y 相互独立，所以

$$\begin{aligned}\mathrm{Cov}(Z_1,Z_2) &= E(Z_1Z_2) - E(Z_1)E(Z_2)\\ &= E((\alpha X+\beta Y)(\alpha X-\beta Y)) - (\alpha E(X)+\beta E(Y))(\alpha E(X)-\beta E(Y))\\ &= \alpha^2E(X^2) - \beta^2E(Y^2) - \alpha^2(E(X))^2 + \beta^2(E(Y))^2\\ &= \alpha^2D(X) - \beta^2D(Y) = (\alpha^2-\beta^2)\sigma^2,\end{aligned}$$

$$D(Z_1) = \alpha^2D(X) + \beta^2D(Y) = (\alpha^2+\beta^2)\sigma^2,$$

$$D(Z_2) = \alpha^2D(X) + \beta^2D(Y) = (\alpha^2+\beta^2)\sigma^2,$$

故

$$\rho_{Z_1Z_2} = \frac{\mathrm{Cov}(Z_1,Z_2)}{\sqrt{D(Z_1)}\sqrt{D(Z_2)}} = \frac{\alpha^2-\beta^2}{\alpha^2+\beta^2}.$$

习题 13 某人参加“答题秀”，一共有问题 1 和问题 2 两个问题，他可以自行决定回答这两个问题的顺序.如果他先回答一个问题，那么只有回答正确，他才被允许回答另一个问题.如果他有60%的把握答对问题 1，而答对问题 1 将获得 200 元奖励；有 80% 的把握答对问题 2，而答对问题 2 将获得 100 元奖励.问：他应该先回答哪个问题，才能使获得奖励的数学期望值最大化？

解 设事件 A_i 表示“答对问题 i”，X_i 表示他先回答问题 i 获得的奖励金额（单位：元，$i=1,2$），X_1 的所有可能取值为 0，200，300，X_2 的所有可能取值为 0，100，300.因为

$$\begin{aligned}&P\{X_1=0\} = P(\overline{A}_1) = 0.4,\\ &P\{X_1=200\} = P(A_1\overline{A}_2) = 0.12,\\ &P\{X_1=300\} = P(A_1A_2) = 0.48,\\ &P\{X_2=0\} = P(\overline{A}_2) = 0.2,\\ &P\{X_2=100\} = P(A_2\overline{A}_1) = 0.32,\\ &P\{X_2=300\} = P(A_2A_1) = 0.48,\end{aligned}$$

所以

$$\begin{aligned}E(X_1) &= 0.4\times 0 + 0.12\times 200 + 0.48\times 300 = 168,\\ E(X_2) &= 0.2\times 0 + 0.32\times 100 + 0.48\times 300 = 176,\end{aligned}$$

即 $E(X_1) < E(X_2)$，从而他应该先回答问题 2.

习题 14 某人想用 10 000 元购买某股票，该股票的当前价格是 2 元/股，假设一年后该股票等可能地变为 1 元 / 股和 4 元 / 股.而理财顾问给他的建议是：若期望一年后所拥有的股票市值达到最大，则现在就购买；若期望一年后所拥有的股票数量达到最大，则一年后购买.试问：理财顾问的建议是否正确？为什么？

解 设 X 表示一年后该股票的价格（单元：元 / 股），X 的所有可能取值为 1，4.

若现在就购买股票，则此人所拥有的股票数量为 5 000 股，股票市值为 $5\,000X$ 元.若一年后购买股票，则此人所拥有的股票数量为 $\dfrac{10\,000}{X}$ 股，股票市值为 10 000 元.因

$$E(5\,000X) = 0.5\times 5\,000\times 1 + 0.5\times 5\,000\times 4 = 12\,500 > 10\,000,$$

故现在就购买股票，则一年后此人所拥有的股票市值的数学期望值达到最大.又

$$E\left(\frac{10\,000}{X}\right)=0.5\times\frac{10\,000}{1}+0.5\times\frac{10\,000}{4}=6\,250>5\,000,$$

故一年后购买股票，则此人所拥有的股票数量的数学期望值达到最大.

习题 15 设随机变量 X 的概率密度为

$$f(x)=\begin{cases}\frac{1}{2}\cos\frac{x}{2}, & 0\leqslant x\leqslant\pi,\\ 0, & \text{其他}.\end{cases}$$

对 X 独立重复观察 4 次，Y 表示观察值大于$\frac{\pi}{3}$ 的次数，求 $E(Y^2)$.

解 记观察值大于$\frac{\pi}{3}$ 的概率为 p，即

$$\begin{aligned}p=P\left\{X>\frac{\pi}{3}\right\}&=\int_{\frac{\pi}{3}}^{\pi}\frac{1}{2}\cos\frac{x}{2}\mathrm{d}x\\&=\sin\frac{x}{2}\Big|_{\frac{\pi}{3}}^{\pi}=\sin\frac{\pi}{2}-\sin\frac{\pi}{6}=\frac{1}{2}.\end{aligned}$$

因 Y 的所有可能取值为 0,1,2,3,4，其概率分别为

$$P\{Y=0\}=(1-p)^4=\frac{1}{16},\quad P\{Y=1\}=\mathrm{C}_4^1p(1-p)^3=\frac{4}{16},$$

$$P\{Y=2\}=\mathrm{C}_4^2p^2(1-p)^2=\frac{6}{16},\quad P\{Y=3\}=\mathrm{C}_4^3p^3(1-p)=\frac{4}{16},$$

$$P\{Y=4\}=p^4=\frac{1}{16},$$

故

$$E(Y^2)=0^2\times\frac{1}{16}+1^2\times\frac{4}{16}+2^2\times\frac{6}{16}+3^2\times\frac{4}{16}+4^2\times\frac{1}{16}=5.$$

习题 16 设随机变量(X,Y) 的概率密度为

$$f(x,y)=\begin{cases}\frac{1}{4}x(1+3y^2), & 0<x<2,0<y<1,\\ 0, & \text{其他},\end{cases}$$

试求 $E\left(\frac{Y}{X}\right)$.

解 $$\begin{aligned}E\left(\frac{Y}{X}\right)&=\int_0^2\mathrm{d}x\int_0^1\frac{y}{x}\cdot\frac{x(1+3y^2)}{4}\mathrm{d}y=\int_0^2\mathrm{d}x\int_0^1\frac{1}{4}(y+3y^3)\mathrm{d}y\\&=\int_0^2\frac{1}{4}\left(\frac{1}{2}y^2+\frac{3}{4}y^4\right)\Big|_0^1\mathrm{d}x=\int_0^2\frac{5}{16}\mathrm{d}x=\frac{5}{8}.\end{aligned}$$

习题 17 设随机变量(X,Y) 的概率密度为

$$f(x,y)=\begin{cases}3x, & 0<y<x<1,\\ 0, & \text{其他},\end{cases}$$

试求 X 与 Y 的相关系数.

解 因

$$E(X)=\int_0^1 \mathrm{d}x\int_0^x x\cdot 3x\,\mathrm{d}y=\int_0^1 3x^3\,\mathrm{d}x=\frac{3}{4}x^4\Big|_0^1=\frac{3}{4},$$

$$E(Y)=\int_0^1 \mathrm{d}x\int_0^x y\cdot 3x\,\mathrm{d}y=\int_0^1 \frac{3}{2}xy^2\Big|_0^x\mathrm{d}x=\int_0^1 \frac{3}{2}x^3\,\mathrm{d}x=\frac{3}{8}x^4\Big|_0^1=\frac{3}{8},$$

$$E(X^2)=\int_0^1 \mathrm{d}x\int_0^x x^2\cdot 3x\,\mathrm{d}y=\int_0^1 3x^4\,\mathrm{d}x=\frac{3}{5}x^5\Big|_0^1=\frac{3}{5},$$

$$E(Y^2)=\int_0^1 \mathrm{d}x\int_0^x y^2\cdot 3x\,\mathrm{d}y=\int_0^1 xy^3\Big|_0^x\mathrm{d}x=\int_0^1 x^4\,\mathrm{d}x=\frac{1}{5}x^5\Big|_0^1=\frac{1}{5},$$

$$E(XY)=\int_0^1 \mathrm{d}x\int_0^x xy\cdot 3x\,\mathrm{d}y=\int_0^1 \frac{3}{2}x^2y^2\Big|_0^x\mathrm{d}x=\int_0^1 \frac{3}{2}x^4\,\mathrm{d}x=\frac{3}{10}x^5\Big|_0^1=\frac{3}{10},$$

$$D(X)=E(X^2)-(E(X))^2=\frac{3}{5}-\left(\frac{3}{4}\right)^2=\frac{3}{80},$$

$$D(Y)=E(Y^2)-(E(Y))^2=\frac{1}{5}-\left(\frac{3}{8}\right)^2=\frac{19}{320},$$

$$\mathrm{Cov}(X,Y)=E(XY)-E(X)E(Y)=\frac{3}{10}-\frac{3}{4}\times\frac{3}{8}=\frac{3}{160},$$

故

$$\rho_{XY}=\frac{\mathrm{Cov}(X,Y)}{\sqrt{D(X)}\sqrt{D(Y)}}=\frac{\frac{3}{160}}{\sqrt{\frac{3}{80}}\sqrt{\frac{19}{320}}}=\sqrt{\frac{3}{19}}.$$

习题 18 设随机变量 X_1 与 X_2 相互独立且均服从指数分布 $E(\lambda)$，试求 $Y_1=4X_1-3X_2$ 与 $Y_2=3X_1+X_2$ 的相关系数.

解 X_1 与 X_2 独立同分布，有 $D(X_1)=D(X_2)$，$\mathrm{Cov}(X_1,X_2)=0$.因

$$D(Y_1)=D(4X_1-3X_2)=D(4X_1)+D(3X_2)=16D(X_1)+9D(X_2)=25D(X_1),$$

$$D(Y_2)=D(3X_1+X_2)=D(3X_1)+D(X_2)=9D(X_1)+D(X_2)=10D(X_1),$$

$$\begin{aligned}\mathrm{Cov}(Y_1,Y_2)&=\mathrm{Cov}(4X_1-3X_2,3X_1+X_2)=\mathrm{Cov}(4X_1,3X_1)-\mathrm{Cov}(3X_2,X_2)\\&=12D(X_1)-3D(X_2)=9D(X_1),\end{aligned}$$

故

$$\rho_{Y_1Y_2}=\frac{\mathrm{Cov}(Y_1,Y_2)}{\sqrt{D(Y_1)}\sqrt{D(Y_2)}}=\frac{9D(X_1)}{\sqrt{25D(X_1)}\sqrt{10D(X_1)}}=\frac{9}{5\sqrt{10}}.$$

习题 19 设随机变量 (X,Y) 在矩形区域 $G=\{(x,y)\mid 0\leqslant x\leqslant 2,0\leqslant y\leqslant 1\}$ 上服从均匀分布，记

$$U=\begin{cases}1, & X>Y,\\0, & X\leqslant Y,\end{cases}\quad V=\begin{cases}1, & X>2Y,\\0, & X\leqslant 2Y.\end{cases}$$

试求 U 与 V 的相关系数.

解 如图 4.1 所示，将矩形区域 G 划分成 D_1，D_2 和 D_3.因

$$P\{U=0,V=0\}=P\{X\leqslant Y,X\leqslant 2Y\}=P\{(X,Y)\in D_1\}=\frac{S_{D_1}}{S_G}=\frac{0.5}{2}=0.25,$$

$$P\{U=0,V=1\}=P\{X\leqslant Y,X>2Y\}=P(\varnothing)=0,$$

$$P\{U=1,V=0\}=P\{X>Y,X\leqslant 2Y\}=P\{(X,Y)\in D_2\}=\frac{S_{D_2}}{S_G}=\frac{0.5}{2}=0.25,$$

$$P\{U=1,V=1\}=P\{X>Y,X>2Y\}=P\{(X,Y)\in D_3\}=\frac{S_{D_3}}{S_G}=\frac{1}{2}=0.5,$$

故

$$E(U)=0\times(0.25+0)+1\times(0.25+0.5)=0.75,$$
$$E(V)=0\times(0.25+0.25)+1\times(0+0.5)=0.5,$$
$$E(U^2)=0^2\times(0.25+0)+1^2\times(0.25+0.5)=0.75,$$
$$E(V^2)=0^2\times(0.25+0.25)+1^2\times(0+0.5)=0.5,$$
$$E(UV)=0\times 0.25+0\times 0+0\times 0.25+1\times 0.5=0.5.$$

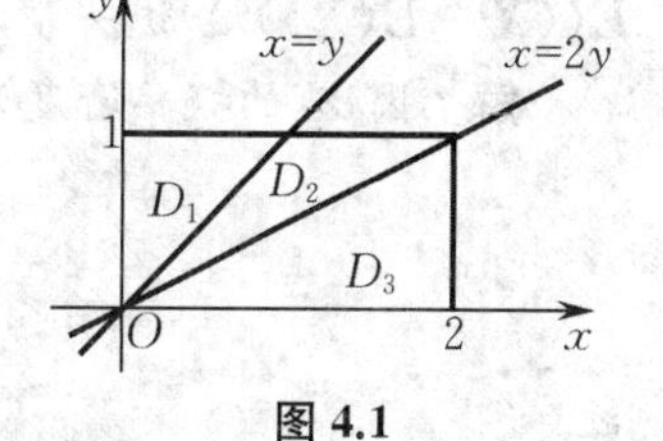

图 4.1

又

$$D(U)=E(U^2)-(E(U))^2=0.75-0.75^2=0.187\,5,$$
$$D(V)=E(V^2)-(E(V))^2=0.5-0.5^2=0.25,$$
$$\mathrm{Cov}(U,V)=E(UV)-E(U)E(V)=0.5-0.75\times 0.5=0.125,$$

故

$$\rho_{UV}=\frac{\mathrm{Cov}(U,V)}{\sqrt{D(U)}\sqrt{D(V)}}=\frac{0.125}{0.25\sqrt{3}\times 0.5}=\frac{1}{\sqrt{3}}.$$

习题 20 设随机变量(X,Y)的概率密度为

$$f(x,y)=\begin{cases}6xy^2, & 0<x<1,0<y<1,\\ 0, & \text{其他},\end{cases}$$

试求(X,Y)的协方差矩阵.

解 因

$$E(X)=\int_0^1\mathrm{d}x\int_0^1 x\cdot 6xy^2\mathrm{d}y=\int_0^1 2x^2y^3\Big|_0^1\mathrm{d}x=\int_0^1 2x^2\mathrm{d}x=\frac{2}{3}x^3\Big|_0^1=\frac{2}{3},$$

$$E(Y)=\int_0^1\mathrm{d}x\int_0^1 y\cdot 6xy^2\mathrm{d}y=\int_0^1\frac{6}{4}xy^4\Big|_0^1\mathrm{d}x=\int_0^1\frac{3}{2}x\mathrm{d}x=\frac{3}{4}x^2\Big|_0^1=\frac{3}{4},$$

$$E(X^2)=\int_0^1\mathrm{d}x\int_0^1 x^2\cdot 6xy^2\mathrm{d}y=\int_0^1 2x^3y^3\Big|_0^1\mathrm{d}x=\int_0^1 2x^3\mathrm{d}x=\frac{2}{4}x^4\Big|_0^1=\frac{1}{2},$$

$$E(Y^2)=\int_0^1\mathrm{d}x\int_0^1 y^2\cdot 6xy^2\mathrm{d}y=\int_0^1\frac{6}{5}xy^5\Big|_0^1\mathrm{d}x=\int_0^1\frac{6}{5}x\mathrm{d}x=\frac{3}{5}x^2\Big|_0^1=\frac{3}{5},$$

$$E(XY)=\int_0^1\mathrm{d}x\int_0^1 xy\cdot 6xy^2\mathrm{d}y=\int_0^1\frac{6}{4}x^2y^4\Big|_0^1\mathrm{d}x=\int_0^1\frac{3}{2}x^2\mathrm{d}x=\frac{1}{2}x^3\Big|_0^1=\frac{1}{2},$$

$$D(X)=E(X^2)-(E(X))^2=\frac{1}{2}-\left(\frac{2}{3}\right)^2=\frac{1}{18},$$

$$D(Y)=E(Y^2)-(E(Y))^2=\frac{3}{5}-\left(\frac{3}{4}\right)^2=\frac{3}{80},$$

$$\mathrm{Cov}(X,Y)=E(XY)-E(X)E(Y)=\frac{1}{2}-\frac{2}{3}\times\frac{3}{4}=0,$$

故协方差矩阵为

$$\begin{bmatrix} \frac{1}{18} & 0 \\ 0 & \frac{3}{80} \end{bmatrix}.$$

习题 21 设随机变量 $X \sim U[a,b]$，对于 $k=1,2$，求 $\mu_k=E(X^k)$ 与 $\nu_k=E((X-E(X))^k)$，进一步求此分布的偏度系数和峰度系数.

解 因 X 的概率密度为

$$f_X(x)=\begin{cases} \frac{1}{b-a}, & a \leqslant x \leqslant b, \\ 0, & \text{其他}, \end{cases}$$

故

$$\mu_1=E(X)=\int_a^b x \cdot \frac{1}{b-a}\mathrm{d}x=\frac{1}{b-a} \cdot \frac{x^2}{2}\bigg|_a^b=\frac{b^2-a^2}{2(b-a)}=\frac{a+b}{2},$$

$$\mu_2=E(X^2)=\int_a^b x^2 \cdot \frac{1}{b-a}\mathrm{d}x=\frac{1}{b-a} \cdot \frac{x^3}{3}\bigg|_a^b=\frac{b^3-a^3}{3(b-a)}=\frac{a^2+ab+b^2}{3},$$

$$\nu_1=E(X-E(X))=\int_a^b\left(x-\frac{a+b}{2}\right) \cdot \frac{1}{b-a}\mathrm{d}x=\frac{1}{b-a} \cdot \frac{1}{2}\left(x-\frac{a+b}{2}\right)^2\bigg|_a^b=0,$$

$$\nu_2=E((X-E(X))^2)=\int_a^b \left(x-\frac{a+b}{2}\right)^2 \cdot \frac{1}{b-a}\mathrm{d}x$$

$$=\frac{1}{b-a} \cdot \frac{1}{3}\left(x-\frac{a+b}{2}\right)^3\bigg|_a^b=\frac{2\left(\frac{b-a}{2}\right)^3}{3(b-a)}=\frac{(b-a)^2}{12},$$

$$\nu_3=E((X-E(X))^3)=\int_a^b \left(x-\frac{a+b}{2}\right)^3 \cdot \frac{1}{b-a}\mathrm{d}x=\frac{1}{b-a} \cdot \frac{1}{4}\left(x-\frac{a+b}{2}\right)^4\bigg|_a^b=0,$$

$$\nu_4=E((X-E(X))^4)$$

$$=\int_a^b \left(x-\frac{a+b}{2}\right)^4 \cdot \frac{1}{b-a}\mathrm{d}x=\frac{1}{b-a} \cdot \frac{1}{5}\left(x-\frac{a+b}{2}\right)^5\bigg|_a^b=\frac{2\left(\frac{b-a}{2}\right)^5}{5(b-a)}=\frac{(b-a)^4}{80}.$$

于是，得偏度系数为

$$\beta_1=\frac{\nu_3}{\nu_2^{3/2}}=0,$$

峰度系数为

$$\beta_2=\frac{\nu_4}{\nu_2^2}-3=\frac{12^2}{80}-3=-\frac{6}{5}.$$

习题 22 证明：随机变量 X 的偏度系数与峰度系数对位移和改变比例尺是不变的，即对于任意的实数 $a,b(b \neq 0)$，$Y=a+bX$ 与 X 有相同的偏度系数与峰度系数.

证明 因 $Y=a+bX$，故

$$E(Y)=E(a+bX)=a+bE(X),$$

从而

$$Y-E(Y)=a+bX-a-bE(X)=b(X-E(X)).$$

于是,有

$$\nu_2(Y)=E((Y-E(Y))^2)=E(b^2(X-E(X))^2)=b^2E((X-E(X))^2)=b^2\nu_2(X),$$
$$\nu_3(Y)=E((Y-E(Y))^3)=E(b^3(X-E(X))^3)=b^3E((X-E(X))^3)=b^3\nu_3(X),$$
$$\nu_4(Y)=E((Y-E(Y))^4)=E(b^4(X-E(X))^4)=b^4E((X-E(X))^4)=b^4\nu_4(X),$$
$$\beta_1(Y)=\frac{\nu_3(Y)}{(\nu_2(Y))^{3/2}}=\frac{b^3\nu_3(X)}{(b^2\nu_2(X))^{3/2}}=\frac{b^3\nu_3(X)}{b^3(\nu_2(X))^{3/2}}=\frac{\nu_3(X)}{(\nu_2(X))^{3/2}}=\beta_1(X),$$
$$\beta_2(Y)=\frac{\nu_4(Y)}{(\nu_2(Y))^2}-3=\frac{b^4\nu_4(X)}{(b^2\nu_2(X))^2}-3=\frac{b^4\nu_4(X)}{b^4(\nu_2(X))^2}-3=\frac{\nu_4(X)}{(\nu_2(X))^2}-3=\beta_2(X).$$

习题 23 已知随机变量 ξ 与 η 的相关系数为 ρ,求 $\xi_1=a\xi+b$ 与 $\eta_1=c\eta+d$ 的相关系数,其中 a,b,c,d 均为常数,a,c 均不为零.

解 由于

$$E(\xi_1)=E(a\xi+b)=aE(\xi)+b,$$
$$E(\eta_1)=E(c\eta+d)=cE(\eta)+d,$$
$$E(\xi_1\eta_1)=E((a\xi+b)(c\eta+d))=acE(\xi\eta)+adE(\xi)+bcE(\eta)+bd,$$
$$\mathrm{Cov}(\xi_1,\eta_1)=E(\xi_1\eta_1)-E(\xi_1)E(\eta_1)=ac(E(\xi\eta)-E(\xi)E(\eta)),$$

而

$$D(\xi_1)=a^2D(\xi),\quad D(\eta_1)=c^2D(\eta),$$

因此

$$\rho_{\xi_1\eta_1}=\frac{\mathrm{Cov}(\xi_1,\eta_1)}{\sqrt{D(\xi_1)D(\eta_1)}}=\frac{E(\xi_1\eta_1)-E(\xi_1)E(\eta_1)}{\sqrt{D(\xi_1)D(\eta_1)}}=\frac{ac(E(\xi\eta)-E(\xi)E(\eta))}{|ac|\sqrt{D(\xi)D(\eta)}}=\frac{ac}{|ac|}\rho,$$

即

$$\rho_{\xi_1\eta_1}=\begin{cases}\rho, & ac>0,\\ -\rho, & ac<0.\end{cases}$$

习题 24 设随机变量 $X\sim N(1,2)$,$Y\sim N(0,1)$,且 X 与 Y 相互独立,求 $Z=2X-Y+3$ 的概率密度.

解 由题意可知

$$E(Z)=E(2X-Y+3)=2E(X)-E(Y)+3=2\times1-0+3=5,$$
$$D(Z)=D(2X-Y+3)=D(2X)+D(Y)-2\mathrm{Cov}(2X,Y).$$

因 X 与 Y 相互独立,故 $E(XY)=E(X)E(Y)$,从而

$$\mathrm{Cov}(2X,Y)=E(2XY)-E(2X)E(Y)=2(E(XY)-E(X)E(Y))=0,$$
$$D(Z)-D(2X)+D(Y)-2\mathrm{Cov}(2X,Y)=4D(X)+D(Y)=4\times2+1=9.$$

注意到 $Z=2X-Y+3$ 也服从正态分布,即 $Z\sim N(5,3^2)$,所以

$$f_Z(z)=\frac{1}{3\sqrt{2\pi}}\mathrm{e}^{-\frac{(z-5)^2}{18}},\quad -\infty<z<+\infty.$$

习题 25 设 X,Y,Z 是三个随机变量,已知 $E(X)=E(Y)=1$,$E(Z)=-1$,$D(X)=D(Y)=D(Z)=2$,$\rho_{XY}=0$,$\rho_{YZ}=-0.5$,$\rho_{ZX}=0.5$.记 $W=X-Y-Z$,试求 $E(W)$,$D(W)$ 及

$E(W^2)$.

解 $E(W)=E(X-Y-Z)=E(X)-E(Y)-E(Z)=1-1+1=1$,

$$\begin{aligned}D(W)&=D(X-Y-Z)=D(X-Y)+D(Z)-2\mathrm{Cov}(X-Y,Z)\\&=D(X)+D(Y)-2\mathrm{Cov}(X,Y)+D(Z)-2\mathrm{Cov}(X,Z)+2\mathrm{Cov}(Y,Z)\\&=D(X)+D(Y)+D(Z)-2\rho_{XY}\sqrt{D(X)}\sqrt{D(Y)}\\&\quad-2\rho_{ZX}\sqrt{D(X)}\sqrt{D(Z)}+2\rho_{YZ}\sqrt{D(Y)}\sqrt{D(Z)}\\&=2+2+2-0-2\times0.5\times\sqrt{2}\times\sqrt{2}+2\times(-0.5)\times\sqrt{2}\times\sqrt{2}=2,\end{aligned}$$

$E(W^2)=(E(W))^2+D(W)=1^2+2=3$.

习题 26 设随机变量 X 的概率密度为

$$f(x)=\frac{1}{2}\mathrm{e}^{-|x|},\quad -\infty<x<+\infty.$$

(1) 求 $E(X)$ 和 $D(X)$.

(2) 求 X 与 $|X|$ 的协方差，并问：X 与 $|X|$ 是否不相关？

(3) 问：X 与 $|X|$ 是否相互独立？

解 (1) $E(X)=\int_{-\infty}^{+\infty}xf(x)\mathrm{d}x=\int_{-\infty}^{+\infty}x\cdot\frac{1}{2}\mathrm{e}^{-|x|}\mathrm{d}x=0$,

$$\begin{aligned}E(X^2)&=\int_{-\infty}^{+\infty}x^2f(x)\mathrm{d}x=\int_{-\infty}^{+\infty}x^2\cdot\frac{1}{2}\mathrm{e}^{-|x|}\mathrm{d}x\\&=2\int_0^{+\infty}\frac{1}{2}x^2\mathrm{e}^{-x}\mathrm{d}x=2,\end{aligned}$$

$D(X)=E(X^2)-(E(X))^2=2$.

(2) 因为

$$E(X|X|)=\int_{-\infty}^{+\infty}x|x|f(x)\mathrm{d}x=\int_{-\infty}^{+\infty}x|x|\cdot\frac{1}{2}\mathrm{e}^{-|x|}\mathrm{d}x=0,$$

$$\begin{aligned}E(|X|)&=\int_{-\infty}^{+\infty}|x|f(x)\mathrm{d}x=\int_{-\infty}^{+\infty}|x|\cdot\frac{1}{2}\mathrm{e}^{-|x|}\mathrm{d}x\\&=2\int_0^{+\infty}\frac{1}{2}x\mathrm{e}^{-x}\mathrm{d}x=1,\end{aligned}$$

则

$$\mathrm{Cov}(X,|X|)=E(X|X|)-E(X)E(|X|)=0,$$

所以 X 与 $|X|$ 不相关.

(3) 对于给定的实数 $a(0<a<+\infty)$，显然，事件 $\{|X|\leqslant a\}$ 包含于事件 $\{X\leqslant a\}$，且

$$P\{X\leqslant a\}<1,\quad P\{|X|\leqslant a\}>0,$$

于是

$$P\{X\leqslant a,|X|\leqslant a\}=P\{X\leqslant a\}.$$

而

$$P\{X\leqslant a\}P\{|X|\leqslant a\}<P\{X\leqslant a\},$$

则

$$P\{X\leqslant a,|X|\leqslant a\}\neq P\{X\leqslant a\}P\{|X|\leqslant a\},$$

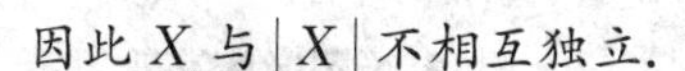

因此 X 与 $|X|$ 不相互独立.

习题 27 设某种商品的周需求量 X 服从均匀分布,即 $X \sim U[10,30]$. 商店每销售 1 单位该种商品可获利 500 元，若供大于求则亏损 100 元,若供不应求可从外面调货供应,此时只能获利 300 元.为使总利润不低于 9 280 元,试确定最少进货量.

解 设进货量为 $a(a \in \mathbf{Z})$,利润为 M,则

$$M=\begin{cases}500a+300(x-a)=300x+200a, & a<x \leqslant 30,\\ 500x-100(a-x)=600x-100a, & 10 \leqslant x \leqslant a.\end{cases}$$

因为周需求量 $X \sim U[10,30]$,所以其概率密度为 $f(x)=\frac{1}{20}(10 \leqslant x \leqslant 30)$,则

$$\begin{aligned}E(M) &=\int_{-\infty}^{+\infty} M f(x) \mathrm{d} x=\int_{10}^{30} \frac{M}{20} \mathrm{d} x \\ &=\frac{1}{20}\left[\int_{10}^{a}(600 x-100 a) \mathrm{d} x+\int_{a}^{30}(300 x+200 a) \mathrm{d} x\right] \\ &=\frac{1}{20}\left[\left.\left(600 \times \frac{x^{2}}{2}-100 a x\right)\right|_{10}^{a}+\left.\left(300 \times \frac{x^{2}}{2}+200 a x\right)\right|_{a}^{30}\right] \\ &=-7.5 a^{2}+350 a+5\,250 .\end{aligned}$$

由题意可知,$E(M)=-7.5a^2+350a+5\,250 \geqslant 9\,280$,解得$\frac{62}{3} \leqslant a \leqslant 26$.又 $a \in \mathbf{Z}$,所以,为使总利润不低于 9 280 元的最少进货量为 21 单位.

习题 28 抛掷 12 颗骰子,求出现的点数之和的数学期望与方差.

解 抛掷第 i 颗骰子,点数的数学期望和方差分别为

$$E(X_i)=(1+2+3+4+5+6)/6=\frac{7}{2},$$

$$E(X_i^2)=(1^2+2^2+3^2+4^2+5^2+6^2)/6=\frac{91}{6},$$

$$D(X_i)=E(X_i^2)-(E(X_i))^2=\frac{35}{12},$$

因此

$$E\left(\sum_{i=1}^{12} X_i\right)=\sum_{i=1}^{12} E(X_i)=12 \times \frac{7}{2}=42,$$

$$D\left(\sum_{i=1}^{12} X_i\right)=\sum_{i=1}^{12} D(X_i)=12 \times \frac{35}{12}=35.$$

习题 29 设随机变量 X 的方差为 2.5,试利用切比雪夫不等式估计 $P\{|X-E(X)| \geqslant 7.5\}$.

解 由切比雪夫不等式,取 $\varepsilon=7.5, \sigma^2=2.5$,得

$$P\{|X-E(X)| \geqslant 7.5\} \leqslant \frac{2.5}{7.5^2}=\frac{2}{45}.$$

4.4 考研专题

4.4.1 本章考研大纲要求

全国硕士研究生招生考试的数学一与数学三的考试大纲对"随机变量的数字特征"部分内容的要求基本相同,内容包括:随机变量的数学期望(均值)、方差、标准差及其性质,随机变量函数的数学期望,矩、协方差、相关系数及其性质.具体考试要求如下:

1. 理解随机变量的数字特征(如数学期望、方差、标准差、矩、协方差、相关系数)的概念,会运用数字特征的基本性质,并掌握常用分布的数字特征.

2. 会求随机变量函数的数学期望.

3. 了解切比雪夫不等式.

4.4.2 考题特点分析

分析近十年的考题,该部分在数学一与数学三考察的"概率论与数理统计"内容中分值分别约占 14.7% 和 12.4%.随机变量的数字特征既是考试的基础知识点,又是重点之一,在选择题和填空题中常常单独出题,而在解答题中也有涉及,常结合多维随机变量的解答题进行考察.此类考题涉及的公式和定理较多,有一定的计算要求,故考生应熟练掌握相关公式与定理,牢记常用分布的数字特征,加快做题速度.

4.4.3 考研真题

下面给出"随机变量的数字特征"部分近十年的考题,供读者自我测试.

1. (2011 年数学一) 设随机变量 X 与 Y 相互独立,且 $E(X)$ 与 $E(Y)$ 存在.记 $U=\max\{X,Y\}$,$V=\min\{X,Y\}$,则 $E(UV)=(\quad)$.

A. $E(U)E(V)$　　B. $E(X)E(Y)$

C. $E(U)E(Y)$　　D. $E(X)E(V)$

2. (2011 年数学一、三) 设随机变量 (X,Y) 服从 $N(\mu,\mu,\sigma^2,\sigma^2,0)$,则 $E(XY^2)=$ ________.

3. (2014 年数学一) 设随机变量 X_1 与 X_2 相互独立,且方差均存在,X_1 与 X_2 的概率密度分别为 $f_1(x)$ 与 $f_2(x)$,随机变量 Y_1 的概率密度为 $f_{Y_1}(y)=\frac{1}{2}[f_1(y)+f_2(y)]$,随机变量 $Y_2=\frac{1}{2}(X_1+X_2)$,则(　　).

A. $E(Y_1)>E(Y_2),D(Y_1)>D(Y_2)$

B. $E(Y_1)=E(Y_2),D(Y_1)=D(Y_2)$

C. $E(Y_1)=E(Y_2),D(Y_1)<D(Y_2)$

D. $E(Y_1)=E(Y_2),D(Y_1)>D(Y_2)$

4. (2014 年数学一、三) 设随机变量 X 的分布律为 $P\{X=1\}=P\{X=2\}=\frac{1}{2}$,在给定

$X=i$ 的条件下，随机变量 Y 服从均匀分布 $U[0,i](i=1,2)$.试求：

(1) Y 的分布函数 $F_Y(y)$；

(2) $E(Y)$.

5. (2019 年数学一、三) 设随机变量 X 的概率密度为 $f(x)=\begin{cases}\dfrac{x}{2}, & 0<x<2,\\ 0, & 其他,\end{cases}$ $F(x)$ 为 X 的分布函数，$E(X)$ 为 X 的数学期望，则 $P\{F(X)>E(X)-1\}=$__________.

6. (2019 年数学一、三) 设随机变量 X 与 Y 相互独立，X 服从参数为 1 的指数分布，Y 的分布律为 $P\{Y=-1\}=p, P\{Y=1\}=1-p(0<p<1)$.令 $Z=XY$.

(1) 求 Z 的概率密度.

(2) 问：p 为何值时，X 与 Z 不相关?

(3) 判断 X 与 Z 是否相互独立.

7. (2020 年数学三) 设随机变量 (X,Y) 在区域 $D=\{(x,y)\mid 0<y<\sqrt{1-x^2}\}$ 上服从均匀分布，令

$$Z_1=\begin{cases}1, & X-Y>0,\\ 0, & X-Y\leqslant 0,\end{cases}\qquad Z_2=\begin{cases}1, & X+Y>0,\\ 0, & X+Y\leqslant 0.\end{cases}$$

试求：

(1) 随机变量 (Z_1,Z_2) 的概率分布；

(2) Z_1 与 Z_2 的相关系数.

4.4.4 考研真题参考答案

1.【答案】B.

【解析】因为

$$U=\max\{X,Y\}=\begin{cases}X, & X\geqslant Y,\\ Y, & X<Y,\end{cases}\qquad V=\min\{X,Y\}=\begin{cases}Y, & X\geqslant Y,\\ X, & X<Y,\end{cases}$$

所以 $UV=XY$，于是

$$E(UV)=E(XY)=E(X)E(Y).$$

2.【答案】$\mu(\mu^2+\sigma^2)$.

【解析】由题意可知，随机变量 (X,Y) 服从 $N(\mu,\mu,\sigma^2,\sigma^2,0)$.因为 $\rho_{XY}=0$，所以，由二维正态分布的性质可知，随机变量 X 与 Y 相互独立，从而有

$$E(XY^2)=E(X)E(Y^2)=\mu((E(Y))^2+D(Y))=\mu(\mu^2+\sigma^2).$$

3.【答案】D.

【解析】因为

$$\begin{aligned}E(Y_1)&=\int_{-\infty}^{+\infty}y\left[\frac{1}{2}f_1(y)+\frac{1}{2}f_2(y)\right]\mathrm{d}y\\&=\frac{1}{2}\int_{-\infty}^{+\infty}yf_1(y)\mathrm{d}y+\frac{1}{2}\int_{-\infty}^{+\infty}yf_2(y)\mathrm{d}y\\&=\frac{1}{2}E(X_1)+\frac{1}{2}E(X_2),\end{aligned}$$

$$E(Y_2)=E\left(\frac{1}{2}(X_1+X_2)\right)=\frac{1}{2}E(X_1)+\frac{1}{2}E(X_2),$$

所以 $E(Y_1)=E(Y_2)$.

又

$$E(Y_1^2)=\int_{-\infty}^{+\infty}y^2\left[\frac{1}{2}f_1(y)+\frac{1}{2}f_2(y)\right]\mathrm{d}y=\frac{1}{2}E(X_1^2)+\frac{1}{2}E(X_2^2),$$

$$\begin{aligned}D(Y_1)&=\frac{1}{2}E(X_1^2)+\frac{1}{2}E(X_2^2)-\left(\frac{1}{2}E(X_1)+\frac{1}{2}E(X_2)\right)^2\\&=\frac{1}{2}E(X_1^2)+\frac{1}{2}E(X_2^2)-\frac{1}{4}(E(X_1))^2-\frac{1}{4}(E(X_2))^2-\frac{1}{2}E(X_1)E(X_2)\\&=\frac{1}{4}D(X_1)+\frac{1}{4}D(X_2)+\frac{1}{4}E((X_1-X_2)^2),\end{aligned}$$

$$D(Y_2)=D\left(\frac{1}{2}(X_1+X_2)\right)=\frac{1}{4}D(X_1)+\frac{1}{4}D(X_2),$$

所以 $D(Y_1)>D(Y_2)$.

4.【解析】(1) 设 Y 的分布函数为

$$\begin{aligned}F_Y(y)&=P\{Y\leqslant y\}\\&=P\{X=1\}P\{Y\leqslant y|X=1\}+P\{X=2\}P\{Y\leqslant y|X=2\}\\&=\frac{1}{2}P\{Y\leqslant y|X=1\}+\frac{1}{2}P\{Y\leqslant y|X=2\}.\end{aligned}$$

由题意可知

$$P\{Y\leqslant y|X=1\}=\begin{cases}0, & y<0,\\ y, & 0\leqslant y<1,\\ 1, & y\geqslant 1,\end{cases}$$

$$P\{Y\leqslant y|X=2\}=\begin{cases}0, & y<0,\\ \dfrac{y}{2}, & 0\leqslant y<2,\\ 1, & y\geqslant 2.\end{cases}$$

于是,当 $y<0$ 时,$F_Y(y)=0$;当 $0\leqslant y<1$ 时,

$$F_Y(y)=\frac{1}{2}y+\frac{1}{2}\cdot\frac{y}{2}=\frac{3y}{4};$$

当 $1\leqslant y<2$ 时,

$$F_Y(y)=\frac{1}{2}+\frac{1}{2}\cdot\frac{y}{2}=\frac{1}{2}+\frac{y}{4};$$

当 $y\geqslant 2$ 时,$F_Y(y)=1$. 综上所述,

$$F_Y(y)=\begin{cases}0, & y<0,\\ \dfrac{3y}{4}, & 0\leqslant y<1,\\ \dfrac{1}{2}+\dfrac{y}{4}, & 1\leqslant y<2,\\ 1, & y\geqslant 2.\end{cases}$$

(2) 由(1) 可知,Y 的概率密度为

$$f_Y(y)=\begin{cases}\dfrac{3}{4}, & 0\leqslant y<1,\\ \dfrac{1}{4}, & 1\leqslant y<2,\\ 0, & \text{其他},\end{cases}$$

因此

$$E(Y)=\int_{-\infty}^{+\infty}yf_Y(y)\mathrm{d}y=\int_0^1\frac{3y}{4}\mathrm{d}y+\int_1^2\frac{y}{4}\mathrm{d}y=\frac{3}{8}+\frac{3}{8}=\frac{3}{4}.$$

5.【答案】$\dfrac{2}{3}$.

【解析】由 X 的概率密度可知，X 的分布函数和数学期望分别为

$$F(x)=\begin{cases}0, & x<0,\\ \dfrac{x^2}{4}, & 0\leqslant x<2,\\ 1, & x\geqslant 2,\end{cases}\quad E(X)=\int_0^2 x\cdot\frac{x}{2}\mathrm{d}x=\frac{4}{3}.$$

于是，有

$$\begin{aligned}P\{F(X)>E(X)-1\}&=P\left\{F(X)>\frac{4}{3}-1\right\}=P\left\{\frac{X^2}{4}>\frac{1}{3}\right\}\\&=P\left\{X>\frac{2}{\sqrt{3}}\right\}=\int_{\frac{2}{\sqrt{3}}}^2\frac{x}{2}\mathrm{d}x=\frac{2}{3}.\end{aligned}$$

6.【解析】(1) 设 Z 的分布函数为

$$\begin{aligned}F_Z(z)&=P\{Z\leqslant z\}\\&=P\{XY\leqslant z\mid Y=-1\}P\{Y=-1\}+P\{XY\leqslant z\mid Y=1\}P\{Y=1\}\\&=pP\{-X\leqslant z\}+(1-p)P\{X\leqslant z\}.\end{aligned}$$

当 $z<0$ 时，$F_Z(z)=pP\{X\geqslant -z\}+(1-p)\cdot 0=p\mathrm{e}^z$；

当 $z\geqslant 0$ 时，$F_Z(z)=p\cdot 1+(1-p)P\{X\leqslant z\}=1-(1-p)\mathrm{e}^{-z}$.

于是，Z 的概率密度为

$$f_Z(z)=F'_Z(z)=\begin{cases}p\mathrm{e}^z, & z<0,\\ (1-p)\mathrm{e}^{-z}, & z\geqslant 0.\end{cases}$$

(2)
$$\begin{aligned}\mathrm{Cov}(X,Z)&=E(XZ)-E(X)E(Z)=E(X^2Y)-E(X)E(XY)\\&=E(X^2)E(Y)-(E(X))^2E(Y)\\&=D(X)E(Y)=1-2p.\end{aligned}$$

令 $\mathrm{Cov}(X,Z)=0$，得 $p=0.5$，即当 $p=0.5$ 时，X 与 Z 不相关.

(3) 因为

$$P\{X\leqslant 1,Z\leqslant -1\}=P\{X\leqslant 1,XY\leqslant -1\}=0,$$

而

$$P\{X\leqslant 1\}>0,\quad P\{Z\leqslant -1\}>0,$$

所以

$$P\{X\leqslant 1,Z\leqslant -1\}\neq P\{X\leqslant 1\}P\{Z\leqslant -1\}.$$

故 X 与 Z 不相互独立.

7.【解析】(1) 由题意可知,(X,Y) 的概率密度为

$$f(x,y)=\begin{cases}\dfrac{2}{\pi}, & 0<y<\sqrt{1-x^2},\\ 0, & \text{其他},\end{cases}$$

从而可计算

$$P\{Z_1=0,Z_2=0\}=P\{X-Y\leqslant 0,X+Y\leqslant 0\}=0.25,$$
$$P\{Z_1=0,Z_2=1\}=P\{X-Y\leqslant 0,X+Y>0\}=0.5,$$
$$P\{Z_1=1,Z_2=0\}=P\{X-Y>0,X+Y\leqslant 0\}=0,$$
$$P\{Z_1=1,Z_2=1\}=P\{X-Y>0,X+Y>0\}=0.25.$$

于是,得到(Z_1,Z_2) 的联合分布律如表 4.8 所示.

表 4.8

Z_2	Z_1	
	0	1
0	0.25	0
1	0.5	0.25

(2) 由(1) 可得

$$E(Z_1)=\frac{1}{4},\quad E(Z_2)=\frac{3}{4},\quad D(Z_1)=\frac{3}{16},\quad D(Z_2)=\frac{3}{16},\quad E(Z_1Z_2)=\frac{1}{4},$$

所以

$$\rho_{Z_1Z_2}=\frac{\mathrm{Cov}(Z_1,Z_2)}{\sqrt{D(Z_1)}\sqrt{D(Z_2)}}=\frac{E(Z_1Z_2)-E(Z_1)E(Z_2)}{\sqrt{D(Z_1)}\sqrt{D(Z_2)}}=\frac{1}{3}.$$

4.5 数学实验

4.5.1 数字特征计算实验

1. 实验要求

利用 Python 计算不同随机变量的数字特征.

2. 实验步骤

(1) 定义几个函数,用于计算数学期望、方差、标准差、协方差和相关系数;

(2) 将自定义函数计算的结果与 NumPy 库计算的结果相比较,可以看出能得到一样的结果.

3. Python 实现代码

```
import numpy as np
def f_e(x):                          #求数学期望自定义函数
    return np.sum(x)/len(x)
def f_d2(x):                         #求方差自定义函数
    e=f_e(x)
```

```
    d=0
    for i in x:
        d+=((i-e)**2)
    returnd/len(x)
def f_d(x):                    #求标准差自定义函数
    return np.sqrt(f_d2(x))
def f_cov(x,y):                #求协方差自定义函数
    e_xy=f_e(np.multiply(np.array(x), np.array(y)).tolist())
    return e_xy-f_e(x)*f_e(y)
def f_cor(x,y):                #求相关系数自定义函数
    return f_cov(x,y)/(f_d(x)*f_d(y))
x=[1,2.3,3.6,4,5,6.3]          #随机变量
y=[1.4,2.6,3.9,4,6,6.9]        #随机变量
print("E(x):{:4f},from numpy:{:4f}".format(f_e(x),np.mean(x)))
print("D(x):{:4f},from numpy:{:4f}".format(f_d2(x),np.var(x)))
print("d(x):{:4f},from numpy:{:4f}".format(f_d(x),np.std(x)))
print("-"*30)
print("Cor(x,y):{:4f}".format(f_cor(x,y)))
print('Correlation coefficients:')
print(np.corrcoef(x,y))
print("-"*30)
X=np.vstack((x,y))
print(np.cov(X,bias=True)) #Note: bias is True, which means normalization is by "N"
print("Cov(x,x):{:4f}".format(f_cov(x,x)))
print("Cov(x,y):{:4f}".format(f_cov(x,y)))
print("Cov(y,x):{:4f}".format(f_cov(y,x)))
print("Cov(y,y):{:4f}".format(f_cov(y,y)))
```

运行结果：

```
E(x):3.700000,from numpy:3.700000
D(x):2.966667,from numpy:2.966667
d(x):1.722401,from numpy:1.722401
------------------------------
Cor(x,y):0.988669
Correlation coefficients:
[[1.        0.988669]
 [0.988669  1.]]
------------------------------
[[2.96666667  3.18833333]
 [3.18833333  3.50555556]]
Cov(x,x):2.966667
Cov(x,y):3.188333
Cov(y,x):3.188333
Cov(y,y):3.505556
```

4.5.2 数学期望与方差在投资风险中的应用实验

1. 实验要求

某投资者有 10 万元，现有两种投资方案：一是购买股票，二是存入银行获取利息.购买股票的收益主要取决于经济形势，假设可分为三种状态：形势好（获利 40 000 元）、形势中等（获利 10 000 元）、形势不好（损失 20 000 元）.如果存入银行，假设年利率为 5%，即可获利 5 000 元.又设经济形势好、中等、不好的概率分别为 30%，50% 和 20%，试问：该投资者应该选择哪一种投资方案？

2. 实验分析

购买股票的收益与经济形势有关，存入银行的收益与经济形势无关，因此，要确定选择哪一种方案，就必须通过计算两种方案对应的收益期望值，以及风险来进行判断.

(1) 设 X 为购买股票的收益（单位：元），则 X 的分布律如表 4.9 所示.

表 4.9

状态	经济形势好	经济形势中等	经济形势不好
X	40 000	10 000	$-20\,000$
p_k	0.3	0.5	0.2

于是

$$E(X)=40\,000\times 0.3+10\,000\times 0.5-20\,000\times 0.2=13\,000,$$
$$E(X^2)=40\,000^2\times 0.3+10\,000^2\times 0.5+(-20\,000)^2\times 0.2=610\,000\,000,$$
$$D(X)=E(X^2)-(E(X))^2=441\,000\,000.$$

(2) 设 Y 为存入银行的收益（单位：元），则 Y 的分布律如表 4.10 所示.

表 4.10

状态	经济形势好	经济形势中等	经济形势不好
Y	5 000	5 000	5 000
p_k	0.3	0.5	0.2

于是

$$E(Y)=5\,000\times 0.3+5\,000\times 0.5+5\,000\times 0.2=5\,000,$$
$$E(Y^2)=5\,000^2\times 0.3+5\,000^2\times 0.5+5\,000^2\times 0.2=25\,000\,000,$$
$$D(Y)=E(Y^2)-(E(Y))^2=0.$$

上述计算结果表明，$E(Y)<E(X)$，$D(Y)<D(X)$，虽然存入银行的收益偏低，但是购买股票的风险太大，所以，在该项投资中，该投资者应该选择把资金存入银行.

3. 实验步骤

(1) 自定义函数求数学期望和方差；

(2) 分别调用自定义函数求两个方案的数学期望和方差.

4. Python 实现代码

```
#实验 4.2
import numpy as np
def compute(X,p):
```

```
    EX = sum(X * p)
    EX2 = sum(X * * 2 * p)
        DX = EX2 - EX * EX
    return (EX,DX)


X = np.array([40000,10000, -20000])
Y = np.array([5000,5000,5000])
p = np.array([0.3,0.5,0.2])
print("投资股票的收益 E(X):{}, 风险 D(X):{}".format(compute(X,p)[0],compute(X,p)[1]))
print("存入银行的收益 E(X):{}, 风险 D(X):{}".format(compute(Y,p)[0],compute(Y,p)[1]))
```

运行结果：

```
投资股票的收益 E(X):13000.0, 风险 D(X):441000000.0
存入银行的收益 E(X):5000.0, 风险 D(X):0.0
```

第5章 大数定律和中心极限定理

学习要求

1.了解切比雪夫大数定律、伯努利大数定律和辛钦大数定律.
2.了解林德伯格-列维中心极限定理和棣莫弗-拉普拉斯中心极限定理.

重点

用相关定理近似计算有关随机事件的概率.

难点

依概率收敛的定义与相应不等式之间的结合应用.

5.1 知识结构

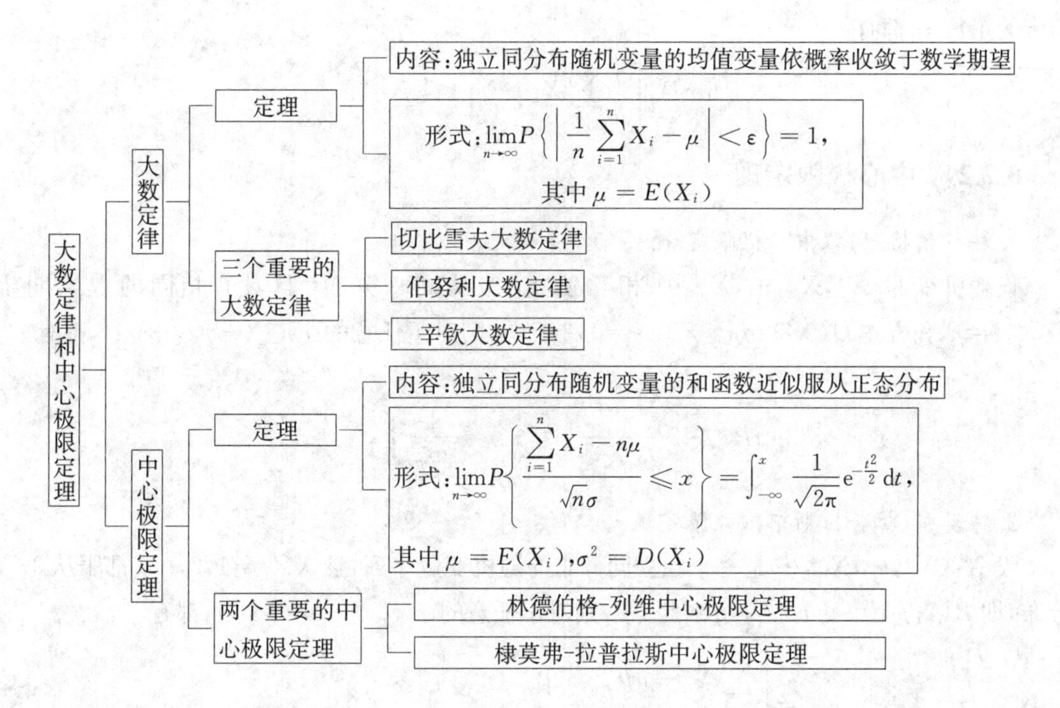

5.2 重点内容介绍

5.2.1 几个常用的大数定律

1. 切比雪夫大数定律

设随机变量 $X_1,X_2,\cdots,X_n,\cdots$ 是相互独立的. 若存在常数 c,使得 $D(X_i)\leqslant c(i=1,2,\cdots)$,则对于任意给定的正数 ε,都有

$$\lim_{n\to\infty}P\left\{\left|\frac{1}{n}\sum_{i=1}^{n}X_i-\frac{1}{n}\sum_{i=1}^{n}E(X_i)\right|<\varepsilon\right\}=1.$$

特殊情形:若随机变量 $X_1,X_2,\cdots,X_n,\cdots$ 具有相同的数学期望 $E(X_i)=\mu(i=1,2,\cdots)$,则上式可变为

$$\lim_{n\to\infty}P\left\{\left|\frac{1}{n}\sum_{i=1}^{n}X_i-\mu\right|<\varepsilon\right\}=1.$$

2. 伯努利大数定律

设 μ_n 是 n 重伯努利试验中事件 A 发生的次数,而 p 是事件 A 在每次试验中发生的概率,则对于任意给定的正数 ε,都有

$$\lim_{n\to\infty}P\left\{\left|\frac{\mu_n}{n}-p\right|<\varepsilon\right\}=1.$$

说明:当 n 很大时,事件 A 发生的频率与事件 A 发生的概率的偏差超过任意给定的正数 ε 的可能性很小,即 $\lim\limits_{n\to\infty}P\left\{\left|\frac{\mu_n}{n}-p\right|\geqslant\varepsilon\right\}=0$.这就以严格的数学形式描述了频率的稳定性.

3. 辛钦大数定律

设相互独立的随机变量 $X_1, X_2, \cdots, X_n, \cdots$ 服从相同的分布，且有数学期望 μ，则对于任意给定的正数 ε，都有

$$\lim_{n\to\infty} P\left\{\left|\frac{1}{n}\sum_{i=1}^{n} X_i - \mu\right| < \varepsilon\right\} = 1.$$

5.2.2 中心极限定理

1. 林德伯格-列维中心极限定理

设随机变量 $X_1, X_2, \cdots, X_n, \cdots$ 相互独立，服从同一分布，且具有相同的数学期望 $E(X_i)=\mu$ 和方差 $D(X_i)=\sigma^2 \neq 0 (i=1,2,\cdots)$，则对于任意的 $x \in (-\infty, +\infty)$，都有

$$\lim_{n\to\infty} P\left\{\frac{\sum_{i=1}^{n} X_i - n\mu}{\sqrt{n}\sigma} \leqslant x\right\} = \frac{1}{\sqrt{2\pi}}\int_{-\infty}^{x} \mathrm{e}^{-\frac{t^2}{2}} \mathrm{d}t.$$

2. 棣莫弗-拉普拉斯中心极限定理

设 $X_1, X_2, \cdots, X_n, \cdots$ 是一个独立同分布的随机变量序列，且 $X_i (i=1,2,\cdots)$ 都服从 0-1 分布，即 $B(1,p)$，$0<p<1$，$q=1-p$，则对于任意的 $x \in (-\infty, +\infty)$，都有

$$\lim_{n\to\infty} P\left\{\frac{\sum_{i=1}^{n} X_i - np}{\sqrt{npq}} \leqslant x\right\} = \int_{-\infty}^{x} \frac{1}{\sqrt{2\pi}} \mathrm{e}^{-\frac{t^2}{2}} \mathrm{d}t = \Phi(x).$$

5.3 教材习题解析

习题 1 设 X 为随机变量，$E(X)=\mu$，$D(X)=\sigma^2$，试估计 $P\{|X-\mu|<3\sigma\}$.

解 由切比雪夫不等式可得

$$P\{|X-E(X)| \geqslant \varepsilon\} \leqslant \frac{D(X)}{\varepsilon^2}.$$

将 $E(X)=\mu$，$D(X)=\sigma^2$ 代入上式，可得

$$P\{|X-\mu|<3\sigma\} \geqslant 1-\frac{D(X)}{(3\sigma)^2} = 1-\frac{\sigma^2}{9\sigma^2} = \frac{8}{9}.$$

习题 2 生产灯泡的合格率为 0.6，求 10 000 个灯泡中合格灯泡数在 5 800～6 200 之间的概率.

解 记 X 为生产的合格灯泡数，则 $X \sim B(10\,000, 0.6)$，因此

$$E(X) = np = 10\,000 \times 0.6 = 6\,000,$$
$$D(X) = np(1-p) = 10\,000 \times 0.6 \times 0.4 = 2\,400.$$

根据棣莫弗-拉普拉斯中心极限定理估计可知，当 n 充分大时，$\frac{\overline{X}-6\,000}{\sqrt{2\,400}} \sim N(0,1)$，则

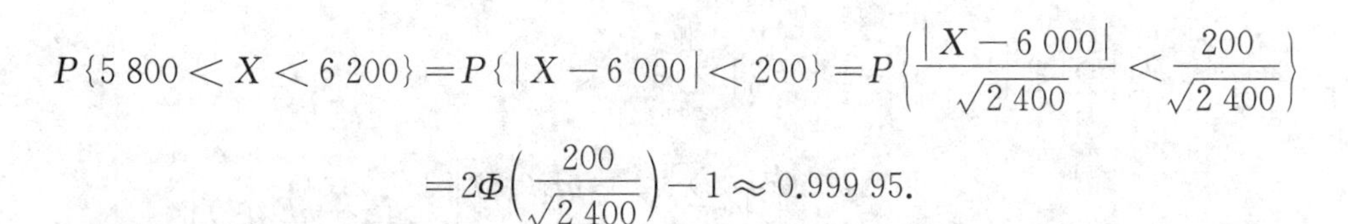

$$P\{5\,800 < X < 6\,200\} = P\{|X - 6\,000| < 200\} = P\left\{\frac{|X - 6\,000|}{\sqrt{2\,400}} < \frac{200}{\sqrt{2\,400}}\right\}$$

$$= 2\Phi\left(\frac{200}{\sqrt{2\,400}}\right) - 1 \approx 0.999\,95.$$

习题 3 已知正常成年男性的血液中，每毫升含有的白细胞数平均是 7 300，方差是 700^2，试利用切比雪夫不等式估计每毫升血液中含有的白细胞数在 5 200 ～ 9 400 之间的概率.

解 每毫升血液中含有的白细胞数是随机变量，设为 ξ，由题意可知

$$E(\xi) = 7\,300, \quad D(\xi) = 700^2.$$

由切比雪夫不等式可得

$$P\{|\xi - 7\,300| < \varepsilon\} \geqslant 1 - \frac{700^2}{\varepsilon^2}.$$

取 $\varepsilon = 2\,100$，则

$$P\{5\,200 < \xi < 9\,400\} \geqslant 1 - \frac{700^2}{2\,100^2} = 1 - \frac{1}{9} = \frac{8}{9}.$$

习题 4 从大批发芽率为 0.9 的种子中随意抽取 1 000 粒，试估计这 1 000 粒种子的发芽率不低于 0.88 的概率.

解 设 X 表示 1 000 粒种子中发芽的总数，由题意可知，X 服从二项分布，即 $X \sim B(1\,000, 0.9)$，所以

$$E(X) = np = 1\,000 \times 0.9 = 900,$$
$$D(X) = np(1-p) = 1\,000 \times 0.9 \times 0.1 = 90.$$

根据中心极限定理可知，当 n 充分大时，$X \sim N(900, 90)$，则

$$P\{880 \leqslant X \leqslant 1\,000\} = P\left\{\frac{880 - 900}{\sqrt{90}} \leqslant \frac{X - 900}{\sqrt{90}} \leqslant \frac{1\,000 - 900}{\sqrt{90}}\right\}$$

$$= \Phi\left(\frac{10\sqrt{10}}{3}\right) - \Phi\left(-\frac{2\sqrt{10}}{3}\right)$$

$$= \Phi\left(\frac{10\sqrt{10}}{3}\right) + \Phi\left(\frac{2\sqrt{10}}{3}\right) - 1 \approx 0.982\,57.$$

习题 5 计算器在进行加法运算时，将每个加数舍入最靠近它的整数（取整），设所有取整误差相互独立且在 $[-0.5, 0.5]$ 上服从均匀分布.

(1) 将 1 500 个数相加，求误差总和的绝对值超过 15 的概率.

(2) 问：最多可有几个数相加使得误差总和的绝对值小于 10 的概率不小于 0.9?

解 (1) 设每个数的取整误差为 ξ_i，则 $\xi_i \sim U[-0.5, 0.5]$，从而 $E(\xi_i) = 0$，$D(\xi_i) = \frac{1}{12}$. 由林德伯格-列维中心极限定理可得

$$P\left\{\left|\sum_{i=1}^{1500}\xi_i\right|>15\right\}=1-P\left\{\left|\sum_{i=1}^{1500}\xi_i\right|\leqslant 15\right\}$$

$$=1-P\left\{\left|\frac{\sum_{i=1}^{1500}\xi_i-nE(\xi_i)}{\sqrt{nD(\xi_i)}}\right|\leqslant\frac{15-nE(\xi_i)}{\sqrt{nD(\xi_i)}}\right\}$$

$$=1-P\left\{-1.34\leqslant\frac{\sum_{i=1}^{1500}\xi_i}{5\sqrt{5}}\leqslant 1.34\right\}$$

$$=2-2\Phi(1.34)=0.180\,2.$$

(2) 因为

$$P\left\{\left|\sum_{i=1}^{n}\xi_i\right|<10\right\}=P\left\{-\frac{10\sqrt{12}}{\sqrt{n}}\leqslant\frac{\sqrt{12}\sum_{i=1}^{n}\xi_i}{\sqrt{n}}\leqslant\frac{10\sqrt{12}}{\sqrt{n}}\right\}$$

$$=2\Phi\left(\frac{10\sqrt{12}}{\sqrt{n}}\right)-1\geqslant 0.9,$$

即 $\Phi\left(\frac{10\sqrt{12}}{\sqrt{n}}\right)\geqslant 0.95$，则 $\frac{10\sqrt{12}}{\sqrt{n}}\geqslant 1.645$，解得 $n\leqslant 443$，所以最多可有 443 个数相加，使得误差总和的绝对值小于 10 的概率不小于 0.9.

习题 6 某单位有 200 台电话分机，每台分机有 0.05 的概率要使用外线通话.假定每台分机是否要使用外线是相互独立的，问：该单位总机至少要安装多少条外线才能以 0.9 以上的概率保证分机使用外线时不等待？

解 设 X 表示在同一时刻 200 台分机中使用外线的分机数，该单位总机要安装 N 条外线，由题意可知，X 服从二项分布，即 $X\sim B(200,0.05)$，所以

$$E(X)=200\times 0.05=10,\quad D(X)=200\times 0.05\times 0.95=9.5.$$

由棣莫弗-拉普拉斯中心极限定理可知，当 n 充分大时，X 服从正态分布，即 $X\sim N(10,9.5)$，且 N 应满足 $P\{X\leqslant N\}>0.9$，则

$$P\{X\leqslant N\}=P\left\{\frac{X-10}{\sqrt{9.5}}\leqslant\frac{N-10}{\sqrt{9.5}}\right\}=\Phi\left(\frac{N-10}{\sqrt{9.5}}\right)>0.9.$$

查标准正态分布表可知，$\Phi(1.29)\approx 0.9$，故 $\frac{N-10}{\sqrt{9.5}}>1.29$，解得 $N>13.976$.

因此该单位总机至少要安装 14 条外线才能以 0.9 以上的概率保证分机使用外线时不等待.

习题 7 某厂有 200 台车床，每台车床的开工率仅为 0.1，设每台车床是否开工是相互独立的.假定每台车床开工需要 50 kW 的电功率，试问：供电局至少应该为该厂提供多少电功率，才能以不低于 0.999 的概率保证该厂不会因供电不足而影响生产？

解 设 X 表示 200 台车床中开工的台数，则 $X\sim B(200,0.1)$，从而

$$E(X)=np=200\times 0.1=20,\quad D(X)=np(1-p)=200\times 0.1\times 0.9=18.$$

假定供电局应该为该厂提供 $50x$ kW 的电功率才满足要求，由题意可知，$P\{X \leqslant x\} \geqslant 0.999$. 由棣莫弗-拉普拉斯中心极限定理可知，$\dfrac{\sum\limits_{i=1}^{n} X_i - np}{\sqrt{np(1-p)}} \sim N(0,1)$，所以

$$P\left\{\frac{\sum\limits_{i=1}^{n} X_i - np}{\sqrt{np(1-p)}} \leqslant \frac{x-np}{\sqrt{np(1-p)}}\right\} \geqslant 0.999,$$

即

$$P\left\{\frac{\sum\limits_{i=1}^{200} X_i - 20}{\sqrt{18}} \leqslant \frac{x-20}{\sqrt{18}}\right\} \geqslant 0.999.$$

查标准正态分布表，可得

$$\Phi\left(\frac{x-20}{\sqrt{18}}\right) \geqslant 0.999, \quad 即 \quad \Phi\left(\frac{x-20}{\sqrt{18}}\right) \geqslant \Phi(3.09),$$

解得 $x \geqslant 33.11$. 取 $x = 34$，则至少应该为该厂提供 50×34 kW $= 1\,700$ kW 的电功率，才能以不低于0.999 的概率保证该厂不会因供电不足而影响生产.

习题 8 已知生男孩的概率为 0.515，求在 10 000 个婴儿中男孩不多于女孩的概率.

解 设 X 表示 10 000 个婴儿中男孩的个数，则 $X \sim B(10\,000, 0.515)$，于是

$$E(X) = np = 10\,000 \times 0.515 = 5\,150,$$
$$D(X) = np(1-p) = 10\,000 \times 0.515 \times (1-0.515) \approx 2\,498.$$

由棣莫弗-拉普拉斯中心极限定理可知

$$P\{X \leqslant 5\,000\} = P\left\{\frac{X-5\,150}{\sqrt{2\,498}} \leqslant \frac{5\,000-5\,150}{\sqrt{2\,498}}\right\} = \Phi\left\{\frac{5\,000-5\,150}{\sqrt{2\,498}}\right\}$$
$$\approx \Phi(-3.00) = 1 - \Phi(3.00) = 0.001\,3.$$

习题 9 某工厂生产的灯泡的平均寿命为 2 000 h，改进工艺后，平均寿命提高到 2 250 h，标准差仍为 250 h. 为鉴定此项新工艺，特规定：任意抽取若干只灯泡，若其平均寿命超过2 200 h，就可承认此项新工艺. 工厂为使此项工艺通过鉴定的概率不小于 0.997，问：至少应抽检多少只灯泡？

解 设 X 表示改进后灯泡的寿命(单位：h)，由题意可知，$E(X) = 2\,250$，$\sqrt{D(X)} = 250$. 又设 n 为使检验通过所需抽取的灯泡数，由题意可建立不等式

$$P\left\{\frac{X_1 + X_2 + \cdots + X_n}{n} > 2\,200\right\} \geqslant 0.997$$

或

$$P\{X_1 + X_2 + \cdots + X_n \leqslant 2\,200n\} < 0.003.$$

由棣莫弗-拉普拉斯中心极限定理可知

$$\Phi\left\{\frac{2\,200n - 2\,250n}{250\sqrt{n}}\right\} < 0.003,$$

查标准正态分布表，可得

$$-\frac{50n}{250\sqrt{n}} \leqslant -2.75,$$

解得$n \geqslant 189$,即需至少抽取189只灯泡进行寿命试验,测得的平均寿命才能以0.997的概率保证超过2 200 h.

习题10 某养鸡场孵出一大群小鸡,为估计公鸡所占比例p,有放回地抽查n只小鸡,已知公鸡在n次抽查中所占的比例为p',若希望p'作为p的近似值时的允许误差为± 0.05,问:至少应抽查多少只小鸡才能以95.6%的把握确认p'作为p的近似值是合乎要求的?提示:$p(1-p) \leqslant \frac{1}{4}$.

解 由题意可建立概率不等式

$$P\{|p'-p| \leqslant 0.05\} \geqslant 0.956.$$

若X_i表示抽查第i只小鸡后所得的公鸡数,它只能取0或1,且$X_i \sim B(1,p)$.如今抽取n只小鸡进行性别检查,其公鸡率$p'=\frac{X_1+X_2+\cdots+X_n}{n}$.由中心极限定理可知,$p'$近似服从正态分布$N\left(p,\frac{p(1-p)}{n}\right)$或$p'-p$近似服从正态分布$N\left(0,\frac{p(1-p)}{n}\right)$.利用这个近似分布,可以把概率不等式$P\{|p'-p| \leqslant 0.05\} \geqslant 0.956$改写为

$$2\Phi\left(\frac{0.05\sqrt{n}}{\sqrt{p(1-p)}}\right)-1 \geqslant 0.956,$$

即

$$\Phi\left(\frac{0.05\sqrt{n}}{\sqrt{p(1-p)}}\right) \geqslant 0.978.$$

查标准正态分布表,可得

$$\frac{0.05\sqrt{n}}{\sqrt{p(1-p)}} \geqslant 2.015,$$

即

$$\sqrt{n} \geqslant \frac{2.015\sqrt{p(1-p)}}{0.05} \geqslant 40.3\sqrt{p(1-p)}.$$

由提示知

$$\sqrt{p(1-p)} \leqslant \sqrt{\frac{1}{4}},$$

故

$$\sqrt{n} \geqslant \frac{40.3}{2}=20.15, \quad 即 \quad n \geqslant 406.$$

这表明,需从这群小鸡中至少抽取406只进行性别检查,才能使所得的公鸡率p'与实际公鸡率p相差不超过0.05的概率不小于95.6%.

习题11 为确定一批产品的次品率,要从中至少抽取多少个产品进行检查,才能使其次品出现的频率与实际次品率相差小于0.1的概率不小于0.95?

解 由题意可建立概率不等式

$$P\{|p'-p|<0.1\}\geqslant 0.95,$$

其中 p 为实际次品率，p' 为抽检 n 个产品所得次品的频率.如同习题 10 的做法，可知 $p'-p\sim N\left(0,\frac{p(1-p)}{n}\right)$，于是，有

$$\Phi\left(\frac{0.1\sqrt{n}}{\sqrt{p(1-p)}}\right)\geqslant\frac{1+0.95}{2}=0.975.$$

查标准正态分布表，可得

$$\frac{0.1\sqrt{n}}{\sqrt{p(1-p)}}\geqslant 1.96,\quad 即\quad \sqrt{n}\geqslant 19.6\sqrt{p(1-p)}.$$

由于 p 未知，因此，只得放大抽检量，用 $\frac{1}{2}$ 代替 $\sqrt{p(1-p)}$，可得

$$\sqrt{n}\geqslant\frac{19.6}{2}=9.8,\quad 即\quad n\geqslant 96.$$

可见，需从中至少抽检 96 个产品，才能使其次品出现的频率与实际次品率相差小于 0.1 的概率不小于 0.95.

习题 12 某工厂生产的螺丝钉的不合格品率为 0.01，问：一盒中至少应装多少只螺丝钉才能使盒中含有 100 只合格品的概率不小于 0.95？

解 设 n 为一盒中装有的螺丝钉数，其中合格品数记为 X，则有 $X\sim B(n,0.99)$.该题要求 n，使得概率不等式

$$P\{X\geqslant 100\}\geqslant 0.95\quad 或\quad P\{X<100\}<0.05$$

成立.由棣莫弗-拉普拉斯中心极限定理可知，$\Phi\left(\frac{100-0.99n}{\sqrt{0.99\times 0.01n}}\right)<0.05$，查标准正态分布表，可得

$$100-0.99n<-1.645\times 0.099\,5\sqrt{n},\quad 即\quad 0.99n-0.163\,7\sqrt{n}-100>0.$$

二次三项式开口向上，它的判别式 $\Delta=b^2-4ac\approx 396>0$，有两个实根：$-9.968$ 和 10.133.负根不符合要求，故要求 $\sqrt{n}>10.133$，即 $n>102.68$.这意味着，一盒中至少应装 103 只螺丝钉，才能使盒中含有 100 只合格品的概率不小于 0.95.

习题 13 抛掷硬币 1 000 次，已知出现正面的次数在 400 到 k 之间的概率为 0.5，问：k 为何值？

解 记 X 为 1 000 次抛掷硬币中正面出现的次数，则有 $X\sim B(1\,000,0.5)$，从而，有

$$P\{400<X<k\}=0.5,\quad E(X)=np=500,\quad D(X)=np(1-p)=250.$$

由棣莫弗-拉普拉斯中心极限定理可知

$$\Phi\left(\frac{k-500}{\sqrt{250}}\right)-\Phi\left(\frac{400-500}{\sqrt{250}}\right)=0.5,$$

即

$$\Phi\left(\frac{k-500}{15.81}\right)-\Phi(-6.32)=0.5.$$

因 $\Phi(-6.32)=0$,故

$$k-500=0, \quad 即 \quad k=500.$$

习题 14 为确定某市成年男子中抽烟者所占比例 p,任意抽查 n 个成年男子,结果表明,其中有 m 人抽烟,问:n 至少应为多大才能保证 $\frac{m}{n}$ 与 p 的误差小于0.005的概率大于0.99?

解 记 $p'=\frac{m}{n}$,则由题意可建立概率不等式

$$P\{|p'-p|<0.005\}>0.99.$$

用类似习题10的方法可知,$p'-p\sim N\left(0,\frac{p(1-p)}{n}\right)$,于是上述不等式可近似改写为

$$2\Phi\left(\frac{0.005\sqrt{n}}{\sqrt{p(1-p)}}\right)-1>0.99, \quad 即 \quad \Phi\left(\frac{0.005\sqrt{n}}{\sqrt{p(1-p)}}\right)>0.995.$$

查标准正态分布表,可得 $\frac{0.005\sqrt{n}}{\sqrt{p(1-p)}}>2.575$,解得

$$\sqrt{n}>257.5, \quad 即 \quad n>66\,306.25.$$

可见,至少应抽查66307个成年男子,才能保证其抽烟频率与实际成年男子的抽烟概率误差小于0.005的概率大于0.99.

习题 15 某产品成箱包装,每箱的质量是随机的,假定每箱的平均质量为50 kg,标准差为5 kg.现用载重量为5 t的汽车承载,试问:汽车最多能装多少箱,才能使不超载的概率大于0.977 2?

解 记 X_i 为第 $i(i=1,2,\cdots)$ 箱产品的质量(单位:kg),则 $X_1,X_2,\cdots,X_n,\cdots$ 独立同分布,且有 $E(X_i)=50,\sqrt{D(X_i)}=5$.设汽车装 n 箱产品,有

$$P\left\{\sum_{i=1}^{n}X_i\leqslant 5\,000\right\}>0.977\,2.$$

由林德伯格-列维中心极限定理可知,当 n 充分大时,$\frac{\sum\limits_{i=1}^{n}X_i-n\mu}{\sqrt{n}\sigma}\sim N(0.1)$,从而,有

$$P\left\{\sum_{i=1}^{n}X_i\leqslant 5\,000\right\}=P\left\{\frac{\sum\limits_{i=1}^{n}X_i-50n}{\sqrt{25n}}\leqslant\frac{5\,000-50n}{\sqrt{25n}}\right\}=\Phi\left(\frac{5\,000-50n}{\sqrt{25n}}\right)>0.977\,2.$$

查标准正态分布表,可得

$$\frac{5\,000-50n}{\sqrt{25n}}>2, \quad 即 \quad 10n+2\sqrt{n}-1\,000<0,$$

解得

$$\frac{-1-\sqrt{10\,001}}{10}<\sqrt{n}<\frac{-1+\sqrt{10\,001}}{10}, \quad 即 \quad 0\leqslant n<98.019\,9,$$

即汽车最多能装 98 箱产品,才能使不超载的概率大于 0.977 2.

习题 16 设 $X_1,X_2,\cdots$ 是一独立同分布的连续型随机变量序列,且 $E(X_i^k)=a_k$(k 是正整数),证明:$\frac{1}{n}\sum_{i=1}^{n}X_i^k \xrightarrow{P} a_k$.

证明 由题意可知,$E\left(\frac{1}{n}\sum_{i=1}^{n}X_i^k\right)=a_k$.令 $D(X_i^k)=\sigma^2$,则

$$D\left(\frac{1}{n}\sum_{i=1}^{n}X_i^k\right)=\frac{\sigma^2}{n}.$$

由切比雪夫不等式可知,对于任意的正数 ε,都有

$$P\left\{\left|\frac{1}{n}\sum_{i=1}^{n}X_i^k-a_k\right|<\varepsilon\right\}\geqslant 1-\frac{\frac{\sigma^2}{n}}{\varepsilon^2}\xrightarrow{P}1.$$

又因为任何事件的概率不大于 1,所以有

$$\lim_{n\to\infty}P\left\{\left|\frac{1}{n}\sum_{i=1}^{n}X_i^k-a_k\right|<\varepsilon\right\}=1,\quad 即\quad \frac{1}{n}\sum_{i=1}^{n}X_i^k\xrightarrow{P}a_k.$$

习题 17 设 $X_1,X_2,\cdots$ 是一独立随机变量序列,且 $E(X_i)=\mu,D(X_i)=\sigma^2$,试证:

$$\frac{2}{n(n+1)}\sum_{i=1}^{n}iX_i\xrightarrow{P}\mu.$$

证明 由数学期望和方差的性质可得

$$E\left(\frac{2}{n(n+1)}\sum_{i=1}^{n}iX_i\right)=\frac{2}{n(n+1)}\sum_{i=1}^{n}iE(X_i)=\mu,$$

$$D\left(\frac{2}{n(n+1)}\sum_{i=1}^{n}iX_i\right)=\frac{2^2}{n^2(n+1)^2}\sum_{i=1}^{n}i^2D(X_i)=\frac{2(2n+1)\sigma^2}{3n(n+1)}.$$

由切比雪夫不等式可知,对于任意的正数 ε,都有

$$\begin{aligned}P\left\{\left|\frac{2}{n(n+1)}\sum_{i=1}^{n}iX_i-\mu\right|<\varepsilon\right\}&\geqslant 1-\frac{D\left(\frac{2}{n(n+1)}\sum_{i=1}^{n}iX_i\right)}{\varepsilon^2}\\&\geqslant 1-\frac{2(2n+1)\sigma^2}{3n(n+1)\varepsilon^2}\xrightarrow{P}1.\end{aligned}$$

又因为任何事件的概率不大于 1,所以有

$$\lim_{n\to\infty}P\left\{\left|\frac{2}{n(n+1)}\sum_{i=1}^{n}iX_i-\mu\right|<\varepsilon\right\}=1,\quad 即\quad \frac{2}{n(n+1)}\sum_{i=1}^{n}iX_i\xrightarrow{P}\mu.$$

习题 18 分别用切比雪夫不等式与棣莫弗-拉普拉斯中心极限定理确定:当抛掷一枚硬币时,至少需要抛掷多少次才能保证出现正面的概率在 0.4 和 0.6 之间的概率不小于 0.9?

解 设需要抛掷的次数为 n,μ_n 表示正面出现的次数,则 μ_n 服从二项分布,即

$$\mu_n\sim B(n,0.5),\quad E(\mu_n)=0.5n,\quad D(\mu_n)=0.25n.$$

(1) 用切比雪夫不等式估计:

$$P\left\{0.4<\frac{\mu_n}{n}<0.6\right\}=P\left\{0.4-0.5<\frac{\mu_n}{n}-0.5<0.6-0.5\right\}$$
$$=P\{|\mu_n-0.5n|<0.1n\}\geqslant 1-\frac{D(\mu_n)}{(0.1n)^2}$$
$$=1-\frac{0.25n}{0.01n^2}=1-\frac{25}{n}.$$

要使 $P\left\{0.4<\frac{\mu_n}{n}<0.6\right\}=1-\frac{25}{n}\geqslant 0.9$，则 $n\geqslant 250$，于是，需要抛掷的次数为 250.

(2) 用棣莫弗-拉普拉斯中心极限定理估计：当 n 充分大时，μ_n 服从正态分布，即 $\mu_n\sim N(0.5n,0.25n)$，从而有

$$P\left\{0.4<\frac{\mu_n}{n}<0.6\right\}=P\{0.4n<\mu_n<0.6n\}$$
$$=P\left\{\frac{0.4n-0.5n}{\sqrt{0.25n}}<\frac{\mu_n-0.5n}{\sqrt{0.25n}}<\frac{0.6n-0.5n}{\sqrt{0.25n}}\right\}$$
$$=\Phi\left(\frac{0.6n-0.5n}{\sqrt{0.25n}}\right)-\Phi\left(\frac{0.4n-0.5n}{\sqrt{0.25n}}\right)$$
$$=2\Phi(0.2\sqrt{n})-1.$$

要使 $P\left\{0.4<\frac{\mu_n}{n}<0.6\right\}=2\Phi(0.2\sqrt{n})-1\geqslant 0.9$，则 $\Phi(0.2\sqrt{n})\geqslant 0.95$.查标准正态分布表，可得

$$0.2\sqrt{n}\geqslant 1.645,\quad 即\quad n\geqslant 67.65.$$

可见，至少需要抛掷 68 次.

习题 19 已知在某十字路口，一周中事故发生数的数学期望为 2.2，标准差为 1.4.

(1) 以 $\overline{X}$ 表示一年(以 52 周计)中此十字路口事故发生数的算术平均值，使用中心极限定理求 $\overline{X}$ 的近似分布，并求 $P\{\overline{X}<2\}$.

(2) 求一年中事故发生数小于 100 的概率.

解 (1) 设 ξ_i 表示第 $i(i=1,2,\cdots,52)$ 周中此十字路口的事故发生数，由题意可知，$E(\xi_i)=2.2$，$\sqrt{D(\xi_i)}=1.4$，则有

$$E(\overline{X})=E\left(\frac{1}{52}\sum_{i=1}^{52}\xi_i\right)=2.2,\quad D(\overline{X})=D\left(\frac{1}{52}\sum_{i=1}^{52}\xi_i\right)=\frac{1.4^2}{52}.$$

使用中心极限定理，可得 $\overline{X}$ 近似服从 $N\left(2.2,\frac{1.4^2}{52}\right)$，所以

$$P\{\overline{X}<2\}=P\left\{\frac{\overline{X}-2.2}{\frac{1.4}{\sqrt{52}}}<\frac{2-2.2}{\frac{1.4}{\sqrt{52}}}\right\}\approx\Phi(-1.03)=1-\Phi(1.03)=0.151\,5.$$

(2) 由于

$$P\{52\overline{X}<100\}=P\left\{\overline{X}<\frac{100}{52}\right\}=P\left\{\frac{\overline{X}-2.2}{\frac{1.4}{\sqrt{52}}}<\frac{\frac{100}{52}-2.2}{\frac{1.4}{\sqrt{52}}}\right\}$$

$$\approx \Phi(-1.43)=1-\Phi(1.43)=0.0764.$$

因此一年中事故发生数小于 100 的概率约为 0.076 4.

习题 20 为检验一种新药对某种疾病的治愈率为 80% 是否可靠，给 10 个患该疾病的病人同时服药，结果治愈人数不超过 5 人，试判断该药的治愈率为 80% 是否可靠.

解 设治愈人数为 X，假设该药对疾病的治愈率为 80%，由题意可知，X 服从二项分布，即 $X \sim B(10,0.8)$，所以

$$E(X)=10\times 0.8=8,\quad D(X)=10\times 0.8\times 0.2=1.6.$$

由棣莫弗-拉普拉斯中心极限定理可知，当 n 充分大时，X 服从正态分布，即 $X\sim N(8,1.6)$，所以

$$P\{X\leqslant 5\}=P\left\{\frac{X-8}{\sqrt{1.6}}\leqslant\frac{5-8}{\sqrt{1.6}}\right\}\approx\Phi(-2.37)=1-\Phi(2.37)=0.0089.$$

由此可知，该药对疾病的治愈率为 80% 不可靠.

习题 21 设某地区原有一家小型电影院，因不能满足需要，拟筹建一家较大型的电影院.据分析，该地区每日平均看电影者约有 1 600 人，且预计新电影院建成开业后，平均约有 75% 的观众将去该新电影院.新电影院在设计座位时，一方面要求座位尽可能多，另一方面要求“空座位达到 200 或更多”的概率不能超过 0.1.试问：应安装多少座位为好？

解 设新电影院的座位数为 W，X 为去新电影院的人数，那么 $W-X$ 表示新电影院的空座位数.由题意可知，X 服从二项分布，即 $X\sim B(1\,600,0.75)$，则

$$E(X)=1\,600\times 0.75=1\,200,\quad D(X)=1\,600\times 0.75\times 0.25=300.$$

由棣莫弗-拉普拉斯中心极限定理可知，当 n 充分大时，X 服从正态分布，即 $X\sim N(1\,200,300)$，从而有

$$\begin{aligned}P\{W-X\geqslant 200\}&=P\{X\leqslant W-200\}=P\left\{\frac{X-1\,200}{\sqrt{300}}\leqslant\frac{W-200-1\,200}{\sqrt{300}}\right\}\\&=\Phi\left(\frac{W-1\,400}{\sqrt{300}}\right)=1-\Phi\left(\frac{1\,400-W}{\sqrt{300}}\right)\leqslant 0.1,\end{aligned}$$

即

$$\Phi\left(\frac{1\,400-W}{\sqrt{300}}\right)\geqslant 0.9.$$

查标准正态分布表，可得

$$\frac{1\,400-W}{\sqrt{300}}>1.29,$$

解得 $W\leqslant 1\,378$，故应安装 1 378 个座位为好.

习题 22 有一批建筑房屋用的木柱，其中 80% 的长度不短于 3 m.现从这批木柱中随机抽取 100 根，求其中至少有 30 根短于 3 m 的概率.

解 设 $X_i=\begin{cases}1, & \text{第 } i \text{ 根木柱短于 } 3\text{ m},\\ 0, & \text{第 } i \text{ 根木柱不短于 } 3\text{ m},\end{cases}$ $i=1,2,\cdots,100$，X 表示 100 根木柱中短于 3 m 的数目，则 $X=\sum\limits_{i=1}^{100}X_i$.而 $E(X)=100\times 0.2=20$，$D(X)=100\times 0.2\times 0.8=16$，于是有

$$P\{X \geqslant 30\}=P\left\{\frac{X-20}{4} \geqslant \frac{10}{4}\right\}=1-\Phi(2.5)=0.006\,2.$$

由此可知,其中至少有30根短于3 m的概率为0.006 2.

习题23 对某防御地带进行100次轰炸练习,每次轰炸命中目标的炸弹数目是一个数学期望为2、方差为1.69的随机变量.求在100次轰炸中有180到220颗炸弹命中目标的概率.

解 设 $X_i=\begin{cases}1, & 第\ i\ 次命中目标,\\ 0, & 第\ i\ 次未命中目标,\end{cases}$ $i=1,2,\cdots,100$,X 表示100次轰炸中命中目标的总次数,则 $X=\sum\limits_{i=1}^{100} X_i$.而 $E(X)=100\times 2=200$,$D(X)=100\times 1.69=169$,根据棣莫弗-拉普拉斯中心极限定理可知,$\dfrac{X-200}{\sqrt{169}} \sim N(0,1)$,则

$$\begin{aligned} P\{180 \leqslant X \leqslant 220\} &= P\left\{\frac{-20}{\sqrt{169}} \leqslant \frac{X-200}{\sqrt{169}} \leqslant \frac{20}{\sqrt{169}}\right\} \\ &\approx 2\Phi(1.54)-1=0.876\,4. \end{aligned}$$

由此可知,在100次轰炸中有180到220颗炸弹命中目标的概率为0.876 4.

5.4 考研专题

考研真题

5.4.1 本章考研大纲要求

全国硕士研究生招生考试的数学一与数学三的考试大纲对“大数定律和中心极限定理”部分的要求基本相同,内容包括:切比雪夫不等式、切比雪夫大数定律、伯努利大数定律、辛钦大数定律、棣莫弗-拉普拉斯中心极限定理、林德伯格-列维中心极限定理.具体考试要求如下:

1. 了解切比雪夫不等式.

2. 了解切比雪夫大数定律、伯努利大数定律和辛钦大数定律(独立同分布随机变量序列的大数定律).

3. 了解棣莫弗-拉普拉斯中心极限定理(二项分布以正态分布为极限分布)和林德伯格-列维中心极限定理(独立同分布随机变量序列的中心极限定理),并会用相关定理近似计算有关随机事件的概率.

5.4.2 考题特点分析

大数定律和中心极限定理在近十年中,考察频率较低,非考试重点,考题一般是简单的选择题或填空题,有时也可能出现一个解答题. 考察内容主要围绕切比雪夫不等式、三个大数定律、两个中心极限定理的概念和相关性质,考生需要记住相应的条件和结论,并且要善于运用.

5.4.3 考研真题

下面给出“大数定律和中心极限定理”部分近二十多年的考题,供读者自我测试.

1. (2001年数学三) 设随机变量 X 和 Y 的数学期望分别为 -2 和 2,方差分别为1和4,相关系数为 -0.5.根据切比雪夫不等式,$P\{|X+Y| \geqslant 6\} \leqslant$ __________.

2.（2003 年数学三）设总体 X 服从参数为 2 的指数分布，$(X_1,X_2,\cdots,X_n)$ 为来自总体 X 的一个简单随机样本，则当 $n\to\infty$ 时，$\frac{1}{n}\sum_{i=1}^{n}X_i^2$ 依概率收敛于____________.

3.（2020 年数学一）设 $(X_1,X_2,\cdots,X_{100})$ 为来自总体 X 的一个简单随机样本，其中 $P\{X=0\}=P\{X=1\}=\frac{1}{2}$，$\Phi(x)$ 表示标准正态分布函数，则由中心极限定理可得 $P\left\{\sum_{i=1}^{100}X_i\leqslant 55\right\}$ 的近似值为（　　）.

A. $1-\Phi(1)$　　B. $\Phi(1)$　　C. $1-\Phi(0.2)$　　D. $\Phi(0.2)$

4.（2022 年数学三）设随机变量序列 $X_1,X_2,\cdots,X_n,\cdots$ 独立同分布，且 $X_i\,(i=1,2,\cdots)$ 的概率密度为 $f(x)=\begin{cases}1-|x|, & |x|<1,\\ 0, & \text{其他},\end{cases}$ 则当 $n\to\infty$ 时，$\frac{1}{n}\sum_{i=1}^{n}X_i^2$ 依概率收敛于（　　）.

A. $\frac{1}{8}$　　B. $\frac{1}{6}$　　C. $\frac{1}{3}$　　D. $\frac{1}{2}$

5.4.4　考研真题参考答案

1.【答案】$\frac{1}{12}$.

【解析】将 $X+Y$ 看成一个整体的随机变量，则

$$E(X+Y)=E(X)+E(Y)=-2+2=0,$$

$$\mathrm{Cov}(X,Y)=\rho_{XY}\sqrt{D(X)D(Y)}=-0.5\times\sqrt{1\times 4}=-1,$$

$$D(X+Y)=D(X)+D(Y)+2\mathrm{Cov}(X,Y)=1+4+2\times(-1)=3.$$

根据切比雪夫不等式，可得

$$P\{|X+Y|\geqslant 6\}=P\{|X+Y-E(X+Y)|\geqslant 6\}\leqslant\frac{D(X+Y)}{6^2}=\frac{1}{12}.$$

2.【答案】$\frac{1}{2}$.

【解析】由于 X_i 的概率密度为

$$f(x)=\begin{cases}2\mathrm{e}^{-2x}, & x>0,\\ 0, & \text{其他},\end{cases}$$

因此可得

$$E(X_i)=\frac{1}{2},\quad D(X_i)=\frac{1}{4},\quad E(X_i^2)=D(X_i)+(E(X_i))^2=\frac{1}{2}.$$

由辛钦大数定律可知，$\frac{1}{n}\sum_{i=1}^{n}X_i^2$ 依概率收敛于 $E(X_i^2)=\frac{1}{2}$.

3.【答案】B.

【解析】由 $X_i\sim B\left(1,\frac{1}{2}\right)\,(i=1,2,\cdots,100)$ 可知，$E(X_i)=\frac{1}{2}$，$D(X_i)=\frac{1}{4}$.于是，有

$$P\left\{\sum_{i=1}^{100} X_i \leqslant 55\right\}=P\left\{\frac{\sum_{i=1}^{100} X_i-100\times\frac{1}{2}}{\sqrt{100\times\frac{1}{2}\times\frac{1}{2}}}\leqslant\frac{55-100\times\frac{1}{2}}{\sqrt{100\times\frac{1}{2}\times\frac{1}{2}}}\right\}.$$

根据中心极限定理,可得

$$P\left\{\sum_{i=1}^{100} X_i \leqslant 55\right\}=\Phi(1).$$

4.【答案】B.

【解析】由 X_i 的概率密度 $f(x)=\begin{cases}1-|x|, & |x|<1,\\ 0, & \text{其他},\end{cases}$ 可得

$$E(X_i)=0,\quad E(X_i^2)=2\int_0^1 x^2(1-x)\mathrm{d}x=\frac{1}{6}.$$

根据辛钦大数定律可知,$\frac{1}{n}\sum_{i=1}^{n} X_i^2$ 依概率收敛于 $E(X_i^2)=\frac{1}{6}$.

5.5 数学实验

1. 实验要求

设各零件的质量都是随机变量,它们独立同分布,其数学期望为 0.5 kg,标准差为 0.1 kg,求 5 000 个零件的总质量超过 2 510 kg 的概率.

2. 实验分析

设 $X_i(i=1,2,\cdots,5\,000)$ 表示第 i 个零件的质量(单位:kg),$X_1,X_2,\cdots,X_{5\,000}$ 独立同分布,且

$$E(X_i)=0.5,\quad D(X_i)=0.1^2.$$

由独立同分布中心极限定理可知

$$\frac{\sum_{i=1}^{5\,000} X_i-5\,000\times 0.5}{\sqrt{5\,000\times 0.1^2}}=\frac{\sum_{i=1}^{5\,000} X_i-2\,500}{\sqrt{50}}\sim N(0,1),$$

从而有

$$P\left\{\sum_{i=1}^{5\,000} X_i>2\,510\right\}=P\left\{\frac{\sum_{i=1}^{5\,000} X_i-2\,500}{\sqrt{50}}>\frac{2\,510-2\,500}{\sqrt{50}}\right\}$$

$$=1-\Phi\left(\frac{10}{\sqrt{50}}\right)=1-\Phi(\sqrt{2}).$$

3. 实验步骤

(1) 从键盘上分别输入 n,μ,σ,w 的值;

(2) 利用 scipy.stats 模块中的 norm.cdf(x,0,1) 函数计算并输出概率.

4. Python 实现代码

```
import math
from scipy.stats import norm
n = 5000                                      #零件总数量
μ = 0.5                                       #数学期望
σ = 0.1                                       #标准差

w = 2510   #总质量超过值
x = (w-n * μ) /math.sqrt(n * σ * * 2)   #计算
print('所求概率为{:.4f}'.format(1-norm.cdf(x,0,1))) #输出
```

运行结果：

```
所求概率为 0.0786
```

第6章 数理统计的基本概念

学习要求

1. 理解总体、个体、简单随机样本、经验分布函数和统计量的概念.
2. 掌握样本均值和样本方差的计算.
3. 了解 χ^2 分布、t 分布、F 分布的定义及性质，了解分位数的概念并会查表计算.
4. 掌握正态总体的抽样分布规律.

重点

样本均值和样本方差的计算；正态总体的抽样分布规律.

难点

样本均值和样本方差的计算；正态总体的抽样分布规律.

6.1 知识结构

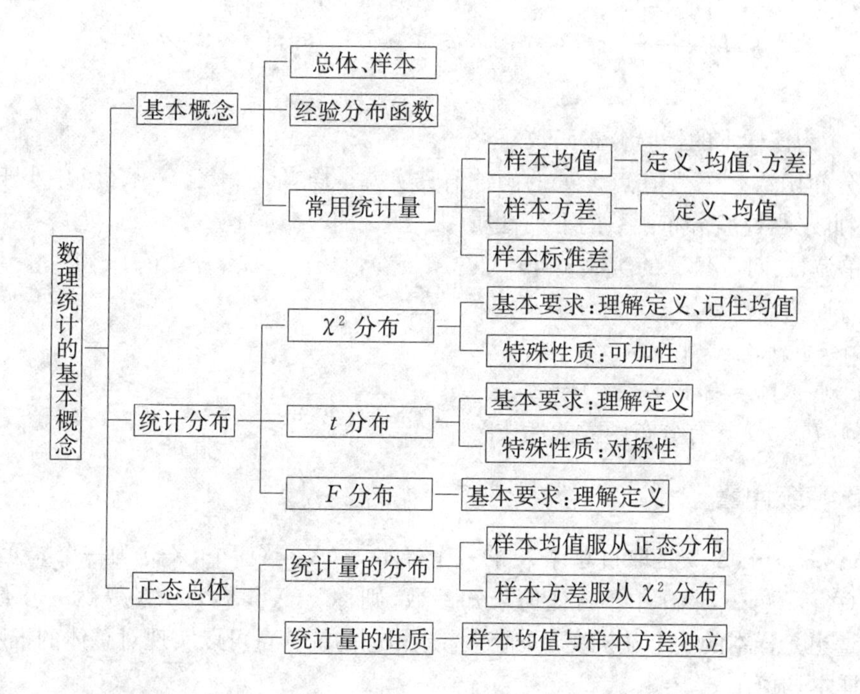

6.2 重点内容介绍

6.2.1 总体和样本

1. 总体与个体

在数理统计中,研究对象的全体称为总体,而组成总体的每个元素称为个体.在实际问题中,通常研究对象的某个或某几个数值指标,因而常把总体的数值指标称为总体.设 X 为总体的某个数值指标,常称之为总体 X,X 的分布函数为总体分布函数.

2. 样本

从总体中抽出的若干个体的集合称为样本.从一个总体中抽出的 n 个个体的样本,一般记为$(X_1,X_2,\cdots,X_n)$,它是一个 n 维随机变量;而一次具体的观察或试验结果称为样本观察值,记为$(x_1,x_2,\cdots,x_n)$,它是一组确定的数值.

3. 简单随机样本

抽样的目的是为了对总体 X 的分布进行各种分析和推断,所以要求抽取的样本能很好地反映总体的特性,为此,要求随机抽取的样本$(X_1,X_2,\cdots,X_n)$满足:

(1) 代表性,即 $X_i(i=1,2,\cdots,n)$ 与总体 X 有相同的分布;

(2) 独立性,即 $X_i(i=1,2,\cdots,n)$ 彼此之间是相互独立的随机变量.

满足上述两个条件的样本称为简单随机样本.

6.2.2 经验分布函数

设$(X_1,X_2,\cdots,X_n)$是取自总体 X 的一容量为 n 的样本,它对应的观察值为$(x_1,x_2,\cdots,$

x_n),将这组值由小到大排列成 $x_{(1)} \leqslant x_{(2)} \leqslant \cdots \leqslant x_{(n)}$,令

$$F_n(x)=\begin{cases}0, & x<x_{(1)},\\ \dfrac{k}{n}, & x_{(k)} \leqslant x<x_{(k+1)}, \quad k=1,2,\cdots,n-1,\\ 1, & x \geqslant x_{(n)},\end{cases}$$

则称 $F_n(x)$ 为该样本的经验分布函数.

经验分布函数 $F_n(x)$ 在点 x 处的函数值其实就是样本$(X_1,X_2,\cdots,X_n)$中小于或等于 x 的频率,因此易得经验分布函数的下列性质:

(1) 单调性:对于任意的实数 $x_1,x_2(x_1<x_2)$,总有 $F_n(x_1) \leqslant F_n(x_2)$.

(2) 右连续性:$F_n(a+0)=F_n(a)$.

(3) $0 \leqslant F_n(x) \leqslant 1$.

(4) $F_n(-\infty)=0, F_n(+\infty)=1$.

这说明 $F_n(x)$ 具有分布函数的性质.

6.2.3 统计量

设$(X_1,X_2,\cdots,X_n)$是取自总体 X 的一个样本,$g(X_1,X_2,\cdots,X_n)$为一个 n 元函数.若样本函数 $g(X_1,X_2,\cdots,X_n)$中不含任何未知参数,则称 $g(X_1,X_2,\cdots,X_n)$为一个统计量. 显然,统计量也是样本的一个随机变量,通过构造相应的统计量可以实现对总体的推断.

(1) 样本均值

$$\overline{X}=\frac{1}{n} \sum_{i=1}^{n} X_i .$$

(2) 样本方差

$$S^2=\frac{1}{n-1} \sum_{i=1}^{n}(X_i-\overline{X})^2=\frac{1}{n-1}\left(\sum_{i=1}^{n} X_i^2-n \overline{X}^2\right).$$

(3) 样本标准差

$$S=\sqrt{\frac{1}{n-1} \sum_{i=1}^{n}(X_i-\overline{X})^2}.$$

(4) 样本的 k 阶原点矩

$$A_k=\frac{1}{n} \sum_{i=1}^{n} X_i^k .$$

(5) 样本的 k 阶中心矩

$$B_k=\frac{1}{n} \sum_{i=1}^{n}(X_i-\overline{X})^k .$$

特别地,当 $k=2$ 时,称

$$S_n^2=B_2=\frac{1}{n} \sum_{i=1}^{n}(X_i-\overline{X})^2$$

为样本的 2 阶中心矩.

设$(X_1,X_2,\cdots,X_n)$是取自总体 X 的一个样本,记 $E(X)=\mu, D(X)=\sigma^2$,则有

(1) $E(\overline{X})=\mu, D(\overline{X})=\dfrac{\sigma^2}{n}$;

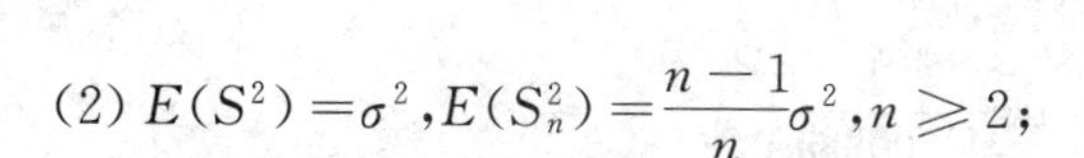

(2) $E(S^2)=\sigma^2, E(S_n^2)=\dfrac{n-1}{n}\sigma^2, n\geqslant 2$;

(3) 当 $n\to\infty$ 时, $\overline{X}\xrightarrow{P}\mu, S^2\xrightarrow{P}\sigma^2, S_n\xrightarrow{P}\sigma^2$.

6.2.4 三个常用分布

1. χ^2 分布

(1) 定义:设 $X_1,X_2,\cdots,X_n$ 相互独立且都服从标准正态分布 $N(0,1)$,则称统计量 $\chi^2=X_1^2+X_2^2+\cdots+X_n^2$ 服从自由度为 n 的 χ^2 分布,记为 $\chi^2\sim\chi^2(n)$.

(2) 性质:

① 当随机变量 $Y\sim\chi^2(n)$ 时, $E(Y)=n, D(Y)=2n$;

② 可加性:设随机变量 Y_1 与 Y_2 相互独立,且 $Y_1\sim\chi^2(n_1), Y_2\sim\chi^2(n_2)$,则有

$$Y_1+Y_2\sim\chi^2(n_1+n_2).$$

(3) χ^2 分布的上侧 α 分位数:设 $\chi^2\sim\chi^2(n)$,其概率密度为 $f(x)$,对于任意给定的 $\alpha(0<\alpha<1)$,若

$$P\{\chi^2>\chi_\alpha^2(n)\}=\int_{\chi_\alpha^2(n)}^{+\infty}f(x)\mathrm{d}x=\alpha,$$

则称 $\chi_\alpha^2(n)$ 为 $\chi^2(n)$ 分布的上侧 α 分位数.

2. t 分布

(1) 定义:设随机变量 $X\sim N(0,1), Y\sim\chi^2(n)$,且 X 与 Y 相互独立,则称随机变量 $T=\dfrac{X}{\sqrt{Y/n}}$ 服从自由度为 n 的 t 分布,记为 $T\sim t(n)$.

(2) t 分布的上侧 α 分位数:设 $T\sim t(n)$,其概率密度为 $f(t)$,对于任意给定的 $\alpha(0<\alpha<1)$,若

$$P\{T>t_\alpha(n)\}=\int_{t_\alpha(n)}^{+\infty}f(t)\mathrm{d}t=\alpha,$$

则称 $t_\alpha(n)$ 为 $t(n)$ 分布的上侧 α 分位数.

由于 t 分布具有对称性,因此

$$t_{1-\alpha}(n)=-t_\alpha(n).$$

3. F 分布

(1) 定义:设随机变量 X 与 Y 相互独立,分别服从自由度为 n,m 的 χ^2 分布,则称随机变量 $F=\dfrac{X/n}{Y/m}$ 服从自由度为 (n,m) 的 F 分布,记为 $F\sim F(n,m)$.

显然, $\dfrac{1}{F}\sim F(m,n)$. 比较 t 分布与 F 分布的定义,易知 $t^2(n)=F(1,n)$.

(2) F 分布的上侧 α 分位数:设 $F\sim F(n,m)$,其概率密度为 $f(y)$,对于任意给定的 $\alpha(0<\alpha<1)$,若

$$P\{F>F_\alpha(n,m)\}=\int_{F_\alpha(n,m)}^{+\infty}f(y)\mathrm{d}y=\alpha,$$

则称 $F_\alpha(n,m)$ 为 $F(n,m)$ 分布的上侧 α 分位数.

F 分布的上侧 α 分位数有如下性质:

$$F_{1-\alpha}(m,n)=\frac{1}{F_\alpha(n,m)}.$$

6.2.5 抽样分布

(1) 设$(X_1,X_2,\cdots,X_n)$是取自正态总体$X\sim N(\mu,\sigma^2)$的一个样本,$\overline{X}$与S^2分别为样本均值和样本方差,则

① $\overline{X}\sim N\left(\mu,\frac{\sigma^2}{n}\right)$;

② $\frac{(n-1)S^2}{\sigma^2}\sim\chi^2(n-1)$;

③ $\overline{X}$与S^2相互独立.

(2) 设$(X_1,X_2,\cdots,X_n)$是取自正态总体$X\sim N(\mu,\sigma^2)$的一个样本,则

$$\frac{\sqrt{n}(\overline{X}-\mu)}{S}=\frac{\sqrt{n-1}(\overline{X}-\mu)}{S_n}\sim t(n-1),$$

其中$S^2=\frac{1}{n-1}\sum_{i=1}^{n}(X_i-\overline{X})^2,S_n^2=\frac{1}{n}\sum_{i=1}^{n}(X_i-\overline{X})^2$.

(3) 设$(X_1,X_2,\cdots,X_m)$是取自正态总体$X\sim N(\mu_1,\sigma_1^2)$的一个样本,$(Y_1,Y_2,\cdots,Y_n)$是取自正态总体$Y\sim N(\mu_2,\sigma_2^2)$的一个样本,且$X$与$Y$相互独立,则

① $\frac{\overline{X}-\overline{Y}-(\mu_1-\mu_2)}{\sqrt{\frac{\sigma_1^2}{m}+\frac{\sigma_2^2}{n}}}\sim N(0,1)$;

② 当$\sigma_1^2=\sigma_2^2=\sigma^2$时,有

$$\frac{\overline{X}-\overline{Y}-(\mu_1-\mu_2)}{S_w\sqrt{\frac{1}{n}+\frac{1}{m}}}\sim t(n+m-2);$$

③ $\frac{\sum_{i=1}^{m}\frac{(X_i-\mu_1)^2}{m\sigma_1^2}}{\sum_{i=1}^{n}\frac{(Y_i-\mu_2)^2}{n\sigma_2^2}}\sim F(m,n)$;

④ $\frac{S_1^2/\sigma_1^2}{S_2^2/\sigma_2^2}\sim F(m-1,n-1)$,

其中$\overline{X}=\frac{1}{m}\sum_{i=1}^{m}X_i,S_1^2=\frac{1}{m-1}\sum_{i=1}^{m}(X_i-\overline{X})^2,\overline{Y}=\frac{1}{n}\sum_{i=1}^{n}Y_i,S_2^2=\frac{1}{n-1}\sum_{i=1}^{n}(Y_i-\overline{Y})^2,S_w^2=\frac{(m-1)S_1^2+(n-1)S_2^2}{n+m-2}$.

6.3 教材习题解析

习题1 从总体X中抽取一个容量为9的样本观察值:

4.5, 2.0, 1.0, 1.5, 3.4, 5.1, 6.5, 4.9, 3.5,

试分别计算样本均值 $\overline{X}$ 和样本方差 S^2.

解 记 $(X_1,X_2,\cdots,X_n)$ 为总体 X 的一个样本，根据 $\overline{X}=\frac{1}{n}(X_1+X_2+\cdots+X_n)$，得

$$\overline{X}=\frac{1}{9}(4.5+2.0+1.0+1.5+3.4+5.1+6.5+4.9+3.5)=3.6.$$

根据 $S^2=\frac{1}{n-1}\sum_{i=1}^{n}(X_i-\overline{X})^2$，得

$$S^2=\frac{1}{8}[(4.5-3.6)^2+(2.0-3.6)^2+(1.0-3.6)^2+(1.5-3.6)^2+(3.4-3.6)^2$$
$$+(5.1-3.6)^2+(6.5-3.6)^2+(4.9-3.6)^2+(3.5-3.6)^2]=3.367\,5.$$

习题 2 设 (X_1,X_2,X_3) 是取自正态总体 $X\sim N(\mu,\sigma^2)$ 的一个样本，其中 μ 已知但 σ 未知. 试问：下列随机变量中哪些是统计量？哪些不是统计量？

(1) $\frac{1}{4}(2X_1+X_2+X_3)$；

(2) $\frac{1}{\sigma^2}\sum_{i=1}^{3}(X_i-\overline{X})^2$，其中 $\overline{X}=\frac{1}{3}\sum_{i=1}^{3}X_i$；

(3) $\sum_{i=1}^{3}(X_i-\mu)^2$；

(4) $\min\{X_1,X_2,X_3\}$.

解 若样本函数 $g(X_1,X_2,\cdots,X_n)$ 中不含有未知参数，则称 $g(X_1,X_2,\cdots,X_n)$ 为一个统计量. 因为 μ 已知但 σ 未知，所以 (1), (3), (4) 是统计量, (2) 不是统计量.

习题 3 设 $(X_1,X_2,\cdots,X_n)$ 是取自总体 X 的一个样本，在下列三种情形下，分别求出 $E(\overline{X}),D(\overline{X}),E(S^2)$：

(1) $X\sim B(1,p)$；

(2) $X\sim E(\lambda)$；

(3) $X\sim U[0,\theta]$，其中 $\theta>0$.

解 (1) $X\sim B(1,p)$，则 $E(X)=p,D(X)=p(1-p)$，从而得

$$E(\overline{X})=p,\quad D(\overline{X})=\frac{1}{n}p(1-p),\quad E(S^2)=p(1-p).$$

(2) $X\sim E(\lambda)$，则 $E(X)=\frac{1}{\lambda},D(X)=\frac{1}{\lambda^2}$，从而得

$$E(\overline{X})=\frac{1}{\lambda},\quad D(\overline{X})=\frac{1}{n\lambda^2},\quad E(S^2)=\frac{1}{\lambda^2}.$$

(3) $X\sim U[0,\theta]$，则 $E(X)=\frac{\theta}{2},D(X)=\frac{\theta^2}{12}$，从而得

$$E(\overline{X})=\frac{\theta}{2},\quad D(\overline{X})=\frac{\theta^2}{12n},\quad E(S^2)=\frac{\theta^2}{12}.$$

习题 4 从总体 $X\sim N(80,20^2)$ 中随机抽取一容量为 100 的样本，求样本均值与总体均值的差的绝对值大于 3 的概率.

解 因为总体 $X \sim N(80,20^2)$，所以得样本均值 $\overline{X} \sim N\left(80,\dfrac{20^2}{100}\right)$，即 $\overline{X} \sim N(80,2^2)$. 于是，有

$$
\begin{aligned}
P\{|\overline{X}-E(X)|>3\} &= P\{|\overline{X}-80|>3\} = 1-P\{|\overline{X}-80| \leqslant 3\} \\
&= 1-P\left\{\frac{|\overline{X}-80|}{2} \leqslant \frac{3}{2}\right\} = 1-P\left\{-1.5 \leqslant \frac{\overline{X}-80}{2} \leqslant 1.5\right\} \\
&= 1-[\Phi(1.5)-\Phi(-1.5)] = 2[1-\Phi(1.5)] = 0.1336.
\end{aligned}
$$

习题 5 已知总体 $X \sim N(20,3)$，$\overline{X}_1$ 和 $\overline{X}_2$ 分别为该总体容量为 10 和 15 的两个样本均值，且它们相互独立，试求 $P\{|\overline{X}_1-\overline{X}_2|>0.3\}$.

解 由题意可知，$\overline{X}_1 \sim N\left(20,\dfrac{3}{10}\right)$，$\overline{X}_2 \sim N\left(20,\dfrac{3}{15}\right)$，它们相互独立，则 $\overline{X}_1-\overline{X}_2$ 服从正态分布. 由于

$$
E(\overline{X}_1-\overline{X}_2) = E(\overline{X}_1)-E(\overline{X}_2) = 0,
$$

$$
D(\overline{X}_1-\overline{X}_2) = D(\overline{X}_1)+D(\overline{X}_2) = \frac{3}{10}+\frac{3}{15} = 0.5,
$$

因此 $\overline{X}_1-\overline{X}_2 \sim N(0,0.5)$. 于是，有

$$
\begin{aligned}
P\{|\overline{X}_1-\overline{X}_2|>0.3\} &= 1-P\{|\overline{X}_1-\overline{X}_2| \leqslant 0.3\} = 1-P\left\{\frac{|\overline{X}_1-\overline{X}_2|}{\sqrt{0.5}} \leqslant \frac{0.3}{\sqrt{0.5}}\right\} \\
&= 1-P\left\{-\frac{0.3}{\sqrt{0.5}} \leqslant \frac{\overline{X}_1-\overline{X}_2}{\sqrt{0.5}} \leqslant \frac{0.3}{\sqrt{0.5}}\right\} \\
&\approx 1-[\Phi(0.42)-\Phi(-0.42)] \\
&= 2[1-\Phi(0.42)] = 0.6744.
\end{aligned}
$$

习题 6 从总体 $X \sim N(52,6.3^2)$ 中随机抽取一容量为 36 的样本，求样本均值 $\overline{X}$ 落在 50.8 到 53.8 之间的概率.

解 由题意可知，$\overline{X} \sim N\left(52,\dfrac{6.3^2}{36}\right)$，从而

$$
E(\overline{X}) = 52, \quad \sqrt{D(\overline{X})} = \frac{6.3}{6} = 1.05.
$$

于是，有

$$
\begin{aligned}
P\{50.8<\overline{X}<53.8\} &= P\left\{\frac{50.8-52}{1.05} < \frac{\overline{X}-52}{1.05} < \frac{53.8-52}{1.05}\right\} \\
&\approx \Phi(1.71)-\Phi(-1.14) \\
&= \Phi(1.71)+\Phi(1.14)-1 = 0.8293.
\end{aligned}
$$

习题 7 设某工厂生产的灯泡的使用寿命(单位:h)$X \sim N(1000,\sigma^2)$，抽取一容量为 9 的样本，样本标准差 $s=100$，求 $P\{\overline{X}<938\}$.

解 因 σ^2 未知，故不能用 $\overline{X} \sim N\left(1000,\dfrac{\sigma^2}{n}\right)$ 来解题. 又

$$
T = \frac{\overline{X}-\mu}{S/\sqrt{n}} \sim t(n-1),
$$

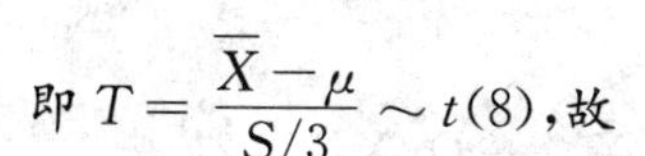

即 $T=\dfrac{\overline{X}-\mu}{S/3}\sim t(8)$，故

$$P\{\overline{X}<938\}=P\left\{\frac{\overline{X}-\mu}{S/3}<\frac{938-\mu}{S/3}\right\}.$$

而 $s=100,\mu=1\,000$，将之代入上式，可得

$$P\{\overline{X}<938\}=P\left\{T<\frac{(938-1\,000)\times 3}{100}\right\}=P\{T<-1.86\}=P\{T>1.86\}.$$

查 t 分布表，可得

$$P\{\overline{X}<938\}=P\{T>1.86\}=0.05.$$

习题 8 设 $(X_1,X_2,\cdots,X_7)$ 是取自总体 $X\sim N(0,\ 0.5^2)$ 的一个样本，求 $P\left\{\sum\limits_{i=1}^{7}X_i^2>4\right\}$.

解 因 $X_i\sim N(0,0.5^2)$，故 $2X_i\sim N(0,1)$，于是有

$$\sum_{i=1}^{7}(2X_i)^2=4\sum_{i=1}^{7}X_i^2\sim\chi^2(7).$$

因此，查 χ^2 分布表，可得

$$P\left\{\sum_{i=1}^{7}X_i^2>4\right\}=P\left\{4\sum_{i=1}^{7}X_i^2>16\right\}\approx 0.025.$$

习题 9 设总体 $X\sim N(0,1)$，从该总体中取一个容量为 6 的样本 $(X_1,X_2,\cdots,X_6)$，且 $Y=(X_1+X_2+X_3)^2+(X_4+X_5+X_6)^2$，试确定常数 C，使得随机变量 CY 服从 χ^2 分布.

解 因为 $X_1+X_2+X_3\sim N(0,3)$，$X_4+X_5+X_6\sim N(0,3)$，所以

$$\frac{X_1+X_2+X_3}{\sqrt{3}}\sim N(0,1),\quad \frac{X_4+X_5+X_6}{\sqrt{3}}\sim N(0,1),$$

于是有

$$\left(\frac{X_1+X_2+X_3}{\sqrt{3}}\right)^2+\left(\frac{X_4+X_5+X_6}{\sqrt{3}}\right)^2\sim\chi^2(2),$$

即

$$\frac{1}{3}(X_1+X_2+X_3)^2+\frac{1}{3}(X_4+X_5+X_6)^2\sim\chi^2(2).$$

因此，当 $C=\dfrac{1}{3}$ 时，$CY\sim\chi^2(2)$.

习题 10 设总体 $X\sim N(0,1)$，$(X_1,X_2,\cdots,X_n)$ 是取自该总体的一个样本，试问：下列统计量服从什么分布？

(1) $\dfrac{X_1-X_2}{\sqrt{X_3^2+X_4^2}}$；

(2) $\dfrac{\left(\dfrac{n}{3}-1\right)\sum\limits_{i=1}^{3}X_i^2}{\sum\limits_{i=4}^{n}X_i^2}$.

解 (1) 由题意可知

$$E(X_1-X_2)=E(X_1)-E(X_2)=0,\quad D(X_1-X_2)=D(X_1)+D(X_2)=2,$$

从而

$$\frac{X_1-X_2-0}{\sqrt{2}}\sim N(0,1).$$

又因为 $X_3^2+X_4^2\sim\chi^2(2)$,所以,由 t 分布的定义,可得

$$\frac{X_1-X_2}{\sqrt{X_3^2+X_4^2}}=\frac{\dfrac{X_1-X_2-0}{\sqrt{2}}}{\sqrt{\dfrac{X_3^2+X_4^2}{2}}}\sim t(2).$$

(2) 由于

$$\frac{\left(\dfrac{n}{3}-1\right)\sum\limits_{i=1}^{3}X_i^2}{\sum\limits_{i=4}^{n}X_i^2}=\frac{\dfrac{\sum\limits_{i=1}^{3}X_i^2}{3}}{\dfrac{\sum\limits_{i=4}^{n}X_i^2}{n-3}},\quad \sum_{i=1}^{3}X_i^2\sim\chi^2(3),\quad \sum_{i=4}^{n}X_i^2\sim\chi^2(n-3),$$

因此,由 F 分布的定义,可得

$$\frac{\left(\dfrac{n}{3}-1\right)\sum\limits_{i=1}^{3}X_i^2}{\sum\limits_{i=4}^{n}X_i^2}\sim F(3,n-3).$$

习题 11 已知随机变量 $Y\sim\chi^2(n)$.

(1) 试求 $\chi^2_{0.99}(12),\chi^2_{0.01}(12)$.

(2) 已知 $n=10,P\{Y>C\}=0.05$,试将 C 用分位数记号表示出来.

解 (1) 查 χ^2 分布表可知

$$\chi^2_{0.99}(12)=3.570\,6,\quad \chi^2_{0.01}(12)=26.217\,0.$$

(2) 由 $n=10,P\{Y>C\}=0.05$,可得

$$C=\chi^2_{0.05}(10)=18.307\,0.$$

习题 12 已知随机变量 $T\sim t(n)$.

(1) 试求 $t_{0.99}(12),t_{0.01}(12)$.

(2) 已知 $n=10,P\{T>C\}=0.95$,试将 C 用分位数记号表示出来.

解 (1) 查 t 分布表可知

$$t_{0.01}(12)=2.681\,0,\quad t_{0.99}(12)=-t_{0.01}(12)=-2.681\,0.$$

(2) 由 $n=10,P\{T>C\}=0.95$,可得

$$C=t_{0.95}(10)=-t_{0.05}(10)=-1.812\,5.$$

习题 13 已知随机变量 $F\sim F(m,n)$.

(1) 试求 $F_{0.99}(10,12),F_{0.01}(10,12)$.

(2) 已知 $m=n=10$，$P\{F>C\}=0.05$，试将 C 用分位数记号表示出来.

解 (1) 查 F 分布表可知，$F_{0.01}(10,12)=4.30$，$F_{0.01}(12,10)=4.71$，则

$$F_{0.99}(10,12)=\frac{1}{F_{0.01}(12,10)}=\frac{1}{4.71}\approx 0.212.$$

(2) 由 $m=n=10$，$P\{F>C\}=0.05$，可得

$$C=F_{0.05}(10,10)=2.98.$$

习题 14 从某总体中取一样本，样本观察值为 $(2,1,-1,-2)$，试求经验分布函数 $F_4(x)$.

解 将样本观察值按由小到大的次序排列为 $-2,-1,1,2$，那么由定义可知，经验分布函数为

$$F_4(x)=\begin{cases}0, & x<-2,\\ \dfrac{1}{4}, & -2\leqslant x<-1,\\ \dfrac{1}{2}, & -1\leqslant x<1,\\ \dfrac{3}{4}, & 1\leqslant x<2,\\ 1, & x\geqslant 2.\end{cases}$$

习题 15 从正态总体 $X\sim N(3.4,6^2)$ 中抽取一容量为 n 的样本，如果要求其样本均值位于区间 $(1.4,5.4)$ 内的概率不小于 0.95，问：样本容量 n 至少应取多大？

解 由题意可知，$\overline{X}\sim N\left(3.4,\dfrac{36}{n}\right)$，从而 $E(\overline{X})=3.4$，$\sqrt{D(\overline{X})}=\sqrt{\dfrac{36}{n}}$. 于是，有

$$\begin{aligned}P\{1.4<\overline{X}<5.4\}&=P\left\{\frac{1.4-3.4}{\sqrt{36/n}}<\frac{\overline{X}-3.4}{\sqrt{36/n}}<\frac{5.4-3.4}{\sqrt{36/n}}\right\}\\&=\Phi\left(\frac{\sqrt{n}}{3}\right)-\Phi\left(-\frac{\sqrt{n}}{3}\right)=2\Phi\left(\frac{\sqrt{n}}{3}\right)-1\geqslant 0.95,\end{aligned}$$

即 $\Phi\left(\dfrac{\sqrt{n}}{3}\right)\geqslant 0.975$. 查标准正态分布表，可得 $\Phi(1.96)=0.975$，所以有 $\dfrac{\sqrt{n}}{3}\geqslant 1.96$，解得 $n\geqslant 34.574\,4$，故样本容量 n 至少应取 35.

习题 16 设随机变量 $T\sim t(n)$，试证：$T^2\sim F(1,n)$.

证明 由 $T\sim t(n)$ 可知，$T=\dfrac{X}{\sqrt{Y/n}}$，其中 $X\sim N(0,1)$，$Y\sim \chi^2(n)$，且 X 与 Y 相互独立，从而 $T^2=\dfrac{X^2}{Y/n}$. 又 $X\sim N(0,1)$，则 $X^2\sim\chi^2(1)$.

再由 F 分布的定义可知，$F=\dfrac{X_1/n}{Y_1/m}$，其中 $X_1\sim\chi^2(n)$，$Y_1\sim\chi^2(m)$，而在 $T^2=\dfrac{X^2}{Y/n}$ 中，$X^2\sim\chi^2(1)$，$Y\sim\chi^2(n)$，所以 $T^2\sim F(1,n)$.

习题 17 设$(X_1,X_2,\cdots,X_m)$与$(Y_1,Y_2,\cdots,Y_n)$分别是取自独立正态总体$X\sim N(\mu_1,\sigma_1^2)$，$Y\sim N(\mu_2,\sigma_2^2)$的两个样本，试求统计量$U=a\overline{X}+b\overline{Y}$的分布，其中$a,b$是不全为零的已知常数.

解 由题意可知，$\overline{X}$与$\overline{Y}$相互独立，$\overline{X}\sim N\left(\mu_1,\dfrac{\sigma_1^2}{m}\right)$，$\overline{Y}\sim N\left(\mu_2,\dfrac{\sigma_2^2}{n}\right)$，则$U=a\overline{X}+b\overline{Y}$服从正态分布，且

$$E(\overline{X})=\mu_1,\quad D(\overline{X})=\frac{\sigma_1^2}{m},\quad E(\overline{Y})=\mu_2,\quad D(\overline{Y})=\frac{\sigma_2^2}{n}.$$

于是，有

$$E(U)=E(a\overline{X}+b\overline{Y})=aE(\overline{X})+bE(\overline{Y})=a\mu_1+b\mu_2,$$

$$D(U)=D(a\overline{X}+b\overline{Y})=a^2D(\overline{X})+b^2D(\overline{Y})=\frac{a^2\sigma_1^2}{m}+\frac{b^2\sigma_2^2}{n},$$

即$U=a\overline{X}+b\overline{Y}\sim N\left(a\mu_1+b\mu_2,\dfrac{a^2\sigma_1^2}{m}+\dfrac{b^2\sigma_2^2}{n}\right)$.

习题 18 设(X_1,X_2,X_3,X_4,X_5)是取自正态总体$X\sim N(0,\sigma^2)$的一个样本，试证：

(1) 当$k=\dfrac{3}{2}$时，$k\dfrac{(X_1+X_2)^2}{X_3^2+X_4^2+X_5^2}\sim F(1,3)$；

(2) 当$k=\sqrt{\dfrac{3}{2}}$时，$k\dfrac{X_1+X_2}{\sqrt{X_3^2+X_4^2+X_5^2}}\sim t(3)$.

证明 由$X_1+X_2\sim N(0,2\sigma^2)$可知

$$\frac{X_1+X_2}{\sqrt{2}\sigma}\sim N(0,1),\quad \frac{(X_1+X_2)^2}{2\sigma^2}\sim\chi^2(1).$$

又由$\dfrac{X_i}{\sigma}\sim N(0,1)(i=1,2,3,4,5)$可知

$$\frac{X_3^2+X_4^2+X_5^2}{\sigma^2}=\left(\frac{X_3}{\sigma}\right)^2+\left(\frac{X_4}{\sigma}\right)^2+\left(\frac{X_5}{\sigma}\right)^2\sim\chi^2(3).$$

(1) 当$k=\dfrac{3}{2}$时，由F分布的定义可得

$$k\frac{(X_1+X_2)^2}{X_3^2+X_4^2+X_5^2}=\frac{(X_1+X_2)^2/(2\sigma^2)}{(X_3^2+X_4^2+X_5^2)/(3\sigma^2)}\sim F(1,3).$$

(2) 当$k=\sqrt{\dfrac{3}{2}}$时，由t分布的定义可得

$$k\frac{X_1+X_2}{\sqrt{X_3^2+X_4^2+X_5^2}}=\frac{(X_1+X_2)/(\sqrt{2}\sigma)}{\sqrt{(X_3^2+X_4^2+X_5^2)/(3\sigma^2)}}\sim t(3).$$

习题 19 设(X_1,X_2,X_3,X_4)是独立同分布的随机变量，且它们都服从$N(0,2^2)$，试证：当$a=\dfrac{1}{20}$，$b=\dfrac{1}{100}$时，$a(X_1-2X_2)^2+b(3X_3-4X_4)^2\sim\chi^2(2)$.

证明 由 $X_i \sim N(0,2^2)(i=1,2,3,4)$ 可知，$E(X_i)=0, D(X_i)=4$，则

$$E(X_1-2X_2)=E(X_1)-2E(X_2)=0,$$
$$D(X_1-2X_2)=D(X_1)+4D(X_2)=20,$$
$$E(3X_3-4X_4)=3E(X_3)-4E(X_4)=0,$$
$$D(3X_3-4X_4)=9D(X_3)+16D(X_4)=100.$$

由 $X_1-2X_2, 3X_3-4X_4$ 都服从正态分布，可得 $X_1-2X_2 \sim N(0,20), 3X_3-4X_4 \sim N(0,100)$，则

$$\frac{X_1-2X_2}{\sqrt{20}} \sim N(0,1), \quad \frac{3X_3-4X_4}{\sqrt{100}} \sim N(0,1).$$

于是，有

$$\left(\frac{X_1-2X_2}{\sqrt{20}}\right)^2+\left(\frac{3X_3-4X_4}{\sqrt{100}}\right)^2 \sim \chi^2(2),$$

即 $\frac{1}{20}(X_1-2X_2)^2+\frac{1}{100}(3X_3-4X_4)^2 \sim \chi^2(2)$.

习题 20 设总体 $X \sim N(\mu,\sigma^2)$，$(X_1,X_2,\cdots,X_n)$ 为其样本，$\overline{X}$ 与 S^2 分别为样本均值与样本方差.又设 X_{n+1} 与 $X_1,X_2,\cdots,X_n$ 独立同分布，试求统计量 $Y=\frac{X_{n+1}-\overline{X}}{S}\sqrt{\frac{n}{n+1}}$ 的分布.

解 由题意可知，$E(\overline{X})=\mu, D(\overline{X})=\frac{\sigma^2}{n}$，则

$$\overline{X} \sim N\left(\mu,\frac{\sigma^2}{n}\right), \quad \frac{(n-1)S^2}{\sigma^2} \sim \chi^2(n-1).$$

由于 $\overline{X}$ 与 X_{n+1} 相互独立，$X_{n+1}-\overline{X}$ 服从正态分布，因此

$$E(X_{n+1}-\overline{X})=E\left(X_{n+1}-\frac{1}{n}\sum_{i=1}^{n}X_i\right)=E(X_{n+1})-\frac{1}{n}\sum_{i=1}^{n}E(X_i)=0,$$

$$D(X_{n+1}-\overline{X})=D(X_{n+1})+D(\overline{X})=\sigma^2+\frac{\sigma^2}{n}=\frac{n+1}{n}\sigma^2,$$

从而

$$X_{n+1}-\overline{X} \sim N\left(0,\frac{n+1}{n}\sigma^2\right).$$

由 $\overline{X}$ 与 S^2 相互独立和 t 分布的定义可知

$$Y=\frac{X_{n+1}-\overline{X}}{S}\sqrt{\frac{n}{n+1}}=\frac{\dfrac{X_{n+1}-\overline{X}}{\sqrt{\frac{n+1}{n}}\sigma}}{\sqrt{\dfrac{(n-1)S^2}{\sigma^2}\Big/(n-1)}} \sim t(n-1).$$

习题 21 设样本 $(X_1,X_2,\cdots,X_{n_1})$ 与 $(Y_1,Y_2,\cdots,Y_{n_2})$ 分别取自总体 $X \sim N(\mu_1,\sigma^2)$ 和 $Y \sim N(\mu_2,\sigma^2)$ 且相互独立，α 和 β 是两个已知常数，试求 $\dfrac{\alpha(\overline{X}-\mu_1)+\beta(\overline{Y}-\mu_2)}{\sqrt{\dfrac{(n_1-1)S_1^2+(n_2-1)S_2^2}{n_1+n_2-2}\left(\dfrac{\alpha^2}{n_1}+\dfrac{\beta^2}{n_2}\right)}}$

的分布，其中 $S_1^2=\frac{1}{n_1-1}\sum_{i=1}^{n_1}(X_i-\overline{X})^2, S_2^2=\frac{1}{n_2-1}\sum_{i=1}^{n_2}(Y_i-\overline{Y})^2$.

解 由题意可知，$\overline{X}\sim N\left(\mu_1,\frac{\sigma^2}{n_1}\right),\overline{Y}\sim N\left(\mu_2,\frac{\sigma^2}{n_2}\right)$.因 $\overline{X}$ 与 $\overline{Y}$ 相互独立，故

$$\alpha(\overline{X}-\mu_1)+\beta(\overline{Y}-\mu_2)\sim N\left(0,\left(\frac{\alpha^2}{n_1}+\frac{\beta^2}{n_2}\right)\sigma^2\right).$$

又

$$\frac{(n_1-1)S_1^2}{\sigma^2}\sim\chi^2(n_1-1),\quad \frac{(n_2-1)S_2^2}{\sigma^2}\sim\chi^2(n_2-1),$$

S_1^2 与 S_2^2 相互独立，由 χ^2 分布的可加性可知

$$\frac{(n_1-1)S_1^2}{\sigma^2}+\frac{(n_2-1)S_2^2}{\sigma^2}\sim\chi^2(n_1+n_2-2).$$

由两总体样本的独立性可知，$\alpha(\overline{X}-\mu_1)+\beta(\overline{Y}-\mu_2)$ 与 $\frac{(n_1-1)S_1^2+(n_2-1)S_2^2}{\sigma^2}$ 相互独立，再由 t 分布的定义可得

$$\frac{\alpha(\overline{X}-\mu_1)+\beta(\overline{Y}-\mu_2)}{\sqrt{\frac{(n_1-1)S_1^2+(n_2-1)S_2^2}{n_1+n_2-2}\left(\frac{\alpha^2}{n_1}+\frac{\beta^2}{n_2}\right)}}=\frac{\dfrac{\alpha(\overline{X}-\mu_1)+\beta(\overline{Y}-\mu_2)}{\sigma\sqrt{\frac{\alpha^2}{n_1}+\frac{\beta^2}{n_2}}}}{\sqrt{\frac{(n_1-1)S_1^2+(n_2-1)S_2^2}{\sigma^2(n_1+n_2-2)}}}\sim t(n_1+n_2-2).$$

习题 22 设 $(X_1,X_2,\cdots,X_n)$ 是取自正态总体 $X\sim N(\mu,\sigma^2)$ 的一个样本，令 $d=\frac{1}{n}\sum_{i=1}^{n}|X_i-\mu|$，试证：$E(d)=\sqrt{\frac{2}{\pi}}\sigma,D(d)=\left(1-\frac{2}{\pi}\right)\frac{\sigma^2}{n}$.

证明 令 $Y_i=X_i-\mu$，则 $Y_i\sim N(0,\sigma^2)$，从而

$$E(|Y_i|)=2\int_0^{+\infty}y_if(y_i)\mathrm{d}y_i=2\int_0^{+\infty}y_i\frac{1}{\sqrt{2\pi}\sigma}\mathrm{e}^{-\frac{y_i^2}{2\sigma^2}}\mathrm{d}y_i=\sqrt{\frac{2}{\pi}}\sigma,$$

$$E(d)=E\left(\frac{1}{n}\sum_{i=1}^{n}|Y_i|\right)=\frac{1}{n}\sum_{i=1}^{n}E(|Y_i|)=\frac{1}{n}\cdot n\sqrt{\frac{2}{\pi}}\sigma=\sqrt{\frac{2}{\pi}}\sigma,$$

$$D(d)=D\left(\frac{1}{n}\sum_{i=1}^{n}|Y_i|\right)=\frac{1}{n^2}\sum_{i=1}^{n}D(|Y_i|)=\frac{1}{n^2}\sum_{i=1}^{n}(E(|Y_i|^2)-(E(|Y_i|))^2)$$

$$=\frac{1}{n^2}\sum_{i=1}^{n}\left(\sigma^2-\frac{2}{\pi}\sigma^2\right)=\left(1-\frac{2}{\pi}\right)\frac{\sigma^2}{n}.$$

6.4 考研专题

考研真题

6.4.1 本章考研大纲要求

全国硕士研究生招生考试的数学一与数学三的考试大纲对“数理统计的基本概念”部分的要求基本相同，内容包括：总体、个体、简单随机样本、统计量、样本均值、样本方差和样本矩、

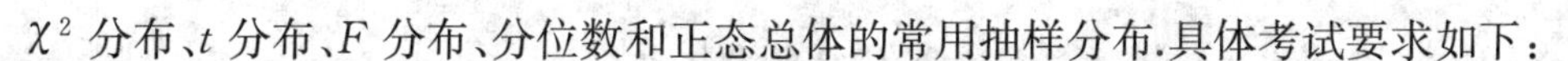

χ^2 分布、t 分布、F 分布、分位数和正态总体的常用抽样分布.具体考试要求如下：

1. 理解总体、简单随机样本、统计量、样本均值、样本方差及样本矩的概念.

2. 了解 χ^2 分布、t 分布和 F 分布的概念及性质，理解上侧 α 分位数的概念并会查表计算.

3. 了解正态总体的常用抽样分布.

6.4.2 考题特点分析

分析近十年的考题，该部分在数学一与数学三考察的"概率论与数理统计"内容中分值分别约占 2.4% 和 8.2%.数理统计的基本概念在数学三中的考察分值比数学一中高，题型的设置上一般以选择题、填空题为主，且难度不大. 故考生应掌握好总体、样本、统计量的相关公式、性质和数字特征，χ^2 分布、t 分布、F 分布的定义及性质，以及正态总体的抽样分布，并注意区分相应的概念且牢记相应的公式及定理.

6.4.3 考研真题

下面给出该部分近十年的考题，供读者自我测试.

1.（2011 年数学三）设总体 X 服从参数为 $\lambda(\lambda>0)$ 的泊松分布，$(X_1,X_2,\cdots,X_n)(n\geqslant 2)$ 是取自总体 X 的一个样本，则对应的统计量 $T_1=\frac{1}{n}\sum_{i=1}^{n}X_i$ 和 $T_2=\frac{1}{n-1}\sum_{i=1}^{n-1}X_i+\frac{1}{n}X_n$，有（　　）.

A. $E(T_1)>E(T_2),D(T_1)>D(T_2)$

B. $E(T_1)>E(T_2),D(T_1)<D(T_2)$

C. $E(T_1)<E(T_2),D(T_1)>D(T_2)$

D. $E(T_1)<E(T_2),D(T_1)<D(T_2)$

2.（2012 年数学三）设 (X_1,X_2,X_3,X_4) 是取自总体 $X\sim N(1,\sigma^2)(\sigma>0)$ 的一个样本，则统计量 $\frac{X_1-X_2}{|X_3+X_4-2|}$ 的分布为（　　）.

A. $N(0,1)$　　B. $t(1)$　　C. $\chi^2(1)$　　D. $F(1,1)$

3.（2013 年数学一）设随机变量 $X\sim t(n)$，$Y\sim F(1,n)$，给定 $\alpha(0<\alpha<0.5)$，常数 c 满足 $P\{X>c\}=\alpha$，则 $P\{Y>c^2\}=$（　　）.

A. α　　B. $1-\alpha$　　C. 2α　　D. $1-2\alpha$

4.（2017 年数学一、三）设 $(X_1,X_2,\cdots,X_n)(n\geqslant 2)$ 是取自总体 $X\sim N(\mu,1)$ 的一个样本，记 $\overline{X}=\frac{1}{n}\sum_{i=1}^{n}X_i$，则下列结论中不正确的是（　　）.

A. $\sum_{i=1}^{n}(X_i-\mu)^2$ 服从 χ^2 分布　　B. $2(X_n-X_1)^2$ 服从 χ^2 分布

C. $\sum_{i=1}^{n}(X_i-\overline{X})^2$ 服从 χ^2 分布　　D. $n(\overline{X}-\mu)^2$ 服从 χ^2 分布

5.（2018 年数学三）设 $(X_1,X_2,\cdots,X_n)(n\geqslant 2)$ 是取自总体 $X\sim N(\mu,\sigma^2)$ 的一个样本. 令 $\overline{X}=\frac{1}{n}\sum_{i=1}^{n}X_i$，$S=\sqrt{\frac{1}{n-1}\sum_{i=1}^{n}(X_i-\overline{X})^2}$，$S^*=\sqrt{\frac{1}{n-1}\sum_{i=1}^{n}(X_i-\mu)^2}$，则（　　）.

A. $\frac{\sqrt{n}(\overline{X}-\mu)}{S} \sim t(n)$　　B. $\frac{\sqrt{n}(\overline{X}-\mu)}{S} \sim t(n-1)$

C. $\frac{\sqrt{n}(\overline{X}-\mu)}{S^*} \sim t(n)$　　D. $\frac{\sqrt{n}(\overline{X}-\mu)}{S^*} \sim t(n-1)$

6.4.4　考研真题参考答案

1.【答案】D.

【解析】由于 $E(X)=\lambda, D(X)=\lambda$，因此

$$E(T_1)=E\left(\frac{1}{n}\sum_{i=1}^{n}X_i\right)=\frac{1}{n}\sum_{i=1}^{n}E(X_i)=\lambda,$$

$$E(T_2)=E\left(\frac{1}{n-1}\sum_{i=1}^{n-1}X_i+\frac{1}{n}X_n\right)=\lambda+\frac{1}{n}\lambda,$$

从而可得 $E(T_1)<E(T_2)$.

又

$$D(T_1)=\frac{1}{n^2}\sum_{i=1}^{n}D(X_i)=\frac{1}{n^2}\cdot n\cdot\lambda=\frac{\lambda}{n},$$

$$D(T_2)=\frac{1}{(n-1)^2}\sum_{i=1}^{n-1}D(X_i)+\frac{1}{n^2}D(X_n)=\frac{\lambda}{n-1}+\frac{\lambda}{n^2},$$

故 $D(T_1)<D(T_2)$.

2.【答案】B.

【解析】因为 $X_i \sim N(1,\sigma^2)(i=1,2,3,4)$，所以

$$X_1-X_2 \sim N(0,2\sigma^2), \quad \frac{X_1-X_2}{\sqrt{2}\sigma} \sim N(0,1),$$

$$X_3+X_4 \sim N(2,2\sigma^2), \quad \frac{X_3+X_4-2}{\sqrt{2}\sigma} \sim N(0,1), \quad \frac{(X_3+X_4-2)^2}{2\sigma^2} \sim \chi^2(1).$$

根据 X_1,X_2,X_3,X_4 相互独立，可得 $\frac{X_1-X_2}{\sqrt{2}\sigma}$ 与 $\frac{(X_3+X_4-2)^2}{2\sigma^2}$ 也相互独立，从而

$$\frac{\frac{X_1-X_2}{\sqrt{2}\sigma}}{\sqrt{\frac{(X_3+X_4-2)^2}{2\sigma^2}}}=\frac{X_1-X_2}{|X_3+X_4-2|} \sim t(1).$$

3.【答案】C.

【解析】由 $X \sim t(n)$ 可知，$X^2 \sim F(1,n)$，因此

$$\begin{aligned}P\{Y>c^2\}&=P\{X^2>c^2\}=P\{X>c\}+P\{X<-c\}\\&=2P\{X>c\}=2\alpha.\end{aligned}$$

4.【答案】B.

【解析】因为 $X_i-\mu \sim N(0,1)$，所以 $(X_i-\mu)^2 \sim \chi^2(1)(i=1,2,\cdots,n)$，且它们相互独立，故 $\sum_{i=1}^{n}(X_i-\mu)^2 \sim \chi^2(n)$.

$$\sum_{i=1}^{n}(X_i-\overline{X})^2=(n-1)S^2=\frac{(n-1)S^2}{\sigma^2}\sim\chi^2(n-1).$$

又因为 $\overline{X}\sim N\left(\mu,\frac{1}{n}\right)$，所以$\sqrt{n}(\overline{X}-\mu)\sim N(0,1)$，从而

$$n(\overline{X}-\mu)^2\sim\chi^2(1).$$

又因为 $X_n-X_1\sim N(0,2)$，所以$\frac{X_n-X_1}{\sqrt{2}}\sim N(0,1)$，从而

$$\frac{1}{2}(X_n-X_1)^2\sim\chi^2(1).$$

5.【答案】B.

【解析】根据 $X\sim N(\mu,\sigma^2)$，$\overline{X}\sim N\left(\mu,\frac{\sigma^2}{n}\right)$，可得$\frac{\overline{X}-\mu}{\sigma/\sqrt{n}}\sim N(0,1)$.而

$$\frac{(n-1)S^2}{\sigma^2}\sim\chi^2(n-1),$$

因$\frac{\overline{X}-\mu}{\sigma/\sqrt{n}}$与$\frac{(n-1)S^2}{\sigma^2}$相互独立，故

$$\frac{\frac{\overline{X}-\mu}{\sigma/\sqrt{n}}}{\sqrt{\frac{(n-1)S^2}{\sigma^2}\Big/(n-1)}}=\frac{\sqrt{n}(\overline{X}-\mu)}{S}\sim t(n-1).$$

6.5 数学实验

1. 实验要求

某学校随机抽取 100 名学生，测量他们的身高(单位：cm)，所得数据如表 6.1 所示.

表 6.1

172	169	169	171	167	178	177	170	167	169
171	168	165	169	168	173	170	160	179	172
166	168	164	170	165	163	173	165	176	162
160	175	173	172	168	165	172	177	182	175
155	176	172	169	176	170	170	169	186	174
173	168	169	167	170	163	172	176	166	167
166	161	173	175	158	172	177	177	169	166
170	169	173	164	165	182	176	172	173	174
167	171	166	166	172	171	175	165	169	168
173	178	163	169	169	177	184	166	171	170

(1) 利用 Python 软件绘制直方图和箱线图.

(2) 利用 Python 软件计算几种常用统计量的值.

(3) 通过实验加深对均值、方差等常用统计量的理解.

2. 实验步骤

(1) 利用 Pandas 库中的 describe() 函数计算相关统计量;

(2) 利用 Pandas 库中的 skew(),kurt() 函数计算偏度及峰度;

(3) 利用 matplotlib.pyplot 模块中的 hist() 函数计算数据频数并且画直方图.

3. Python 实现代码

```
import pandas as pd
import matplotlib.pyplot as plt
data = [172,169,169,171,167,178,177,170,167,169,171,168,165,169,168,173,170,160,
        179,172,166,168,164,170,165,163,173,165,176,162,160,175,173,172,168,165,
        172,177,182,175,155,176,172,169,176,170,170,169,186,174,173,168,169,167,
        170,163,172,176,166,167,166,161,173,175,158,172,177,177,169,166,170,169,
        173,164,165,182,176,172,173,174,167,171,166,166,172,171,175,165,169,168,
        173,178,163,169,169,177,184,166,171,170]
df = pd.DataFrame(data,columns = ['身高'])            # 生成 DataFrame 表格
# 输出统计量
print(" 求得的描述统计量如下:\n",df[' 身高 '].describe())
print(" 偏度为 \n",[df['身高'].skew()])
print(" 峰度为 \n",[df['身高'].kurt()])
# 绘制直方图和箱线图
plt.rc('font',size = 13); plt.rc('font',family = "SimHei")
plt.subplot(121)
ps = plt.hist(df['高'],8)                            # 绘制直方图,并返回频数表 ps
plt.title(" 身高直方图")
print(" 身高区间",ps[1]);print(" 身高频数",ps[0])
plt.subplot(122)
plt.boxplot(df[' 身高 '],labels = ['身高'])
plt.title(" 身高箱线图")
plt.show()
```

运行结果:

```
求得的描述统计量如下:
count     100.000000
mean      170.250000
std         5.401786
min       155.000000
25%       167.000000
50%       170.000000
75%       173.000000
max       186.000000
```

```
Name: 身高, dtype: float64
偏度为
[0.15686794322100117]
峰度为
[0.6487419587450756]
身高区间[155.    158.875 162.75  166.625 170.5   174.375 178.25  182.125 186.  ]
身高频数[ 2.  4. 18. 31. 24. 16.  3.  2.]
```

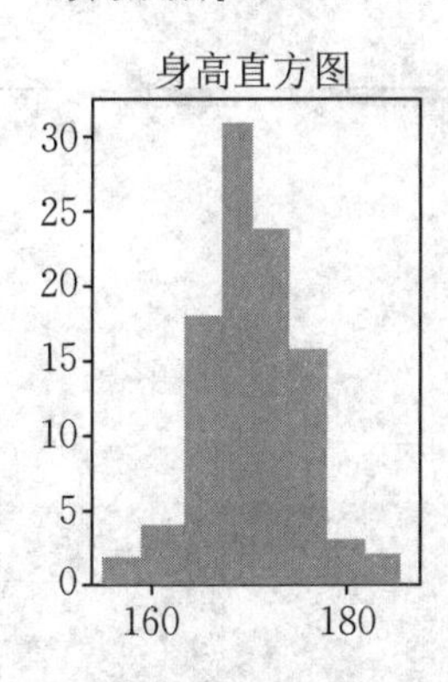

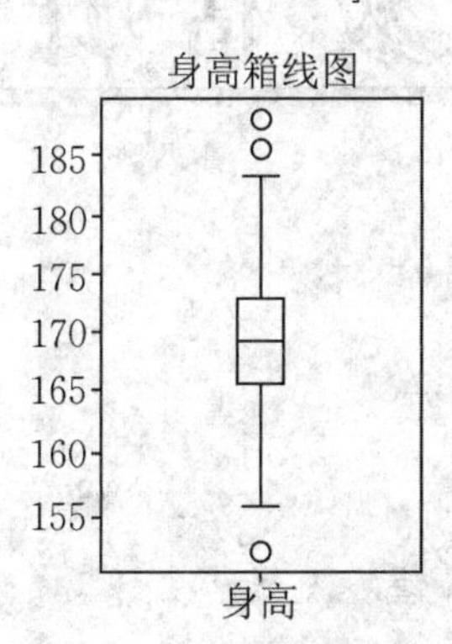

第7章 参数估计

学习要求

1. 了解参数的点估计、估计量与估计值的概念.

2. 掌握矩估计法(一阶、二阶)和极大似然估计法.

3. 了解估计量的无偏性、有效性和相合性的概念,并会检验估计量的无偏性.

4. 了解区间估计的概念,会求单个正态总体均值和方差的置信区间,会求两个正态总体均值差和方差的置信区间.

5. 了解非正态总体均值的区间估计.

重点

极大似然估计;两个正态总体参数的区间估计.

难点

参数的区间估计.

7.1 知识结构

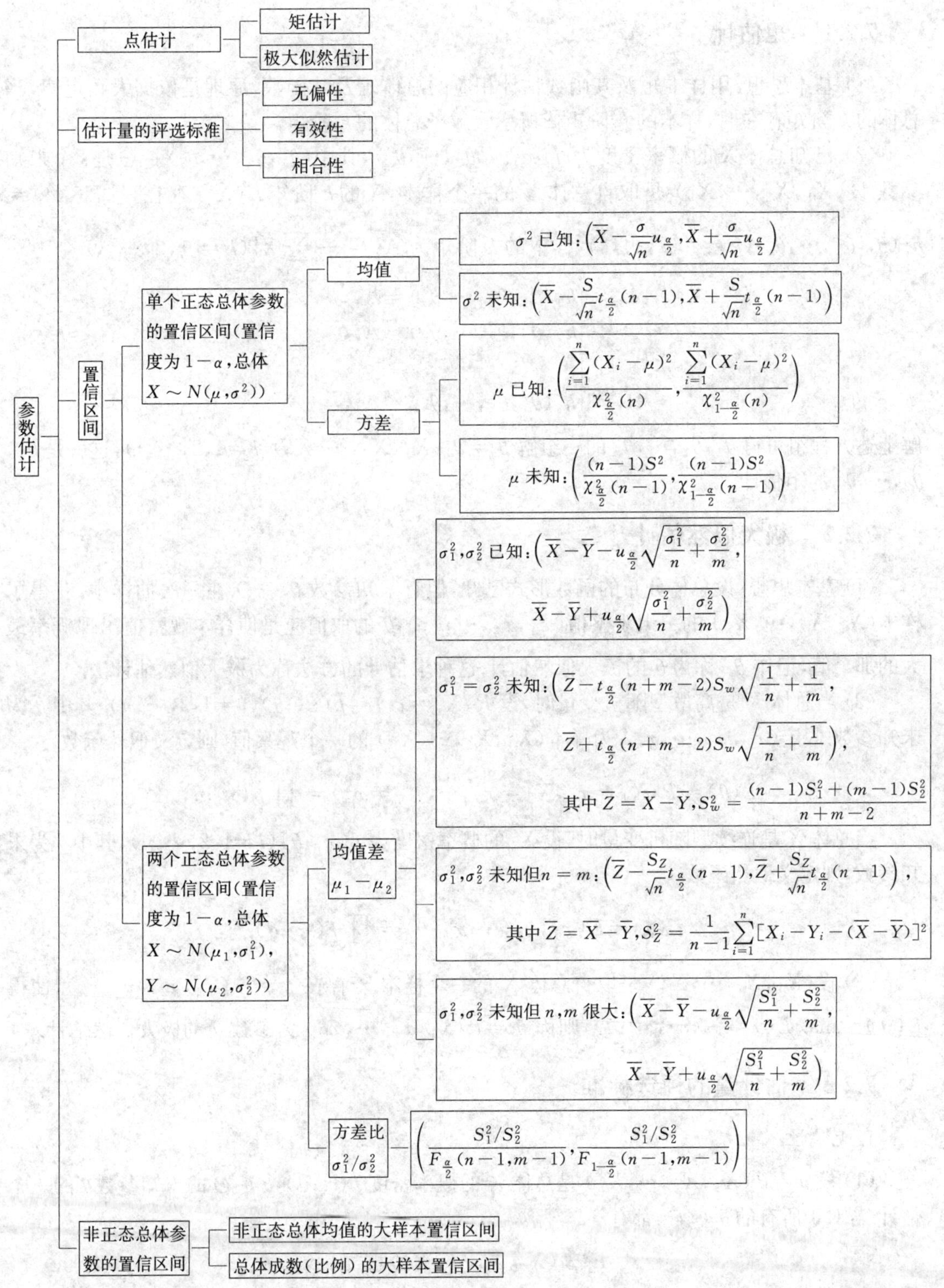

参数估计
点估计
矩估计
极大似然估计
估计量的评选标准
无偏性
有效性
相合性
置信区间
单个正态总体参数的置信区间(置信度为 $1-\alpha$,总体 $X\sim N(\mu,\sigma^2)$)
均值
σ^2 已知:$\left(\overline{X}-\frac{\sigma}{\sqrt{n}}u_{\frac{\alpha}{2}},\overline{X}+\frac{\sigma}{\sqrt{n}}u_{\frac{\alpha}{2}}\right)$
σ^2 未知:$\left(\overline{X}-\frac{S}{\sqrt{n}}t_{\frac{\alpha}{2}}(n-1),\overline{X}+\frac{S}{\sqrt{n}}t_{\frac{\alpha}{2}}(n-1)\right)$
方差
μ 已知:$\left(\frac{\sum_{i=1}^{n}(X_i-\mu)^2}{\chi^2_{\frac{\alpha}{2}}(n)},\frac{\sum_{i=1}^{n}(X_i-\mu)^2}{\chi^2_{1-\frac{\alpha}{2}}(n)}\right)$
μ 未知:$\left(\frac{(n-1)S^2}{\chi^2_{\frac{\alpha}{2}}(n-1)},\frac{(n-1)S^2}{\chi^2_{1-\frac{\alpha}{2}}(n-1)}\right)$
两个正态总体参数的置信区间(置信度为 $1-\alpha$,总体 $X\sim N(\mu_1,\sigma_1^2)$,$Y\sim N(\mu_2,\sigma_2^2)$)
均值差 $\mu_1-\mu_2$
σ_1^2,σ_2^2 已知:$\left(\overline{X}-\overline{Y}-u_{\frac{\alpha}{2}}\sqrt{\frac{\sigma_1^2}{n}+\frac{\sigma_2^2}{m}},\overline{X}-\overline{Y}+u_{\frac{\alpha}{2}}\sqrt{\frac{\sigma_1^2}{n}+\frac{\sigma_2^2}{m}}\right)$
$\sigma_1^2=\sigma_2^2$ 未知:$\left(\overline{Z}-t_{\frac{\alpha}{2}}(n+m-2)S_w\sqrt{\frac{1}{n}+\frac{1}{m}},\overline{Z}+t_{\frac{\alpha}{2}}(n+m-2)S_w\sqrt{\frac{1}{n}+\frac{1}{m}}\right)$,
其中 $\overline{Z}=\overline{X}-\overline{Y},S_w^2=\frac{(n-1)S_1^2+(m-1)S_2^2}{n+m-2}$
σ_1^2,σ_2^2 未知但$n=m$:$\left(\overline{Z}-\frac{S_Z}{\sqrt{n}}t_{\frac{\alpha}{2}}(n-1),\overline{Z}+\frac{S_Z}{\sqrt{n}}t_{\frac{\alpha}{2}}(n-1)\right)$,
其中 $\overline{Z}=\overline{X}-\overline{Y},S_Z^2=\frac{1}{n-1}\sum_{i=1}^{n}[X_i-Y_i-(\overline{X}-\overline{Y})]^2$
σ_1^2,σ_2^2 未知但 n,m 很大:$\left(\overline{X}-\overline{Y}-u_{\frac{\alpha}{2}}\sqrt{\frac{S_1^2}{n}+\frac{S_2^2}{m}},\overline{X}-\overline{Y}+u_{\frac{\alpha}{2}}\sqrt{\frac{S_1^2}{n}+\frac{S_2^2}{m}}\right)$
方差比 σ_1^2/σ_2^2
$\left(\frac{S_1^2/S_2^2}{F_{\frac{\alpha}{2}}(n-1,m-1)},\frac{S_1^2/S_2^2}{F_{1-\frac{\alpha}{2}}(n-1,m-1)}\right)$
非正态总体参数的置信区间
非正态总体均值的大样本置信区间
总体成数(比例)的大样本置信区间

7.2 重点内容介绍

7.2.1 矩估计

(1) 基本思想:用样本矩及其函数估计相应的总体矩及其函数,原理是依据大数定律,当总体的 k 阶矩存在时,样本的 k 阶矩依概率收敛于总体的 k 阶矩.

(2) 已知总体 X 的概率密度为 $f(x;\theta_1,\theta_2,\cdots,\theta_s)$,其中$(\theta_1,\theta_2,\cdots,\theta_s)\in\Theta$是 s 个未知参数.设$(X_1,X_2,\cdots,X_n)$ 是取自总体 X 的一个样本,X 的 k 阶矩 $E(X^k)$ 存在,且$E(X^k)=h_k(\theta_1,\theta_2,\cdots,\theta_s)(k=1,2,\cdots,s)$,样本的 k 阶矩为 $A_k=\dfrac{1}{n}\sum\limits_{i=1}^{n}X_i^k(k=1,2,\cdots,s)$.令

$$\begin{cases}h_1(\theta_1,\theta_2,\cdots,\theta_s)=A_1,\\ h_2(\theta_1,\theta_2,\cdots,\theta_s)=A_2,\\ \qquad\cdots\cdots\\ h_s(\theta_1,\theta_2,\cdots,\theta_s)=A_s,\end{cases}$$

解上述方程组可得 $\theta_1,\theta_2,\cdots,\theta_s$ 的一组解 $\hat{\theta}_i=\hat{\theta}_i(X_1,X_2,\cdots,X_n)(i=1,2,\cdots,s)$,这就是$\theta_1,\theta_2,\cdots,\theta_s$ 的矩估计.

7.2.2 极大似然估计

(1) 基本思想:设总体分布的函数形式已知,但有未知参数 $\theta\in\Theta$.在一次抽样中,获得了样本$(X_1,X_2,\cdots,X_n)$ 的一组观察值$(x_1,x_2,\cdots,x_n)$,θ 的取值应是使样本观察值出现概率最大的那个值,记作 $\hat{\theta}$,称为 θ 的极大似然估计.这种求估计的方法称为极大似然估计法.

(2) 当总体 X 是离散型随机变量时,设 $P\{X_i=x_i\}=p(x_i;\theta)(i=1,2,\cdots,n)$,其中 θ 为未知参数.假定$(x_1,x_2,\cdots,x_n)$ 为样本$(X_1,X_2,\cdots,X_n)$ 的一个观察值,则定义似然函数

$$L(\theta)=P\{X_1=x_1,X_2=x_2,\cdots,X_n=x_n\}=\prod_{i=1}^{n}p(x_i;\theta).$$

当总体 X 是连续型随机变量时,设 X_i 的概率密度为 $f(x_i;\theta)(i=1,2,\cdots,n)$,其中 θ 为未知参数,则定义似然函数

$$L(\theta)=L(x_1,x_2,\cdots,x_n;\theta)=\prod_{i=1}^{n}f(x_i;\theta).$$

(3) 设$(X_1,X_2,\cdots,X_n)$ 是取自总体 X 的一个样本.若存在 $\hat{\theta}=\hat{\theta}(x_1,x_2,\cdots,x_n)$,使得 $L(\hat{\theta})=\max\limits_{\theta\in\Theta}L(x_1,x_2,\cdots,x_n;\theta)$,则称 $\hat{\theta}=\hat{\theta}(x_1,x_2,\cdots,x_n)$ 为参数 θ 的极大似然估计.

7.2.3 估计量的评选标准

1. 无偏性

(1) 设 $\hat{\theta}=\hat{\theta}(X_1,X_2,\cdots,X_n)$ 是总体 X 的概率密度 $f(x;\theta)$,$\theta\in\Theta$ 的未知参数θ 的一个估计.若对于所有的 $\theta\in\Theta$,都有

$$E(\hat{\theta}(X_1,X_2,\cdots,X_n))=\theta,$$

则称$\hat{\theta}(X_1,X_2,\cdots,X_n)$是$\theta$的无偏估计,否则称为有偏估计,或者称为存在系统性偏差.

(2) 若存在$\hat{\theta}$满足

$$\lim_{n\to\infty}E(\hat{\theta}(X_1,X_2,\cdots,X_n))=\theta,$$

则称$\hat{\theta}(X_1,X_2,\cdots,X_n)$是$\theta$的渐近无偏估计.

2. 有效性

设$\hat{\theta}_1,\hat{\theta}_2$均为未知参数$\theta$的无偏估计.若$D(\hat{\theta}_1)<D(\hat{\theta}_2)$,则称$\hat{\theta}_1$比$\hat{\theta}_2$有效.

3. 相合性

(1) 设$\hat{\theta}(X_1,X_2,\cdots,X_n)$是参数$\theta$的一个估计.若对于任意给定的正数$\varepsilon$,都有

$$\lim_{n\to\infty}P\{|\hat{\theta}-\theta|\geqslant\varepsilon\}=0,$$

则称$\hat{\theta}$为θ的相合估计或一致估计.

(2) 设$\hat{\theta}(X_1,X_2,\cdots,X_n)$是参数$\theta$的一个无偏估计.若$\lim\limits_{n\to\infty}D(\hat{\theta})=0$,则称$\hat{\theta}$为$\theta$的相合估计.

(3) 若总体的$E(X)$和$D(X)$存在,则样本矩的连续函数都是相应总体的相合估计.

7.2.4 置信区间

1. 置信区间

设$(X_1,X_2,\cdots,X_n)$是取自总体X的一个样本,$\theta\in\Theta$为未知参数.对于给定的$\alpha(0<\alpha<1)$,若存在两个统计量$\hat{\theta}_1(X_1,X_2,\cdots,X_n)$和$\hat{\theta}_2(X_1,X_2,\cdots,X_n)$,满足

$$P\{\hat{\theta}_1(X_1,X_2,\cdots,X_n)<\theta<\hat{\theta}_2(X_1,X_2,\cdots,X_n)\}=1-\alpha,$$

则称随机区间$(\hat{\theta}_1,\hat{\theta}_2)$为$\theta$的置信区间,$\hat{\theta}_1,\hat{\theta}_2$分别称为双侧置信区间的置信下限和置信上限,$1-\alpha$称为置信度或置信水平.

2. 单侧置信区间

设θ是总体分布中的未知参数.若由样本$(X_1,X_2,\cdots,X_n)$所确定的统计量$\underline{\theta}=\underline{\theta}(X_1,X_2,\cdots,X_n)$,对于给定的$\alpha(0<\alpha<1)$,任意的$\theta\in\Theta$满足

$$P\{\theta>\underline{\theta}\}=1-\alpha,$$

则称随机区间$(\underline{\theta},+\infty)$为$\theta$的置信度为$1-\alpha$的单侧置信区间,$\underline{\theta}$称为$\theta$的置信度为$1-\alpha$的单侧置信下限.若存在$\overline{\theta}=\overline{\theta}(X_1,X_2,\cdots,X_n)$,满足

$$P\{\theta<\overline{\theta}\}=1-\alpha,$$

则称随机区间$(-\infty,\overline{\theta})$为$\theta$的置信度为$1-\alpha$的单侧置信区间,$\overline{\theta}$称为$\theta$的置信度为$1-\alpha$的单侧置信上限.

7.2.5 单个正态总体参数的置信区间

1. 基本步骤

设$(X_1,X_2,\cdots,X_n)$是取自正态总体$X\sim N(\mu,\sigma^2)$的一个样本,在置信度$1-\alpha$下,确定μ和σ^2的置信区间(θ_1,θ_2)的具体步骤如下:

(1) 选取统计量;

(2) 由置信度 $1-\alpha$ 查表找分位数;

(3) 导出置信区间(θ_1,θ_2).

2. σ^2 已知,估计 μ 的置信区间

(1) 选取统计量 $U=\dfrac{\overline{X}-\mu}{\sigma/\sqrt{n}}\sim N(0,1)$;

(2) 查表找分位数 $P\left\{-u_{\frac{\alpha}{2}}<\dfrac{\overline{X}-\mu}{\sigma/\sqrt{n}}<u_{\frac{\alpha}{2}}\right\}=1-\alpha$;

(3) 导出置信区间$\left(\overline{X}-\dfrac{\sigma}{\sqrt{n}}u_{\frac{\alpha}{2}},\overline{X}+\dfrac{\sigma}{\sqrt{n}}u_{\frac{\alpha}{2}}\right)$.

3. σ^2 未知,估计 μ 的置信区间

(1) 选取统计量 $T=\dfrac{\overline{X}-\mu}{S/\sqrt{n}}\sim t(n-1)$;

(2) 查表找分位数 $P\left\{-t_{\frac{\alpha}{2}}(n-1)<\dfrac{\overline{X}-\mu}{S/\sqrt{n}}<t_{\frac{\alpha}{2}}(n-1)\right\}=1-\alpha$;

(3) 导出置信区间$\left(\overline{X}-\dfrac{S}{\sqrt{n}}t_{\frac{\alpha}{2}}(n-1),\overline{X}+\dfrac{S}{\sqrt{n}}t_{\frac{\alpha}{2}}(n-1)\right)$.

4. μ 已知,估计 σ^2 的置信区间

(1) 选取统计量 $\chi^2=\dfrac{\sum\limits_{i=1}^{n}(X_i-\mu)^2}{\sigma^2}\sim\chi^2(n)$;

(2) 查表找分位数 $P\left\{\chi^2_{1-\frac{\alpha}{2}}(n)<\dfrac{\sum\limits_{i=1}^{n}(X_i-\mu)^2}{\sigma^2}<\chi^2_{\frac{\alpha}{2}}(n)\right\}=1-\alpha$;

(3) 导出置信区间$\left(\dfrac{\sum\limits_{i=1}^{n}(X_i-\mu)^2}{\chi^2_{\frac{\alpha}{2}}(n)},\dfrac{\sum\limits_{i=1}^{n}(X_i-\mu)^2}{\chi^2_{1-\frac{\alpha}{2}}(n)}\right)$.

5. μ 未知,估计 σ^2 的置信区间

(1) 选取统计量 $\chi^2=\dfrac{(n-1)S^2}{\sigma^2}\sim\chi^2(n-1)$;

(2) 查表找分位数 $P\left\{\chi^2_{1-\frac{\alpha}{2}}(n-1)<\dfrac{(n-1)S^2}{\sigma^2}<\chi^2_{\frac{\alpha}{2}}(n-1)\right\}=1-\alpha$;

(3) 导出置信区间$\left(\dfrac{(n-1)S^2}{\chi^2_{\frac{\alpha}{2}}(n-1)},\dfrac{(n-1)S^2}{\chi^2_{1-\frac{\alpha}{2}}(n-1)}\right)$.

7.2.6 两个正态总体参数的置信区间

1. 基本步骤

设$(X_1,X_2,\cdots,X_n)$和$(Y_1,Y_2,\cdots,Y_m)$分别是取自正态总体 $X\sim N(\mu_1,\sigma_1^2)$ 和 $Y\sim N(\mu_2,\sigma_2^2)$ 的两个样本,且相互独立.记 $\overline{X}$ 和 $\overline{Y}$ 分别表示 X 和 Y 的样本均值,容易证明 $\overline{X}-\overline{Y}$

是 $\mu_1-\mu_2$ 的无偏估计,在置信度 $1-\alpha$ 下,确定 $\mu_1-\mu_2$ 和 $\frac{\sigma_1^2}{\sigma_2^2}$ 的置信区间 (θ_1,θ_2) 的具体步骤如下:

(1) 选取统计量;

(2) 由置信度 $1-\alpha$ 查表找分位数;

(3) 导出置信区间 (θ_1,θ_2).

2. σ_1^2 和 σ_2^2 已知,估计 $\mu_1-\mu_2$ 的置信区间

(1) 选取统计量 $U=\dfrac{\overline{X}-\overline{Y}-(\mu_1-\mu_2)}{\sqrt{\dfrac{\sigma_1^2}{n}+\dfrac{\sigma_2^2}{m}}}\sim N(0,1)$;

(2) 查表找分位数 $P\left\{\left|\dfrac{\overline{X}-\overline{Y}-(\mu_1-\mu_2)}{\sqrt{\dfrac{\sigma_1^2}{n}+\dfrac{\sigma_2^2}{m}}}\right|<u_{\frac{\alpha}{2}}\right\}=1-\alpha$;

(3) 导出置信区间 $\left(\overline{X}-\overline{Y}-u_{\frac{\alpha}{2}}\sqrt{\dfrac{\sigma_1^2}{n}+\dfrac{\sigma_2^2}{m}},\overline{X}-\overline{Y}+u_{\frac{\alpha}{2}}\sqrt{\dfrac{\sigma_1^2}{n}+\dfrac{\sigma_2^2}{m}}\right)$.

3. σ_1^2 和 σ_2^2 未知但相等,估计 $\mu_1-\mu_2$ 的置信区间

(1) 选取统计量 $T=\dfrac{\overline{X}-\overline{Y}-(\mu_1-\mu_2)}{S_w\sqrt{\dfrac{1}{n}+\dfrac{1}{m}}}\sim t(n+m-2)$;

(2) 查表找分位数 $P\left\{\left|\dfrac{\overline{X}-\overline{Y}-(\mu_1-\mu_2)}{S_w\sqrt{\dfrac{1}{n}+\dfrac{1}{m}}}\right|<t_{\frac{\alpha}{2}}(n+m-2)\right\}=1-\alpha$;

(3) 导出置信区间

$$\left(\overline{X}-\overline{Y}-t_{\frac{\alpha}{2}}(n+m-2)S_w\sqrt{\frac{1}{n}+\frac{1}{m}},\overline{X}-\overline{Y}+t_{\frac{\alpha}{2}}(n+m-2)S_w\sqrt{\frac{1}{n}+\frac{1}{m}}\right),$$

其中 $S_w^2=\dfrac{(n-1)S_1^2+(m-1)S_2^2}{n+m-2}$.

4. σ_1^2 和 σ_2^2 未知但 $n=m$,且两组样本可配对,估计 $\mu_1-\mu_2$ 的置信区间

(1) 选取统计量 $Z_i=X_i-Y_i\sim N(\mu_1-\mu_2,\sigma_1^2+\sigma_2^2)(i=1,2,\cdots,n)$;

(2) 查表找分位数 $P\left\{\left|\dfrac{\overline{Z}-(\mu_1-\mu_2)}{S_Z/\sqrt{n}}\right|<t_{\frac{\alpha}{2}}(n-1)\right\}=1-\alpha$;

(3) 导出置信区间

$$\left(\overline{Z}-t_{\frac{\alpha}{2}}(n-1)\frac{S_Z}{\sqrt{n}},\overline{Z}+t_{\frac{\alpha}{2}}(n-1)\frac{S_Z}{\sqrt{n}}\right),$$

其中 $\overline{Z}=\overline{X}-\overline{Y},S_Z^2=\dfrac{1}{n-1}\sum\limits_{i=1}^{n}[X_i-Y_i-(\overline{X}-\overline{Y})]^2$.

5. σ_1^2 和 σ_2^2 未知但 n,m 都很大,估计 $\mu_1-\mu_2$ 的置信区间

这是所谓大样本时的情形,可分别用样本方差 S_1^2 和 S_2^2 代替 σ_1^2 和 σ_2^2,然后用 σ_1^2,σ_2^2 均已知

情形的结果得到$\mu_1-\mu_2$的置信度为$1-\alpha$的近似置信区间为

$$\left(\overline{X}-\overline{Y}-u_{\frac{\alpha}{2}}\sqrt{\frac{S_1^2}{n}+\frac{S_2^2}{m}},\overline{X}-\overline{Y}+u_{\frac{\alpha}{2}}\sqrt{\frac{S_1^2}{n}+\frac{S_2^2}{m}}\right).$$

6. μ_1和μ_2未知,估计$\frac{\sigma_1^2}{\sigma_2^2}$的置信区间

(1) 选取统计量$F=\frac{S_1^2/S_2^2}{\sigma_1^2/\sigma_2^2}\sim F(n-1,m-1)$;

(2) 查表找分位数

$$P\left\{F_{1-\frac{\alpha}{2}}(n-1,m-1)<\frac{S_1^2/S_2^2}{\sigma_1^2/\sigma_2^2}<F_{\frac{\alpha}{2}}(n-1,m-1)\right\}=1-\alpha;$$

(3) 导出置信区间

$$\left(\frac{S_1^2/S_2^2}{F_{\frac{\alpha}{2}}(n-1,m-1)},\frac{S_1^2/S_2^2}{F_{1-\frac{\alpha}{2}}(n-1,m-1)}\right).$$

7.2.7 非正态总体均值的大样本置信区间

设样本$(X_1,X_2,\cdots,X_n)$取自某总体X(不是正态总体),假定该总体的方差$D(X)=\sigma^2$存在但未知,总体均值μ未知,构造统计量$Z=\frac{\overline{X}-\mu}{S/\sqrt{n}}$.当样本容量$n$比较大时,$Z=\frac{\overline{X}-\mu}{S/\sqrt{n}}$近似服从标准正态分布.查表找分位数

$$P\left\{\overline{X}-u_{\frac{\alpha}{2}}\frac{S}{\sqrt{n}}<\mu<\overline{X}+u_{\frac{\alpha}{2}}\frac{S}{\sqrt{n}}\right\};$$

导出置信区间

$$\left(\overline{X}-u_{\frac{\alpha}{2}}\frac{S}{\sqrt{n}},\overline{X}+u_{\frac{\alpha}{2}}\frac{S}{\sqrt{n}}\right).$$

7.3 教材习题解析

习题1 设X表示某种型号的电子元件的寿命(单位:h),它服从指数分布,其概率密度为

$$f(x;\theta)=\begin{cases}\frac{1}{\theta}e^{-\frac{x}{\theta}}, & x>0,\\ 0, & x\leqslant 0,\end{cases}$$

其中$\theta>0$为未知参数.现得样本观察值为

168, 130, 169, 143, 174, 198, 108, 212, 252,

试求θ的矩估计.

解 因为$E(X)=\theta,\theta=\overline{X}$,所以$\theta$的矩估计为$\hat{\theta}=\overline{X}=154.9$.

习题2 设总体X的概率密度为

$$f(x;\alpha)=\begin{cases}(1+\alpha)x^{\alpha}, & 0<x<1,\\ 0, & \text{其他},\end{cases}$$

其中未知参数 $\alpha>-1$，且 $(x_1,x_2,\cdots,x_n)$ 为总体的样本观察值，试求 α 的矩估计和极大似然估计.

解 矩估计：令 $\overline{X}=E(X)=\int_0^1 x(1+\alpha)x^\alpha \mathrm{d}x=\frac{\alpha+1}{\alpha+2}$，从而得 $\hat{\alpha}=\frac{2\overline{X}-1}{1-\overline{X}}$.

极大似然估计：因为

$$L(\alpha)=\prod_{i=1}^{n}(1+\alpha)x_i^\alpha=(1+\alpha)^n(x_1x_2\cdots x_n)^\alpha,$$

所以

$$\ln L(\alpha)=n\ln(1+\alpha)+\alpha\sum_{i=1}^{n}\ln x_i.$$

令

$$\frac{\mathrm{d}\ln L}{\mathrm{d}\alpha}=\frac{n}{1+\alpha}+\sum_{i=1}^{n}\ln x_i=0,$$

解得

$$\hat{\alpha}=-1-\frac{n}{\sum_{i=1}^{n}\ln x_i}.$$

习题3 设 $(X_1,X_2,\cdots,X_n)$ 是取自总体 X 的一个样本，X 服从参数为 λ 的泊松分布，其中 λ 未知.现得到一个样本观察值如表7.1所示，求 λ 的矩估计与极大似然估计.

表 7.1

X	0	1	2	3	4
频数	17	20	10	2	1

解 样本观察值的总频数 $N=17+20+10+2+1=50$.

矩估计：由于 $\lambda=E(X)=D(X)$，易知 λ 的矩估计为

$$\hat{\lambda}=\overline{X}=0\times\frac{17}{50}+1\times\frac{20}{50}+2\times\frac{10}{50}+3\times\frac{2}{50}+4\times\frac{1}{50}=1$$

或

$$\hat{\lambda}=(0-1)^2\times\frac{17}{50}+(1-1)^2\times\frac{20}{50}+(2-1)^2\times\frac{10}{50}+(3-1)^2\times\frac{2}{50}+(4-1)^2\times\frac{1}{50}=\frac{44}{25}.$$

极大似然估计：构造 λ 的极大似然函数

$$\begin{aligned}L(\lambda)&=\prod_{i=1}^{50}P\{X_i=k\}\\&=\left(\frac{\lambda^0}{0!}\mathrm{e}^{-\lambda}\right)^{17}\left(\frac{\lambda}{1!}\mathrm{e}^{-\lambda}\right)^{20}\left(\frac{\lambda^2}{2!}\mathrm{e}^{-\lambda}\right)^{10}\left(\frac{\lambda^3}{3!}\mathrm{e}^{-\lambda}\right)^{2}\left(\frac{\lambda^4}{4!}\mathrm{e}^{-\lambda}\right)=\frac{\lambda^{50}\mathrm{e}^{-50\lambda}}{2^{10}\times6^2\times24}.\end{aligned}$$

对上式等号两边同时取对数，得对数似然函数为

$$\ln L(\lambda)=50\ln\lambda-50\lambda-\ln(2^{10}\times6^2\times24).$$

对上式等号两边同时求导数并令其为0，得

$$\frac{\mathrm{d}\ln L}{\mathrm{d}\lambda}=\frac{50}{\lambda}-50=0,$$

解得,λ 的极大似然估计为 $\hat{\lambda}=1$.

习题 4 设$(X_1,X_2,\cdots,X_n)$是取自总体 X 的一个样本,X 服从参数为 p 的几何分布,即

$$P\{X=x\}=p(1-p)^{x-1}\quad(x=1,2,\cdots),$$

其中 p 未知,$0<p<1$,求 p 的极大似然估计.

解 似然函数为

$$L(p)=\prod_{i=1}^{n}p(1-p)^{x_i-1}=p^n(1-p)^{\sum_{i=1}^{n}x_i-n}.$$

对上式等号两边同时取对数,得对数似然函数为

$$\ln L(p)=n\ln p+\left(\sum_{i=1}^{n}x_i-n\right)\ln(1-p).$$

令$\frac{\mathrm{d}\ln L}{\mathrm{d}p}=0$,得

$$\frac{n}{p}-\left(\sum_{i=1}^{n}x_i-n\right)\frac{1}{1-p}=0,$$

解得,p 的极大似然估计为

$$\hat{p}=\frac{n}{\sum_{i=1}^{n}x_i}=\frac{1}{\overline{x}}.$$

习题 5 已知某路口车辆经过的时间间隔(单位:s)服从指数分布 $E(\lambda)$,其中未知参数 $\lambda>0$,现观察到 6 个时间间隔数据:1.8,3.2,4,8,4.5,2.5.试求该路口车辆经过的平均时间间隔的矩估计与极大似然估计.

解 令 X 表示车辆经过的时间间隔.

因 $E(X)=\frac{1}{\lambda},\frac{1}{\lambda}=\overline{X}$,故 λ 的矩估计为 $\hat{\lambda}=\frac{1}{\overline{X}}$.

因 X 的概率密度为

$$f_X(x)=\begin{cases}\lambda e^{-\lambda x}, & x>0,\\ 0, & x\leqslant 0,\end{cases}$$

故似然函数为

$$L(\lambda)=\begin{cases}\lambda^n e^{-\lambda\sum_{i=1}^{n}x_i}, & x_i>0,i=1,2,\cdots,n,\\ 0, & \text{其他}.\end{cases}$$

于是,得对数似然函数为

$$\ln L(\lambda)=n\ln\lambda-\lambda\sum_{i=1}^{n}x_i.$$

对上式等号两边同时求导数并令其为 0,得

$$\frac{\mathrm{d}\ln L}{\mathrm{d}\lambda}=\frac{n}{\lambda}-\sum_{i=1}^{n}x_i=0,$$

解得,λ 的极大似然估计为

$$\hat{\lambda}=\frac{n}{\sum\limits_{i=1}^{n}x_i}=\frac{1}{\overline{x}}.$$

可以看出,λ 的矩估计与极大似然估计是相同的,都为$\frac{1}{\overline{x}}$,故平均时间间隔的矩估计和极大似然估计都为$\frac{1}{\hat{\lambda}}$,即为 $\overline{x}$.由样本观察值可得

$$\overline{x}=\frac{1}{6}(1.8+3.2+4+8+4.5+2.5)=4.$$

习题 6 设总体 X 的分布律如表7.2所示,其中$0<\theta<\frac{1}{3}$为未知参数,求θ的矩估计.

表 7.2

X	-1	0	2
p_k	2θ	θ	$1-3\theta$

解 由 X 的分布律可得

$$E(X)=-1\times 2\theta+0\times\theta+2(1-3\theta)=2-8\theta,$$

且有 $E(X)=\overline{X}$,联立以上两式,可得 θ 的矩估计为

$$\hat{\theta}=\frac{2-\overline{X}}{8}.$$

习题 7 设$(X_1,X_2,\cdots,X_n)$是取自总体 X 的一个样本,X 服从区间$[0,\theta]$上的均匀分布,其中未知参数 $\theta>0$,求 θ 的矩估计和极大似然估计.

解 矩估计:X 服从区间$[0,\theta]$上的均匀分布,则其概率密度为

$$f(x)=\begin{cases}\frac{1}{\theta}, & 0\leqslant x\leqslant\theta,\\ 0, & \text{其他},\end{cases}$$

从而 $E(X)=\frac{\theta}{2}$.又 $E(X)=\overline{X}$,所以 θ 的矩估计为 $\hat{\theta}=2\overline{X}$.

极大似然估计:构造极大似然函数

$$L(\theta)=\prod_{i=1}^{n}f(x_i)=\frac{1}{\theta^n}.$$

要使 $L(\theta)$ 达到最大,就要使 θ 达到最小,而因为

$$0<x_i\leqslant x_{(n)}=\max_{1\leqslant i\leqslant n}\{x_i\}\leqslant\theta\quad(i=1,2,\cdots,n),$$

所以 θ 的极大似然估计为

$$\hat{\theta}=\max_{1\leqslant i\leqslant n}\{x_i\}.$$

习题 8 设总体 $X\sim N(\mu,\sigma^2)$,其中 μ 已知,$\sigma^2\neq 0$ 为未知参数,$(X_1,X_2,\cdots,X_n)$是

取自 X 的一个样本,证明:$\hat{\sigma}^2=\frac{1}{n}\sum_{i=1}^{n}(X_i-\mu)^2$ 是 σ^2 的极大似然估计.

证明 似然函数为

$$L(\sigma^2)=\prod_{i=1}^{n}\frac{1}{\sqrt{2\pi}\sigma}\mathrm{e}^{-\frac{(x_i-\mu)^2}{2\sigma^2}}.$$

对上式等号两边同时取对数,得对数似然函数为

$$\ln L(\sigma^2)=-\frac{n}{2}\ln 2\pi-\frac{n}{2}\ln\sigma^2-\frac{\sum_{i=1}^{n}(x_i-\mu)^2}{2\sigma^2}.$$

令 $\frac{\mathrm{d}\ln L}{\mathrm{d}\sigma^2}=0$,得

$$-\frac{n}{2\sigma^2}+\frac{\sum_{i=1}^{n}(x_i-\mu)^2}{2\sigma^4}=0,$$

解得,σ^2 的极大似然估计为

$$\hat{\sigma}^2=\frac{1}{n}\sum_{i=1}^{n}(X_i-\mu)^2.$$

习题 9 设 $(X_1,X_2,\cdots,X_n)$ 是取自总体 X 的一个样本,其概率密度为

$$f(x)=\begin{cases}\mathrm{e}^{-(x-\theta)}, & x\geqslant\theta,\\ 0, & \text{其他}.\end{cases}$$

试证:θ 的极大似然估计为 $X_{(1)}=\min\{X_1,X_2,\cdots,X_n\}$.

证明 似然函数为

$$L(\theta)=\begin{cases}\prod_{i=1}^{n}\mathrm{e}^{-(x_i-\theta)}=\mathrm{e}^{-\sum_{i=1}^{n}x_i+n\theta}, & x_1,x_2,\cdots,x_n\geqslant\theta,\\ 0, & \text{其他}.\end{cases}$$

设 $X_{(1)}$ 表示样本 $(X_1,X_2,\cdots,X_n)$ 的最小值,显然,$X_1,X_2,\cdots,X_n\geqslant\theta$ 等价于 $X_{(1)}\geqslant\theta$,于是

$$L(\theta)=\begin{cases}\mathrm{e}^{-\sum_{i=1}^{n}x_i+n\theta}, & x_{(1)}\geqslant\theta,\\ 0, & \text{其他}.\end{cases}$$

因此,对于任意的 $\theta\leqslant X_{(1)}$,有

$$L(\theta)=\mathrm{e}^{-\sum_{i=1}^{n}x_i+n\theta}\leqslant\mathrm{e}^{-\sum_{i=1}^{n}x_i+nx_{(1)}},$$

即 $L(\theta)$ 在 $\theta=X_{(1)}$ 时取到最大值,故 θ 的极大似然估计为

$$\hat{\theta}=X_{(1)}=\min\{X_1,X_2,\cdots,X_n\}.$$

习题 10 设 $(X_1,X_2,\cdots,X_n)$ 是取自对数正态分布总体 $\ln X\sim N(\mu,\sigma^2)$ 的一个样本,其概率密度为

$$f(x)=\begin{cases}\frac{1}{\sqrt{2\pi}\sigma x}\mathrm{e}^{-\frac{(\ln x-\mu)^2}{2\sigma^2}}, & x>0,\\ 0, & \text{其他},\end{cases}$$

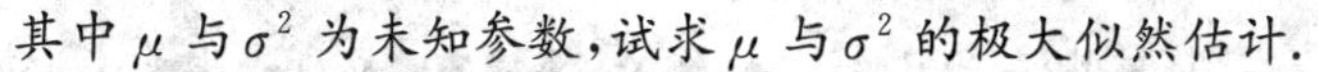

其中 μ 与 σ^2 为未知参数，试求 μ 与 σ^2 的极大似然估计.

解 似然函数为

$$L(\mu,\sigma^2)=\begin{cases}\prod\limits_{i=1}^{n}\dfrac{1}{\sqrt{2\pi}\sigma x_i}\mathrm{e}^{-\frac{(\ln x_i-\mu)^2}{2\sigma^2}}, & x_1,x_2,\cdots,x_n>0,\\ 0, & \text{其他}.\end{cases}$$

对于 $x_1,x_2,\cdots,x_n>0$，对上式等号两边同时取对数，得对数似然函数为

$$\ln L(\mu,\sigma^2)=\sum_{i=1}^{n}\ln\frac{1}{\sqrt{2\pi}\sigma x_i}-\sum_{i=1}^{n}\frac{(\ln x_i-\mu)^2}{2\sigma^2}.$$

将上式分别对 μ 和 σ^2 求偏导数并令其为 0，得

$$\begin{cases}\dfrac{\partial\ln L}{\partial\mu}=\sum\limits_{i=1}^{n}\dfrac{2(\ln x_i-\mu)}{2\sigma^2}=0,\\ \dfrac{\partial\ln L}{\partial\sigma^2}=-\dfrac{n}{2\sigma^2}+\sum\limits_{i=1}^{n}\dfrac{(\ln x_i-\mu)^2}{2\sigma^4}=0,\end{cases}$$

解得，μ 与 σ^2 的极大似然估计分别为

$$\hat{\mu}=\frac{1}{n}\sum_{i=1}^{n}\ln x_i,\quad \hat{\sigma}^2=\frac{1}{n}\sum_{i=1}^{n}(\ln x_i-\hat{\mu})^2.$$

习题 11 设总体 $X\sim N(\mu,1)$，(X_1,X_2,X_3) 是取自 X 的一个样本，证明下列三个估计都是 μ 的无偏估计，并求出每一个估计的方差，问：哪一个估计最有效？

(1) $\hat{\mu}_1=\dfrac{1}{5}X_1+\dfrac{3}{10}X_2+\dfrac{1}{2}X_3$;

(2) $\hat{\mu}_2=\dfrac{1}{3}X_1+\dfrac{1}{4}X_2+\dfrac{5}{12}X_3$;

(3) $\hat{\mu}_3=\dfrac{1}{3}X_1+\dfrac{1}{6}X_2+\dfrac{1}{2}X_3$.

证明 由题意可知，X_1,X_2,X_3 均服从 $N(\mu,1)$，则

$$E(\hat{\mu}_1)=\frac{1}{5}E(X_1)+\frac{3}{10}E(X_2)+\frac{1}{2}E(X_3)=\frac{2+3+5}{10}\mu=\mu,$$

$$E(\hat{\mu}_2)=\frac{1}{3}E(X_1)+\frac{1}{4}E(X_2)+\frac{5}{12}E(X_3)=\frac{4+3+5}{12}\mu=\mu,$$

$$E(\hat{\mu}_3)=\frac{1}{3}E(X_1)+\frac{1}{6}E(X_2)+\frac{1}{2}E(X_3)=\frac{2+1+3}{6}\mu=\mu,$$

因此 $\hat{\mu}_1,\hat{\mu}_2,\hat{\mu}_3$ 都是 μ 的无偏估计.

由于

$$D(\hat{\mu}_1)=\frac{1}{5^2}D(X_1)+\frac{3^2}{10^2}D(X_2)+\frac{1}{2^2}D(X_3)=\frac{4+9+25}{100}=0.38,$$

$$D(\hat{\mu}_2)=\frac{1}{3^2}D(X_1)+\frac{1}{4^2}D(X_2)+\frac{5^2}{12^2}D(X_3)=\frac{16+9+25}{144}\approx 0.35,$$

$$D(\hat{\mu}_3)=\frac{1}{3^2}D(X_1)+\frac{1}{6^2}D(X_2)+\frac{1}{2^2}D(X_3)=\frac{4+1+9}{36}\approx 0.39,$$

即 $\hat{\mu}_2$ 的方差最小，因此 $\hat{\mu}_2$ 最有效.

习题 12 已知总体 $X \sim N(\mu,\sigma^2)$，其中 μ 为已知常数，$(X_1,X_2,\cdots,X_n)$ 是取自总体 X 的一个样本，问：当 c 取何值时，统计量 $\hat{\sigma}=\frac{c}{n}\sum_{i=1}^{n}|X_i-\mu|$ 是 σ 的无偏估计？

解 由题意可知，总体 $X \sim N(\mu,\sigma^2)$，则其概率密度为

$$f(x)=\frac{1}{\sqrt{2\pi}\sigma}e^{-\frac{(x-\mu)^2}{2\sigma^2}},\quad -\infty<x<+\infty,$$

从而

$$E(\hat{\sigma})=\frac{c}{n}\sum_{i=1}^{n}E(|X_i-\mu|)=cE(|X-\mu|)=c\int_{-\infty}^{+\infty}|x-\mu|\frac{1}{\sqrt{2\pi}\sigma}e^{-\frac{(x-\mu)^2}{2\sigma^2}}dx$$

$$\xlongequal{令 t=x-\mu} c\int_{-\infty}^{+\infty}|t|\frac{1}{\sqrt{2\pi}\sigma}e^{-\frac{t^2}{2\sigma^2}}dt=\frac{2c}{\sqrt{2\pi}\sigma}\int_{0}^{+\infty}te^{-\frac{t^2}{2\sigma^2}}dt=\frac{\sqrt{2}c\sigma}{\sqrt{\pi}}.$$

若 $\hat{\sigma}=\frac{c}{n}\sum_{i=1}^{n}|X_i-\mu|$ 为 σ 的无偏估计，则有 $E(\hat{\sigma})=\sigma$，即

$$\frac{\sqrt{2}c\sigma}{\sqrt{\pi}}=\sigma,\quad 亦即\quad c=\sqrt{\frac{\pi}{2}}.$$

习题 13 设 X_1,X_2,X_3 服从均匀分布 $U[0,\theta]$，证明：$\frac{4}{3}X_{(3)}$ 及 $2X_1$ 都是 θ 的无偏估计，并比较哪个更有效.

证明 最大次序统计量 $X_{(n)}$ 的概率密度为

$$p_n(x)=n[F(x)]^{n-1}p(x),$$

而

$$X_i \sim U[0,\theta]\quad (i=1,2,3),$$

故

$$p_3(x)=3\left(\frac{x}{\theta}\right)^2\frac{1}{\theta},\quad x\in[0,\theta].$$

于是，有

$$E\left(\frac{4}{3}X_{(3)}\right)=\frac{4}{3}\int_0^{\theta}3\left(\frac{x}{\theta}\right)^2\frac{1}{\theta}x\,dx=\theta,$$

而

$$E(2X_1)=2\times\frac{\theta}{2}=\theta,$$

所以 $\frac{4}{3}X_{(3)}$ 及 $2X_1$ 都是 θ 的无偏估计.

因为

$$E\left(\left(\frac{4}{3}X_{(3)}\right)^2\right)=\frac{16}{9}\int_0^{\theta}3\left(\frac{x}{\theta}\right)^2\frac{1}{\theta}x^2\,dx=\frac{16}{15}\theta^2,$$

$$D\left(\frac{4}{3}X_{(3)}\right)=\frac{16}{15}\theta^2-\theta^2=\frac{1}{15}\theta^2,$$

而

$$E((2X_1)^2)=4\int_0^\theta \frac{1}{\theta}x^2\mathrm{d}x=\frac{4}{3}\theta^2,$$

$$D(2X_1)=\frac{4}{3}\theta^2-\theta^2=\frac{1}{3}\theta^2>\frac{1}{15}\theta^2,$$

所以$\frac{4}{3}X_{(3)}$ 比 $2X_1$ 更有效.

习题 14 从均值为μ、方差为$\sigma^2>0$的总体中分别取容量为n_1,n_2的两个独立样本，$\overline{X}_1$ 和 $\overline{X}_2$ 分别是这两个样本的均值，证明：对于任意的常数a,b，假定$a+b=1$，$Y=a\overline{X}_1+b\overline{X}_2$ 是μ 的无偏估计，并确定使 $D(Y)$ 达到最小的常数 a,b.

证明 因为

$$E(Y)=E(a\overline{X}_1+b\overline{X}_2)=a\mu+b\mu=(a+b)\mu=\mu,$$

$$\begin{aligned}D(Y)&=D(a\overline{X}_1+b\overline{X}_2)=a^2D(\overline{X}_1)+b^2D(\overline{X}_2)\text{（两样本相互独立）}\\&=a^2\sigma^2+b^2\sigma^2=\sigma^2[a^2+(1-a)^2]\\&=\sigma^2\left[2\left(a-\frac{1}{2}\right)^2+\frac{1}{2}\right],\end{aligned}$$

所以，当 $a=b=\frac{1}{2}$ 时，$D(Y)=\frac{\sigma^2}{2}$ 达到最小.

习题 15 设$(X_1,X_2,\cdots,X_n)$是取自正态总体 $X\sim N(\mu,\sigma^2)$ 的一个样本，要使 $C\sum_{i=1}^{n-1}(X_{i+1}-X_i)^2$ 为 σ^2 的无偏估计，求 C 的值.

解 由题意可知

$$E(X_i^2)=D(X_i)+(E(X_i))^2=\sigma^2+\mu^2,$$

$$E((X_{i+1}-X_i)^2)=E(X_{i+1}^2)+E(X_i^2)-2E(X_{i+1})E(X_i)=2\sigma^2,$$

所以

$$E\left(C\sum_{i=1}^{n-1}(X_{i+1}-X_i)^2\right)=2C(n-1)\sigma^2.$$

故当 $C=\frac{1}{2(n-1)}$ 时，$C\sum_{i=1}^{n-1}(X_{i+1}-X_i)^2$ 为 σ^2 的无偏估计.

习题 16 设$(X_1,X_2,\cdots,X_n)$是取自总体$X\sim N(\mu,\sigma^2)$的一个样本，且μ已知.问：σ^2 的两个无偏估计 $S_1^2=\frac{1}{n}\sum_{i=1}^{n}(X_i-\mu)^2$ 和 $S_2^2=\frac{1}{n-1}\sum_{i=1}^{n}(X_i-\overline{X})^2$ 哪个更有效？

解 因为$\frac{X_i-\mu}{\sigma}\sim N(0,1)$，$i=1,2,\cdots,n$，则

$$\frac{nS_1^2}{\sigma^2}=\sum_{i=1}^{n}\left(\frac{X_i-\mu}{\sigma}\right)^2\sim\chi^2(n),$$

所以

$$D\left(\frac{nS_1^2}{\sigma^2}\right)=\frac{n^2}{\sigma^4}D(S_1^2)=2n,\quad \text{即}\quad D(S_1^2)=\frac{2\sigma^4}{n}.$$

又$\dfrac{(n-1)S_2^2}{\sigma^2} \sim \chi^2(n-1)$，所以

$$D\left(\frac{(n-1)S_2^2}{\sigma^2}\right)=\frac{(n-1)^2}{\sigma^4}D(S_2^2)=2(n-1), \quad 即 \quad D(S_2^2)=\frac{2\sigma^4}{n-1}.$$

因此$D(S_1^2)<D(S_2^2)$，即S_1^2比S_2^2更有效.

习题 17 设$(X_1,X_2,\cdots,X_n)$是取自总体X的一个样本，其概率密度为

$$f(x)=\begin{cases}\dfrac{6x}{\theta^3}(\theta-x), & 0<x<\theta, \\ 0, & 其他.\end{cases}$$

(1) 求θ的矩估计$\hat{\theta}$.

(2) 证明：$\hat{\theta}$是θ的无偏估计，并求其方差.

解 (1) 由题意可知

$$E(X)=\int_{-\infty}^{+\infty} xf(x)\mathrm{d}x=\int_0^\theta \frac{6x^2}{\theta^3}(\theta-x)\mathrm{d}x=\frac{1}{2}\theta.$$

记$E(X)=\overline{X}=\dfrac{1}{n}\sum\limits_{i=1}^n X_i$，令$\dfrac{\theta}{2}=\overline{X}$，得$\theta$的矩估计为$\hat{\theta}=2\overline{X}$.

(2) 因为

$$E(\hat{\theta})=E(2\overline{X})=2\times\frac{1}{2}\theta=\theta,$$

所以$\hat{\theta}$是θ的无偏估计.

由于

$$E(X^2)=\int_0^\theta \frac{6x^3}{\theta^3}(\theta-x)\mathrm{d}x=\frac{3\theta^2}{10},$$

$$D(X)=E(X^2)-(E(X))^2=\frac{3\theta^2}{10}-\frac{\theta^2}{4}=\frac{\theta^2}{20},$$

因此

$$D(\hat{\theta})=D(2\overline{X})=\frac{4}{n}D(X)=\frac{\theta^2}{5n}.$$

习题 18 设$(X_1,X_2,\cdots,X_n)$是取自总体X的一个样本，其概率密度为

$$f(x)=\begin{cases}\mathrm{e}^{-(x-\theta)}, & x\geqslant\theta, \\ 0, & 其他.\end{cases}$$

证明：

(1) $X_{(1)}=\min\{X_1,X_2,\cdots,X_n\}$是$\theta$的渐近无偏估计；

(2) $X_{(1)}$和$X_{(1)}-\dfrac{1}{n}$都是θ的相合估计.

证明 (1) $X_{(1)}$的概率密度为

$$f_{X_{(1)}}(x)=n[1-F(x)]^{n-1}f(x).$$

当$x<\theta$时，$F(x)=0$.

当 $x \geqslant \theta$ 时，$F(x)=\int_{\theta}^{x} \mathrm{e}^{-(t-\theta)}\mathrm{d}t=1-\mathrm{e}^{\theta-x}$.

于是

$$f_{X_{(1)}}(x)=n[1-F(x)]^{n-1}f(x)=\begin{cases} n(\mathrm{e}^{\theta-x})^{n-1}\mathrm{e}^{\theta-x}, & x\geqslant\theta, \\ 0, & \text{其他}, \end{cases}$$

$$=\begin{cases} n\mathrm{e}^{n\theta}\mathrm{e}^{-nx}, & x\geqslant\theta, \\ 0, & \text{其他}, \end{cases}$$

从而

$$E(X_{(1)})=\int_{\theta}^{+\infty} xn\mathrm{e}^{n\theta}\mathrm{e}^{-nx}\mathrm{d}x=\theta+\frac{1}{n},$$

所以$X_{(1)}$不是θ的无偏估计.但

$$\lim_{n\to\infty}E(X_{(1)})=\lim_{n\to\infty}\left(\theta+\frac{1}{n}\right)=\theta,$$

即$X_{(1)}$是θ的渐近无偏估计.

(2) 因为

$$E(X_{(1)}^2)=\int_{\theta}^{+\infty} x^2n\mathrm{e}^{n\theta}\mathrm{e}^{-nx}\mathrm{d}x=\frac{2}{n^2}+\frac{2\theta}{n}+\theta^2,$$

所以

$$D(X_{(1)})=E(X_{(1)}^2)-(E(X_{(1)}))^2=\frac{2}{n^2}+\frac{2\theta}{n}+\theta^2-\left(\theta+\frac{1}{n}\right)^2=\frac{1}{n^2}.$$

又因为$\lim\limits_{n\to\infty}D(X_{(1)})=0$，且由(1)可知，$X_{(1)}$是$\theta$的渐近无偏估计，所以$X_{(1)}$是$\theta$的相合估计.同样，因为$\lim\limits_{n\to\infty}D\left(X_{(1)}-\frac{1}{n}\right)=\lim\limits_{n\to\infty}D(X_{(1)})=0$，且$X_{(1)}-\frac{1}{n}$是$\theta$的无偏估计，所以$X_{(1)}-\frac{1}{n}$是$\theta$的相合估计.

习题 19 假定某商店中一种商品的月销售量(单位:件)$X\sim N(\mu,\sigma^2)$，其中σ未知.为了合理确定该商品的进货量，需对μ和σ进行估计，为此，随机抽取 7 个月，其销售量分别为 64,57,49,81,76,70,59，试求μ的置信度为 0.95 的置信区间和σ的置信度为 0.90 的置信区间.

解 由题意可知，$X\sim N(\mu,\sigma^2)$，且σ未知，则μ的置信区间为

$$\left(\overline{X}-\frac{S}{\sqrt{n}}t_{\frac{\alpha}{2}}(n-1),\overline{X}+\frac{S}{\sqrt{n}}t_{\frac{\alpha}{2}}(n-1)\right).$$

经计算得，$\overline{x}\approx 65.142\,9$，$s\approx 11.246\,2$.已知$\alpha=0.05$，经查表得$t_{0.025}(6)=2.446\,9$，把数据代入上式，可得$\mu$的置信度为 0.95 的置信区间为(54.741 9,75.543 8).

而σ^2的置信区间为

$$\left(\frac{(n-1)S^2}{\chi^2_{\frac{\alpha}{2}}(n-1)},\frac{(n-1)S^2}{\chi^2_{1-\frac{\alpha}{2}}(n-1)}\right).$$

经查表得$\chi^2_{0.05}(6)=12.591\,6$，$\chi^2_{0.95}(6)=1.635\,4$，把数据代入上式，可得$\sigma^2$的置信度为 0.90 的置信区间为(60.267 3,464.022 3).

习题 20 已知某炼铁厂的铁水含碳量(单位:%)在正常情况下服从正态分布$N(\mu,\sigma^2)$，且标准差$\sigma=0.108$.现测量 5 炉铁水，其含碳量分别为 4.28,4.4,4.42,4.35,4.37，试

求未知参数μ的置信度为0.95的置信上限和置信下限.

解 因为σ已知,而μ未知,可选取统计量

$$U=\frac{\overline{X}-\mu}{\sigma/\sqrt{n}}\sim N(0,1),$$

所以有

$$P\left\{\frac{\overline{X}-\mu}{\sigma/\sqrt{n}}>-u_\alpha\right\}=1-\alpha,\quad P\left\{\frac{\overline{X}-\mu}{\sigma/\sqrt{n}}<u_\alpha\right\}=1-\alpha,$$

即

$$P\left\{\mu<\overline{X}+u_\alpha\frac{\sigma}{\sqrt{n}}\right\}=1-\alpha,\quad P\left\{\mu>\overline{X}-u_\alpha\frac{\sigma}{\sqrt{n}}\right\}=1-\alpha.$$

故μ的置信度为$1-\alpha$的置信上限和置信下限分别为

$$\overline{X}+u_\alpha\frac{\sigma}{\sqrt{n}},\quad \overline{X}-u_\alpha\frac{\sigma}{\sqrt{n}}.$$

将$\overline{x}=4.364,\sigma=0.108,n=5,\alpha=0.05,u_\alpha=1.645$代入上式,可得

$$\overline{x}+u_\alpha\frac{\sigma}{\sqrt{n}}\approx 4.443,\quad \overline{x}-u_\alpha\frac{\sigma}{\sqrt{n}}\approx 4.285.$$

因此置信上限为4.443,置信下限为4.285.

习题21 设$(X_1,X_2,\cdots,X_n)$是取自总体$X\sim N(\mu,\sigma^2)$的一个样本,其中μ未知,但σ^2已知,试问:n取何值时,可以保证置信度为$1-\alpha$的置信区间的长度不超过L?

解 因为σ^2已知,而μ未知,可选取统计量

$$U=\frac{\overline{X}-\mu}{\sigma/\sqrt{n}}\sim N(0,1),$$

所以μ的置信度为$1-\alpha$的置信区间为

$$\left(\overline{X}-u_{\frac{\alpha}{2}}\frac{\sigma}{\sqrt{n}},\overline{X}+u_{\frac{\alpha}{2}}\frac{\sigma}{\sqrt{n}}\right),$$

从而置信区间的长度为

$$2u_{\frac{\alpha}{2}}\frac{\sigma}{\sqrt{n}}.$$

要使得$2u_{\frac{\alpha}{2}}\frac{\sigma}{\sqrt{n}}\leqslant L$,则应有

$$\sqrt{n}\leqslant 2u_{\frac{\alpha}{2}}\frac{\sigma}{L},\quad 即\quad n\leqslant\left(2u_{\frac{\alpha}{2}}\frac{\sigma}{L}\right)^2.$$

因n为整数,故n至多取$\left[\frac{4\sigma^2u_{\frac{\alpha}{2}}^2}{L^2}\right]$(这里,$[x]$表示不大于$x$的最大整数).

习题22 某食品加工厂有甲、乙两条加工猪肉罐头的生产线,设罐头质量(单位:g)服从正态分布,并假设甲生产线与乙生产线互不影响.从甲生产线抽取10只罐头,测得其平均质量$\overline{x}=501$,总体标准差$\sigma_1=5$;从乙生产线抽取20只罐头,测得其平均质量$\overline{y}=498$,总体标准差$\sigma_2=4$.求甲、乙两条生产线生产罐头质量的均值差$\mu_1-\mu_2$的置信度为0.99的置信区间.

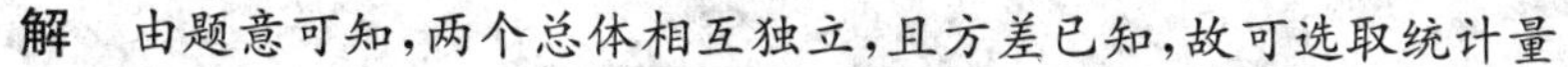

解 由题意可知，两个总体相互独立，且方差已知，故可选取统计量

$$U=\frac{\overline{X}-\overline{Y}-(\mu_1-\mu_2)}{\sqrt{\frac{\sigma_1^2}{n}+\frac{\sigma_2^2}{m}}}\sim N(0,1),$$

从而 $\mu_1-\mu_2$ 的置信度为0.99的置信区间为

$$\left(\overline{X}-\overline{Y}-u_{\frac{\alpha}{2}}\sqrt{\frac{\sigma_1^2}{n}+\frac{\sigma_2^2}{m}},\overline{X}-\overline{Y}+u_{\frac{\alpha}{2}}\sqrt{\frac{\sigma_1^2}{n}+\frac{\sigma_2^2}{m}}\right).$$

由 $\alpha=0.01$，经查表可得 $u_{0.005}=2.575$，$n=10$，$m=20$，$\sigma_1^2=25$，$\sigma_2^2=16$，$\overline{x}=501$，$\overline{y}=498$.将数据代入上式，可得 $\mu_1-\mu_2$ 的置信度为0.99的置信区间为 $(-1.68,7.68)$.

习题23 为了比较甲、乙两种显像管的使用寿命(单位:10^4 h)X 和 Y，随机抽取甲、乙两种显像管各10只，得数据 $x_1,x_2,\cdots,x_{10}$ 和 $y_1,y_2,\cdots,y_{10}$，且由此算得 $\overline{x}=2.33$，$\overline{y}=0.75$，$\sum\limits_{i=1}^{10}(x_i-\overline{x})^2=27.5$，$\sum\limits_{i=1}^{10}(y_i-\overline{y})^2=19.2$.假定这两种显像管的使用寿命均服从正态分布，且由生产过程可知，它们的方差相等，试求两个总体均值差 $\mu_1-\mu_2$ 的置信度为0.95的置信区间.

解 由题意可知，两个正态分布的方差虽未知但相等，所以两个正态总体均值差 $\mu_1-\mu_2$ 的置信度为 $1-\alpha$ 的置信区间为

$$\left(\overline{X}-\overline{Y}-S_w\sqrt{\frac{1}{n}+\frac{1}{m}}\,t_{\frac{\alpha}{2}}(n+m-2),\overline{X}-\overline{Y}+S_w\sqrt{\frac{1}{n}+\frac{1}{m}}\,t_{\frac{\alpha}{2}}(n+m-2)\right),$$

其中 $S_w^2=\dfrac{(n-1)S_1^2+(m-1)S_2^2}{n+m-2}$.

已知 $n=10$，$m=10$，$\overline{x}=2.33$，$\overline{y}=0.75$，$\sum\limits_{i=1}^{10}(x_i-\overline{x})^2=27.5$，$\sum\limits_{i=1}^{10}(y_i-\overline{y})^2=19.2$，$\alpha=0.05$，经计算可得 $s_1^2\approx3.056$，$s_2^2\approx2.133$，$s_w\approx1.6107$，经查表可得 $t_{0.025}(18)=2.1009$.将数据代入上式，可得 $\mu_1-\mu_2$ 的置信度为0.95的置信区间为 $(0.067,3.093)$.

习题24 为了比较A,B两种灯泡的寿命(单位:h)，从A种灯泡中随机抽取80只，测得平均寿命 $\overline{x}=2000$，样本标准差 $s_1=80$；从B种灯泡中随机抽取100只，测得平均寿命 $\overline{y}=1900$，样本标准差 $s_2=100$.假定这两种灯泡的寿命分别服从正态分布 $N(\mu_1,\sigma_1^2)$ 和 $N(\mu_2,\sigma_2^2)$ 且相互独立，试求：

(1) $\mu_1-\mu_2$ 的置信度为0.99的置信区间；

(2) $\dfrac{\sigma_1^2}{\sigma_2^2}$ 的置信度为0.90的置信区间(已知 $F_{0.05}(79,99)=1.42$，$F_{0.05}(99,79)=1.43$).

解 (1) 因为两总体的样本容量都比较大，所以 $\mu_1-\mu_2$ 的置信区间为

$$\left(\overline{X}-\overline{Y}-u_{\frac{\alpha}{2}}\sqrt{\frac{S_1^2}{n}+\frac{S_2^2}{m}},\overline{X}-\overline{Y}+u_{\frac{\alpha}{2}}\sqrt{\frac{S_1^2}{n}+\frac{S_2^2}{m}}\right).$$

已知 $n=80$，$m=100$，$\overline{x}=2000$，$\overline{y}=1900$，$s_1^2=80^2$，$s_2^2=100^2$，经查表可得 $u_{0.005}=2.575$.将数据代入上式，可得 $\mu_1-\mu_2$ 的置信度为0.99的置信区间为 $(65.44,134.56)$.

(2) $\dfrac{\sigma_1^2}{\sigma_2^2}$ 的置信度为 $1-\alpha$ 的置信区间为

$$\left(\frac{S_1^2/S_2^2}{F_{\frac{\alpha}{2}}(n-1,m-1)},\frac{S_1^2/S_2^2}{F_{1-\frac{\alpha}{2}}(n-1,m-1)}\right).$$

已知$F_{0.05}(79,99)=1.42$,则 $F_{0.95}(79,99)=\dfrac{1}{F_{0.05}(99,79)}\approx 0.70$.将数据代入上式,可得$\dfrac{\sigma_1^2}{\sigma_2^2}$的置信度为 0.90 的置信区间为(0.450 7,0.914 3).

习题 25 抽取 1 000 人的随机样本,估计一个大的人口总体中拥有私人汽车的人的百分数,样本中有 543 人拥有私人汽车,求:

(1) 样本中拥有私人汽车的人的百分数的标准差;

(2) 总体中拥有私人汽车的人的百分数的置信度为 0.95 的置信区间.

解 (1) 设

$$X_i=\begin{cases}1, & \text{第 } i \text{ 人拥有私人汽车},\\ 0, & \text{第 } i \text{ 人不拥有私人汽车},\end{cases}$$

则 $X_i\sim B(1,p)$,从而可得$\sum\limits_{i=1}^{n}X_i^2=\sum\limits_{i=1}^{n}X_i$,故其标准差为

$$S=\sqrt{\frac{1}{n-1}\sum_{i=1}^{n}(X_i-\overline{X})^2}=\sqrt{\frac{1}{n-1}\left(\sum_{i=1}^{n}X_i^2-n\overline{X}^2\right)}=\sqrt{\frac{n}{n-1}\hat{p}(1-\hat{p})},$$

其中 $\hat{p}=\overline{X}$.将 $n=1\,000$,$\overline{x}=\dfrac{543}{1\,000}$ 代入上式,可得 $s=0.498\,4$.

(2) 拥有私人汽车的人的百分数的点估计为 $\hat{p}=\dfrac{543}{1\,000}=0.543$,由 $\alpha=0.05$,经查表可得 $u_{0.025}=1.96$.因为样本容量为 1 000(较大),所以可代入 p 的置信度为 0.95 的置信区间公式,有

$$\left(\hat{p}-u_{\frac{\alpha}{2}}\sqrt{\frac{\hat{p}(1-\hat{p})}{n}},\hat{p}+u_{\frac{\alpha}{2}}\sqrt{\frac{\hat{p}(1-\hat{p})}{n}}\right)\approx(0.512,0.574).$$

因此,有 95% 的把握认为总体中拥有私人汽车的人的百分数处于 51.2% ~ 57.4%.

习题 26 某车间生产滚珠,从长期实践中知道,滚珠直径(单位:mm)X 服从正态分布 $N(\mu,0.2^2)$.从某天生产的产品中随机抽取 6 个,量得其直径分别如下:

14.7, 15.0, 14.9, 14.8, 15.2, 15.1,

求 μ 的置信度为 0.9 的置信区间和置信度为 0.99 的置信区间.

解 因为 $\sigma^2=0.2^2$ 已知,所以 μ 的置信度为 $1-\alpha$ 的置信区间为

$$\left(\overline{X}-u_{\frac{\alpha}{2}}\frac{\sigma}{\sqrt{n}},\overline{X}+u_{\frac{\alpha}{2}}\frac{\sigma}{\sqrt{n}}\right).$$

又经查表可得 $u_{\frac{0.1}{2}}=u_{0.05}=1.645$,$u_{\frac{0.01}{2}}=u_{0.005}=2.575$,而 $\overline{x}=14.95$,$n=6$,将数据代入上式,可得

μ 的置信度为 0.9 的置信区间为(14.82,15.08);

μ 的置信度为 0.99 的置信区间为(14.74,15.16).

习题 27 随机地取 9 发某种子弹进行试验,测得子弹速度的标准差 $s^*=11$ m/s,设子弹速度(单位:m/s)X 服从正态分布 $N(\mu,\sigma^2)$,求这种子弹速度的标准差 σ 和方差 σ^2 的置信度为 0.95 的置信区间.

解 因 μ 未知,故 σ^2 的置信度为 $1-\alpha$ 的置信区间为

$$\left(\frac{(n-1)S^{*2}}{\chi^2_{\frac{\alpha}{2}}(n-1)},\frac{(n-1)S^{*2}}{\chi^2_{1-\frac{\alpha}{2}}(n-1)}\right).$$

将$n=9$,$s^{*2}=121$,$\chi^2_{0.025}(8)=17.534\,5$,$\chi^2_{0.975}(8)=2.179\,7$代入上式,可得$\sigma^2$的置信度为0.95的置信区间为(55.21,444.10),从而σ的置信度为0.95的置信区间为(7.43,21.07).

习题28 某单位职工每天的医疗费(单位:元)$X\sim N(\mu,\sigma^2)$,现抽查了25天,得$\overline{x}=170$,$s^*=30$,求职工每天医疗费均值μ的置信度为0.95的置信区间.

解 因σ^2未知,故μ的置信度为$1-\alpha$的置信区间为

$$\left(\overline{X}-t_{\frac{\alpha}{2}}(n-1)\frac{S^*}{\sqrt{n}},\overline{X}+t_{\frac{\alpha}{2}}(n-1)\frac{S^*}{\sqrt{n}}\right).$$

将$\overline{x}=170$,$s^*=30$,$n=25$,$t_{0.025}(24)=2.063\,9$代入上式,可得μ的置信度为0.95的置信区间为(157.616 6,182.383 4).

习题29 在3 091个男生、3 581个女生组成的总体中,随机不放回地抽取100人,观察其中男生的成数,要求估计样本中男生成数的标准差.

解 由于样本大小$n=100$相对于总体容量$N=6\,672$来说很小,因此,可使用有放回地抽样的公式.

样本成数$\overline{x}=100\times\frac{3\,091}{6\,672}\approx 46$,估计$\hat{\sigma}=\sqrt{46\times 54}\approx 50$,故样本中男生成数的标准差的估计为$\frac{50}{\sqrt{100}}=5$.

7.4 考研专题

考研真题

7.4.1 本章考研大纲要求

全国硕士研究生招生考试的数学一与数学三的考试大纲对"参数估计"部分的要求基本相同,内容包括:点估计、估计量与估计值、矩估计法、极大似然估计法、估计量的评选标准、区间估计、单个正态总体的均值和方差的区间估计、两个正态总体的均值差和方差比的区间估计.具体考试要求如下:

1. 理解参数的点估计、估计量与估计值的概念.

2. 掌握矩估计法(一阶矩、二阶矩)和极大似然估计法.

3. 了解估计量的无偏性、有效性和相合性的概念,并会验证估计量的无偏性.

4. 理解区间估计的概念,会求单个正态总体的均值和方差的置信区间,以及两个正态总体的均值差和方差比的置信区间.

7.4.2 考题特点分析

分析近十年的考题,"参数估计"部分在数学一与数学三考察的"概率论与数理统计"内容中分值分别约占34.7%和22.6%.参数估计也是近年来考试的重点之一,年年必考,难度中等,对于数学一的考试内容和要求均比数学三高,但实际考题以矩估计和极大似然估计的求解为

主,往往与验证所得估计的无偏性搭配考察,有一定的计算要求.除此之外,数学一还要求掌握区间估计,但实际考题中涉及较少,在近十年中只以填空题考察过一次,考察频次极低.

7.4.3 考研真题

下面给出“参数估计”部分近十年的考题,供读者自我测试.

1.(2012 年数学一) 设随机变量 X 与 Y 相互独立,分别服从正态分布 $N(\mu,\sigma^2)$ 与 $N(\mu,2\sigma^2)$,其中 σ 是未知参数且 $\sigma>0$,记 $Z=X-Y$.

(1) 求 Z 的概率密度 $f_Z(z)$.

(2) 设$(Z_1,Z_2,\cdots,Z_n)$ 是取自总体 Z 的一个样本,求 σ^2 的极大似然估计 $\hat{\sigma}^2$.

(3) 证明:$\hat{\sigma}^2$ 为 σ^2 的无偏估计.

2.(2014 年数学一) 设总体 X 的分布函数为

$$F(x)=\begin{cases}1-\mathrm{e}^{-\frac{x^2}{\theta}}, & x\geqslant 0,\\ 0, & x<0,\end{cases}$$

其中 $\theta>0$ 为未知参数,$(X_1,X_2,\cdots,X_n)$ 是取自总体 X 的一个样本.

(1) 求 $E(X)$ 与 $E(X^2)$.

(2) 求 θ 的极大似然估计 $\hat{\theta}$.

(3) 是否存在实数 a,使得对于任意的 $\varepsilon>0$,都有$\lim\limits_{n\to\infty}P\{|\hat{\theta}-a|\geqslant\varepsilon\}=0$?

3.(2015 年数学一、三) 设总体 X 的概率密度为

$$f(x)=\begin{cases}\dfrac{1}{1-\theta}, & \theta\leqslant x\leqslant 1,\\ 0, & \text{其他},\end{cases}$$

其中 θ 为未知参数,$(X_1,X_2,\cdots,X_n)$ 是取自总体 X 的一个样本.试求:

(1) θ 的矩估计;

(2) θ 的极大似然估计.

4.(2016 年数学一) 设$(X_1,X_2,\cdots,X_n)$ 是取自总体 $X\sim N(\mu,\sigma^2)$ 的一个样本,样本均值 $\overline{X}=9.5$,参数 μ 的置信度为 0.95 的双侧置信区间的置信上限为 10.8,则 μ 的置信度为 0.95 的置信区间为__________.

5.(2016 年数学一、三) 设总体 X 的概率密度为

$$f(x)=\begin{cases}\dfrac{3x^2}{\theta^3}, & 0<x<\theta,\\ 0, & \text{其他},\end{cases}$$

其中 $\theta>0$ 为未知参数,(X_1,X_2,X_3) 是取自总体 X 的一个样本,令 $T=\max\{X_1,X_2,X_3\}$.

(1) 求 T 的概率密度.

(2) 试确定 a 的值,使得 aT 为 θ 的无偏估计.

6.(2017 年数学一、三) 某工程师为了解一台天平的精度,用该天平对一物体的质量做 n 次测量,该物体的质量 μ 是已知的,设 n 次测量结果 $X_1,X_2,\cdots,X_n$ 相互独立且均服从正态分布 $N(\mu,\sigma^2)$.该工程师记录的是测量的绝对误差 $Z=|X-\mu|$,利用 $Z_1,Z_2,\cdots,Z_n$ 估计 σ.

(1) 求 Z 的概率密度.

(2) 利用一阶矩求 σ 的矩估计.

(3) 求 σ 的极大似然估计.

7. (2019 年数学一、三) 设总体 X 的概率密度为

$$f(x)=\begin{cases}\dfrac{A}{\sigma}\mathrm{e}^{-\frac{(x-\mu)^2}{2\sigma^2}}, & x\geqslant\mu,\\ 0, & x<\mu,\end{cases}$$

其中 μ 为已知参数, $\sigma>0$ 为未知参数, A 为常数, $(X_1,X_2,\cdots,X_n)$ 是取自总体 X 的一个样本. 试求:

(1) A 的值;

(2) σ^2 的极大似然估计.

8. (2020 年数学一、三) 设某种元件的使用寿命 T 的分布函数为

$$F(t)=\begin{cases}1-\mathrm{e}^{-\left(\frac{t}{\theta}\right)^m}, & t\geqslant 0,\\ 0, & \text{其他},\end{cases}$$

其中 θ,m 为参数且均大于 0.

(1) 求 $P\{T>s+t\mid T>s\}$, 其中 $s>0,t>0$.

(2) 任取 n 个这种元件做寿命试验, 测得它们的寿命分别为 $t_1,t_2,\cdots,t_n$, 若 m 已知, 求 θ 的极大似然估计.

9. (2021 年数学一、三) 从正态总体 $N(\mu_1,\mu_2,\sigma_1^2,\sigma_2^2,\rho)$ 中抽取样本 $(X_1,Y_1),(X_2,Y_2),\cdots,(X_n,Y_n)$, 令 $\theta=\mu_1-\mu_2$, $\overline{X}=\dfrac{1}{n}\sum\limits_{i=1}^{n}X_i$, $\overline{Y}=\dfrac{1}{n}\sum\limits_{i=1}^{n}Y_i$, $\hat{\theta}=\overline{X}-\overline{Y}$, 则(　　).

A. $E(\hat{\theta})=\theta,D(\hat{\theta})=\dfrac{\sigma_1^2+\sigma_2^2}{n}$

B. $E(\hat{\theta})=\theta,D(\hat{\theta})=\dfrac{\sigma_1^2+\sigma_2^2-2\rho\sigma_1\sigma_2}{n}$

C. $E(\hat{\theta})\neq\theta,D(\hat{\theta})=\dfrac{\sigma_1^2+\sigma_2^2}{n}$

D. $E(\hat{\theta})\neq\theta,D(\hat{\theta})=\dfrac{\sigma_1^2+\sigma_2^2-2\rho\sigma_1\sigma_2}{n}$

10. (2021 年数学三) 设总体 X 的分布律为 $P\{X=1\}=\dfrac{1-\theta}{2}$, $P\{X=2\}=P\{X=3\}=\dfrac{1+\theta}{4}$, 利用取自总体的样本观察值 1,3,2,2,1,3,1,2, 可得 θ 的极大似然估计为(　　).

A. $\dfrac{1}{4}$　　B. $\dfrac{3}{8}$　　C. $\dfrac{1}{2}$　　D. $\dfrac{5}{2}$

11. (2022 年数学三) 设 $(X_1,X_2,\cdots,X_n)$ 是取自服从参数为 θ 的指数分布总体 X 的一个样本, $(Y_1,Y_2,\cdots,Y_m)$ 是取自服从参数为 2θ 的指数分布总体 Y 的一个样本, 且两样本相互独立, 其中 $\theta>0$ 为未知参数. 利用 $X_1,X_2,\cdots,X_n,Y_1,Y_2,\cdots,Y_m$ 求 θ 的极大似然估计 $\hat{\theta}$ 及 $D(\hat{\theta})$.

7.4.4 考研真题参考答案

1.【解析】(1) 因为 $X\sim N(\mu,\sigma^2)$，$Y\sim N(\mu,2\sigma^2)$，且 X 与 Y 相互独立，所以

$$Z=X-Y\sim N(0,3\sigma^2),$$

从而 Z 的概率密度为

$$f_Z(z)=\frac{1}{\sqrt{6\pi}\sigma}\mathrm{e}^{-\frac{z^2}{6\sigma^2}}\quad(-\infty<z<+\infty).$$

(2) 似然函数为

$$L(\sigma^2)=\prod_{i=1}^{n}f(z_i;\sigma^2)=(6\pi)^{-\frac{n}{2}}(\sigma^2)^{-\frac{n}{2}}\mathrm{e}^{-\frac{1}{6\sigma^2}\sum\limits_{i=1}^{n}z_i^2}.$$

对上式等号两边同时取对数，得对数似然函数为

$$\ln L(\sigma^2)=-\frac{n}{2}\ln 6\pi-\frac{n}{2}\ln\sigma^2-\frac{1}{6\sigma^2}\sum_{i=1}^{n}z_i^2.$$

令 $\dfrac{\mathrm{d}\ln L}{\mathrm{d}\sigma^2}=0$，得

$$-\frac{n}{2\sigma^2}+\frac{1}{6(\sigma^2)^2}\sum_{i=1}^{n}z_i^2=0,$$

解得，σ^2 的极大似然估计为

$$\hat{\sigma}^2=\frac{1}{3n}\sum_{i=1}^{n}z_i^2.$$

(3) 因

$$E(\hat{\sigma}^2)=\frac{1}{3n}\sum_{i=1}^{n}E(Z_i^2)=\frac{1}{3n}\sum_{i=1}^{n}((E(Z_i))^2+D(Z_i))=\frac{1}{3n}\sum_{i=1}^{n}3\sigma^2=\sigma^2,$$

故 $\hat{\sigma}^2$ 为 σ^2 的无偏估计.

2.【解析】(1) 由题意可知，X 的概率密度为

$$f(x)=F'(x)=\begin{cases}\dfrac{2x}{\theta}\mathrm{e}^{-\frac{x^2}{\theta}}, & x\geqslant 0,\\ 0, & x<0,\end{cases}$$

则有

$$E(X)=\int_{-\infty}^{+\infty}xf(x)\mathrm{d}x=2\int_0^{+\infty}\frac{x^2}{\theta}\mathrm{e}^{-\frac{x^2}{\theta}}\mathrm{d}x\xlongequal{t=\frac{x^2}{\theta}}2\int_0^{+\infty}t\mathrm{e}^{-t}\cdot\frac{\sqrt{\theta}}{2\sqrt{t}}\mathrm{d}t$$

$$=\sqrt{\theta}\int_0^{+\infty}\sqrt{t}\,\mathrm{e}^{-t}\mathrm{d}t=\sqrt{\theta}\,\Gamma\left(\frac{1}{2}+1\right)=\frac{\sqrt{\pi\theta}}{2},$$

$$E(X^2)=\int_{-\infty}^{+\infty}x^2f(x)\mathrm{d}x=2\int_0^{+\infty}\frac{x^3}{\theta}\mathrm{e}^{-\frac{x^2}{\theta}}\mathrm{d}x$$

$$=\theta\int_0^{+\infty}\frac{x^2}{\theta}\mathrm{e}^{-\frac{x^2}{\theta}}\mathrm{d}\left(\frac{x^2}{\theta}\right)=\theta\Gamma(2)=\theta.$$

(2) 似然函数为

$$L(\theta)=\prod_{i=1}^{n} f(x_i;\theta)=\begin{cases}\dfrac{2^n}{\theta^n}\prod\limits_{i=1}^{n} x_i \cdot \mathrm{e}^{-\frac{1}{\theta}\sum\limits_{i=1}^{n} x_i^2}, & x_i \geqslant 0,\\ 0, & \text{其他}.\end{cases}$$

当 $x_i \geqslant 0$ 时,对上式等号两边同时取对数,得

$$\ln L(\theta)=n\ln 2+\sum_{i=1}^{n}\ln x_i-n\ln\theta-\frac{x_1^2+x_2^2+\cdots+x_n^2}{\theta}.$$

令 $\dfrac{\mathrm{d}\ln L}{\mathrm{d}\theta}=-\dfrac{n}{\theta}+\dfrac{x_1^2+x_2^2+\cdots+x_n^2}{\theta^2}=0$,得 θ 的极大似然估计为

$$\hat{\theta}=\frac{1}{n}\sum_{i=1}^{n} x_i^2.$$

(3) 由大数定律可得,$\hat{\theta}=\dfrac{1}{n}\sum\limits_{i=1}^{n} X_i^2$ 依概率收敛于 $E(X^2)=\theta$,故存在 $a=\theta$,使得对于任意的 $\varepsilon>0$,有 $\lim\limits_{n\to\infty}P\{|\hat{\theta}-a|\geqslant\varepsilon\}=0$.

3.【解析】(1) 由于

$$E(X)=\int_{-\infty}^{+\infty} x f(x)\mathrm{d}x=\int_{\theta}^{1} x\cdot\frac{1}{1-\theta}\mathrm{d}x=\frac{1+\theta}{2},$$

令

$$E(X)=\overline{X}=\frac{1}{n}\sum_{i=1}^{n} X_i, \quad \text{即} \quad \frac{1+\theta}{2}=\overline{X},$$

解得,θ 的矩估计为 $\hat{\theta}=2\overline{X}-1$.

(2) 似然函数为

$$L(\theta)=\prod_{i=1}^{n} f(x_i;\theta)=\begin{cases}\left(\dfrac{1}{1-\theta}\right)^n, & \theta\leqslant x_i\leqslant 1, i=1,2,\cdots,n,\\ 0, & \text{其他}.\end{cases}$$

当 $\theta\leqslant x_i\leqslant 1$ 时,对上式等号两边同时取对数,得

$$\ln L(\theta)=-n\ln(1-\theta).$$

由 $\dfrac{\mathrm{d}\ln L}{\mathrm{d}\theta}=\dfrac{n}{1-\theta}>0$,得 θ 的极大似然估计为

$$\hat{\theta}=\min\{x_1,x_2,\cdots,x_n\}.$$

4.【答案】(8.2,10.8).

【解析】由题意可知

$$P\left\{-u_{0.025}<\frac{\overline{X}-\mu}{\sigma/\sqrt{n}}<u_{0.025}\right\}=P\left\{\overline{X}-\frac{\sigma}{\sqrt{n}}u_{0.025}<\mu<\overline{X}+\frac{\sigma}{\sqrt{n}}u_{0.025}\right\}=0.95.$$

而因为 $\overline{X}+\dfrac{\sigma}{\sqrt{n}}u_{0.025}=10.8$,所以 $\dfrac{\sigma}{\sqrt{n}}u_{0.025}=1.3$,从而置信下限 $\overline{X}-u_{0.025}\dfrac{\sigma}{\sqrt{n}}=8.2$.

5.【解析】(1) 由题意可知,X_1,X_2,X_3 独立同分布,T 的分布函数为

$$\begin{aligned}F_T(t)&=P\{\max\{X_1,X_2,X_3\}\leqslant t\}=P\{X_1\leqslant t,X_2\leqslant t,X_3\leqslant t\}\\&=P\{X_1\leqslant t\}P\{X_2\leqslant t\}P\{X_3\leqslant t\}=[F_X(t)]^3.\end{aligned}$$

当 $t<0$ 时,$F_T(t)=0$;当 $0<t<\theta$ 时,$F_T(t)=\left(\int_0^t \frac{3x^2}{\theta^3}\mathrm{d}x\right)^3=\frac{t^9}{\theta^9}$;当 $t\geqslant\theta$ 时,$F_T(t)=1$.
于是,得 T 的概率密度为

$$f_T(t)=F'_T(t)=\begin{cases}\frac{9t^8}{\theta^9}, & 0<t<\theta,\\ 0, & \text{其他}.\end{cases}$$

(2) 因为

$$E(aT)=aE(T)=a\int_0^\theta t\,\frac{9t^8}{\theta^9}\mathrm{d}t=\frac{9}{10}a\theta,$$

所以,由题意可知,若 aT 为 θ 的无偏估计,则有 $E(aT)=\frac{9}{10}a\theta=\theta$,即 $a=\frac{10}{9}$.

6.【解析】(1) Z 的分布函数为

$$F_Z(z)=P\{Z\leqslant z\}=P\{|X-\mu|\leqslant z\}=P\left\{\frac{|X-\mu|}{\sigma}\leqslant\frac{z}{\sigma}\right\}.$$

当 $z<0$ 时,$F_Z(z)=0$;当 $z\geqslant 0$ 时,$F_Z(z)=2\Phi\left(\frac{z}{\sigma}\right)-1$.于是,得 Z 的概率密度为

$$f_Z(z)=F'_Z(z)=\begin{cases}\frac{2}{\sqrt{2\pi}\sigma}\mathrm{e}^{-\frac{z^2}{2\sigma^2}}, & z\geqslant 0,\\ 0, & \text{其他}.\end{cases}$$

(2) 由(1) 可知

$$E(Z)=\int_0^{+\infty} zf_Z(z)\mathrm{d}z=\int_0^{+\infty}\frac{2}{\sqrt{2\pi}\sigma}z\mathrm{e}^{-\frac{z^2}{2\sigma^2}}\mathrm{d}z=\frac{2\sigma}{\sqrt{2\pi}}.$$

令 $E(Z)=\overline{Z}=\frac{1}{n}\sum_{i=1}^n Z_i$,解得,$\sigma$ 的矩估计为

$$\hat{\sigma}=\frac{\sqrt{2\pi}}{2}\overline{Z}=\frac{\sqrt{2\pi}}{2n}\sum_{i=1}^n Z_i.$$

(3) 似然函数为

$$L(\sigma)=\prod_{i=1}^n f(z_i;\sigma)=\frac{2^n}{(\sqrt{2\pi}\sigma)^n}\mathrm{e}^{-\frac{1}{2\sigma^2}\sum_{i=1}^n z_i^2}.$$

对上式等号两边同时取对数,得

$$\ln L(\sigma)=n\ln 2-\frac{n}{2}\ln 2\pi-n\ln\sigma-\frac{1}{2\sigma^2}\sum_{i=1}^n z_i^2.$$

令 $\frac{\mathrm{d}\ln L}{\mathrm{d}\sigma}=-\frac{n}{\sigma}+\frac{1}{\sigma^3}\sum_{i=1}^n z_i^2=0$,得 σ 的极大似然估计为

$$\hat{\sigma}=\sqrt{\frac{1}{n}\sum_{i=1}^n z_i^2}.$$

7.【解析】(1) 令 $t=\frac{x-\mu}{\sigma}$,由 $\int_{-\infty}^{+\infty}f(x)\mathrm{d}x=1$ 可得

$$1=\int_{\mu}^{+\infty}\frac{A}{\sigma}\mathrm{e}^{-\frac{(x-\mu)^2}{2\sigma^2}}\mathrm{d}x=A\int_0^{+\infty}\mathrm{e}^{-\frac{t^2}{2}}\mathrm{d}t=A\frac{\sqrt{2\pi}}{2}\int_{-\infty}^{+\infty}\frac{1}{\sqrt{2\pi}}\mathrm{e}^{-\frac{t^2}{2}}\mathrm{d}t=\frac{\sqrt{2\pi}}{2}A,$$

解得，$A=\sqrt{\frac{2}{\pi}}$.

(2) 似然函数为

$$L(\sigma^2)=\prod_{i=1}^{n}f(x_i;\sigma^2)=\left(\frac{2}{\pi}\right)^{\frac{n}{2}}(\sigma^2)^{-\frac{n}{2}}\mathrm{e}^{-\sum\limits_{i=1}^{n}\frac{(x_i-\mu)^2}{2\sigma^2}}.$$

对上式等号两边同时取对数，得

$$\ln L(\sigma^2)=\frac{n}{2}\ln\frac{2}{\pi}-\frac{n}{2}\ln\sigma^2-\frac{1}{2\sigma^2}\sum_{i=1}^{n}(x_i-\mu)^2.$$

令$\frac{\mathrm{d}\ln L}{\mathrm{d}\sigma^2}=-\frac{n}{2\sigma^2}+\frac{1}{2\sigma^4}\sum\limits_{i=1}^{n}(x_i-\mu)^2=0$，得$\sigma^2$的极大似然估计为

$$\hat{\sigma}^2=\frac{1}{n}\sum_{i=1}^{n}(x_i-\mu)^2.$$

8.【解析】(1) 当$t\geqslant 0$时，$P\{T>t\}=1-P\{T\leqslant t\}=1-F(t)=\mathrm{e}^{-\left(\frac{t}{\theta}\right)^m}$，所以

$$P\{T>s+t\mid T>s\}=\frac{P\{T>s+t,T>s\}}{P\{T>s\}}=\frac{\mathrm{e}^{-\left(\frac{s+t}{\theta}\right)^m}}{\mathrm{e}^{-\left(\frac{s}{\theta}\right)^m}}=\mathrm{e}^{\left(\frac{s}{\theta}\right)^m-\left(\frac{s+t}{\theta}\right)^m}.$$

(2) 由题意可知，概率密度为

$$f(t)=F'(t)=\begin{cases}\frac{mt^{m-1}}{\theta^m}\mathrm{e}^{-\left(\frac{t}{\theta}\right)^m}, & t\geqslant 0,\\ 0, & t<0,\end{cases}$$

故似然函数为

$$L(\theta)=\prod_{i=1}^{n}f(t_i)=m^n(t_1t_2\cdots t_n)^{m-1}\theta^{-mn}\mathrm{e}^{-\frac{1}{\theta^m}\sum\limits_{i=1}^{n}t_i^m}.$$

对上式等号两边同时取对数，得

$$\ln L(\theta)=n\ln m+(m-1)\ln t_1t_2\cdots t_n-mn\ln\theta-\frac{1}{\theta^m}\sum_{i=1}^{n}t_i^m.$$

令$\frac{\mathrm{d}\ln L}{\mathrm{d}\theta}=-\frac{mn}{\theta}+m\frac{1}{\theta^{m+1}}\sum\limits_{i=1}^{n}t_i^m=0$，得$\theta$的极大似然估计为

$$\hat{\theta}=\sqrt[m]{\frac{1}{n}\sum_{i=1}^{n}t_i^m}.$$

9.【答案】B.

【解析】因为X,Y服从正态分布，则$\overline{X}$与$\overline{Y}$服从正态分布，所以$\overline{X}-\overline{Y}$也服从正态分布，即

$$E(\hat{\theta})=E(\overline{X}-\overline{Y})=E(\overline{X})-E(\overline{Y})=\mu_1-\mu_2=\theta,$$

$$D(\hat{\theta})=D(\overline{X}-\overline{Y})=D(\overline{X})+D(\overline{Y})-\mathrm{Cov}(\overline{X},\overline{Y})=\frac{\sigma_1^2+\sigma_2^2-2\rho\sigma_1\sigma_2}{n}.$$

10.【答案】A.

【解析】似然函数为

$$L(\theta)=\left(\frac{1-\theta}{2}\right)^{3}\left(\frac{1+\theta}{4}\right)^{5}.$$

对上式等号两边同时取对数,得

$$\ln L(\theta)=3\ln\frac{1-\theta}{2}+5\ln\frac{1+\theta}{4}.$$

令 $\frac{\mathrm{d}\ln L}{\mathrm{d}\theta}=\frac{3}{1-\theta}+\frac{5}{1+\theta}=0$,得 $\theta=\frac{1}{4}$.

11.【解析】(1) 由题意可知,X 与 Y 的概率密度分别为

$$f(x)=\begin{cases}\frac{1}{\theta}\mathrm{e}^{-\frac{x}{\theta}}, & x>0,\\ 0, & x\leqslant 0,\end{cases}\quad f(y)=\begin{cases}\frac{1}{2\theta}\mathrm{e}^{-\frac{y}{2\theta}}, & y>0,\\ 0, & y\leqslant 0.\end{cases}$$

由 X 与 Y 相互独立,可得似然函数为

$$\begin{aligned}L(\theta)&=\prod_{i=1}^{n}f(x_i;\theta)\prod_{j=1}^{m}f(y_j;\theta)\\&=\frac{1}{\theta^{n}}\mathrm{e}^{-\frac{1}{\theta}\sum\limits_{i=1}^{n}x_i}\cdot\frac{1}{(2\theta)^{m}}\mathrm{e}^{-\frac{1}{2\theta}\sum\limits_{j=1}^{m}y_j}=\frac{1}{2^{m}\theta^{m+n}}\mathrm{e}^{-\frac{1}{2\theta}\left(2\sum\limits_{i=1}^{n}x_i+\sum\limits_{j=1}^{m}y_j\right)}.\end{aligned}$$

对上式等号两边同时取对数,得

$$\ln L(\theta)=-m\ln 2-(m+n)\ln\theta-\frac{1}{\theta}\left(\sum_{i=1}^{n}x_i+\frac{1}{2}\sum_{j=1}^{m}y_j\right).$$

令 $\frac{\mathrm{d}\ln L}{\mathrm{d}\theta}=-\frac{m+n}{\theta}+\frac{1}{\theta^2}\left(\sum\limits_{i=1}^{n}x_i+\frac{1}{2}\sum\limits_{j=1}^{m}y_j\right)=0$,得 θ 的极大似然估计为

$$\hat{\theta}=\frac{1}{m+n}\left(\sum_{i=1}^{n}x_i+\frac{1}{2}\sum_{j=1}^{m}y_j\right).$$

(2) $$\begin{aligned}D(\hat{\theta})&=\frac{1}{(m+n)^2}D\left(\sum_{i=1}^{n}X_i+\frac{1}{2}\sum_{j=1}^{m}Y_j\right)=\frac{1}{(m+n)^2}\left[D\left(\sum_{i=1}^{n}X_i\right)+\frac{1}{4}D\left(\sum_{j=1}^{m}Y_j\right)\right]\\&=\frac{1}{(m+n)^2}\left(n\theta^2+\frac{1}{4}m\cdot 4\theta^2\right)=\frac{\theta^2}{m+n}.\end{aligned}$$

7.5 数学实验

7.5.1 均值区间估计实验一

1. 实验要求

若样本观察值 4.8,4.7,5.0,5.2,4.7,4.9,5.0,4.6,4.7 取自正态总体,求均值的置信度分别为 0.95 和 0.9 的置信区间.

2. 实验步骤

(1) 利用 NumPy 库中的函数计算均值和标准差;

(2) 输入置信度计算相应的置信区间.

3. Python 实现代码

```
from numpy import array, sqrt
from scipy.stats import t
a = array([4.8,4.7,5.0,5.2,4.7,4.9,5.0,4.6,4.7])
# ddof 取值为 1 时,标准差除以(N-1);NumPy 库中的 std 计算默认除以 N
mu = a.mean(); s = a.std(ddof = 1)                    # 计算均值和标准差
print("均值为{},标准差为{}".format(mu, s))
n = len(a)
m = eval(input('请输入置信度:'))
alpha = 1-m
left = mu-s/sqrt(n) * t.ppf(1-alpha/2,n-1)
right = mu+s/sqrt(n) * t.ppf(1-alpha/2,n-1)
val = (left, right)
print("置信度为{:2f}均值的置信区间为{}".format(m, val))
```

运行结果:

```
均值为 4.844444444444445,标准差为 0.19436506316151006
请输入置信度:0.95
置信度为 0.950000 均值的置信区间为(4.6950422313256235,4.9938466575632665)
```

再次运行程序,计算置信度为 0.9 的置信区间,运行结果:

```
均值为 4.844444444444445,标准差为 0.19436506316151006
请输入置信度:0.9
置信度为 0.900000 均值的置信区间为(4.7239673871894485,4.9649215016994415)
```

7.5.2 均值区间估计实验二

1. 实验要求

已知样本均值为 10.9,标准差为 3.86,样本容量为 20,计算总体均值的置信度为 0.95 的置信区间.

2. 实验步骤

(1) 输入一些数据初始值;

(2) 计算相应的置信区间.

3. Python 实现代码

```
from numpy import sqrt
from scipy.stats import t
mu = 10.9
s = 3.86
m = 0.95
n = 20
```

```
alpha = 1-mleft = mu-s/sqrt(n) * t.ppf(1-alpha/2,n-1)
right = mu+s/sqrt(n) * t.ppf(1-alpha/2,n-1)
val = (left, right)
print("置信度为{:2f}均值的置信区间为{}".format(m,val))
```

运行结果：

置信度为 0.950000 均值的置信区间为(9.09346439121915,12.70653560878085)

7.5.3 方差区间估计实验

1. 实验要求

设样本观察值 506,508,499,503,504,510,497,512,514,505,493,496,506,502,509,496 取自正态总体,试估计总体方差的置信度为 0.95 的置信区间.

2. 实验步骤

(1) 输入初始数据；

(2) 分别计算方差和标准差的置信区间.

3. Python 实现代码

```
import pandas as pd
import numpy as np
from scipy import stats
lst = [506,508,499,503,504,510,497,512,514,505,493,496,506,502,509,496]
data = pd.Series(lst)
n = len(lst)                                       #样本个数
a = 0.05                                           #置信度 1-a = 0.95
sigma = data.std(ddof = 1)                         #样本标准差
sigma_2 = data.var()                               #样本方差
X2_a2 = stats.chi2.isf(a/2,n-1)
X2_1_a2 = stats.chi2.ppf(a/2,n-1)
left = (n-1) * sigma_2/X2_a2
right = (n-1) * sigma_2/X2_1_a2
print("置信度为{:2f}方差的置信区间为{}".format(1-a,(left,right)))
#计算标准差的置信区间
left = np.sqrt(left)
right = np.sqrt(right)
print("置信度为{:3f}标准差的置信区间为{}".format(1-a,(left,right)))
```

运行结果：

置信度为 0.950000 方差的置信区间为(20.990677878711367,92.14105771621952)

置信度为 0.950000 标准差的置信区间为(4.581558455232386,9.599013372020039)

7.5.4 两个正态总体参数的区间估计实验

1. 实验要求

现有两台机床生产同一型号的滚珠，从甲机床生产的滚珠中取 8 个，从乙机床生产的滚珠中取 9 个，测得这些滚珠的直径(单位：mm) 如下：

甲机床：15.0，14.8，15.2，15.4，14.9，15.1，15.2，14.8，

乙机床：15.2，15.0，14.8，15.1，14.6，14.8，15.1，14.5，15.0.

设两台机床生产的滚珠直径分别为 X，Y，且 $X \sim N(\mu_1, \sigma_1^2)$，$Y \sim N(\mu_2, \sigma_2^2)$，置信度为 0.9.

(1) 若 $\sigma_1 = 0.8$，$\sigma_2 = 0.24$，求 $\mu_1 - \mu_2$ 的置信区间.

(2) 若 $\sigma_1 = \sigma_2$ 且均未知，求 $\mu_1 - \mu_2$ 的置信区间.

(3) 若 $\sigma_1 \neq \sigma_2$ 且均未知，求 $\mu_1 - \mu_2$ 的置信区间.

(4) 若 μ_1，μ_2 均未知，求 $\dfrac{\sigma_1^2}{\sigma_2^2}$ 的置信区间.

2. 实验步骤

(1) 输入初始数据；

(2) 分别计算均值差和方差比的置信区间.

3. Python 实现代码

```
import numpy as np
from scipy import stats
#均值差的估计
def confidence_interval_udif(data1,data2,sigma1=-1,sigma2=-2,alpha=0.05):
    xb1=np.mean(data1)
    xb2=np.mean(data2)
    n1=len(data1)
    n2=len(data2)
    if sigma1>0 and sigma2>0:  #方差已知
        tmp=np.sqrt(sigma1**2/n1+sigma2**2/n2)
        Z=stats.norm(loc=0.,scale=1.)
        return ((xb1-xb2)+tmp*Z.ppf(alpha/2),(xb1-xb2)-tmp*Z.ppf(alpha/2))
    else:  #方差未知
        if sigma1==sigma2:  #未知且相等
            sw=((n1-1)*np.var(data1,ddof=1)+(n2-1)*
                np.var(data2,ddof=1))/(n1+n2-2)
            tmp=np.sqrt(sw)*np.sqrt(1/n1+1/n2)
            T=stats.t(df=n1+n2-2)
            return((xb1-xb2)+tmp*T.ppf(alpha/2),(xb1-xb2)-tmp*T.ppf(alpha/2))
        else:  #未知且不相等
            tmp=np.sqrt(np.var(data1,ddof=1)/n1+np.var(data2,ddof=1)/n2)
            k=np.min([n1-1,n2-1])
            T=stats.t(df=k)
```

```
        return((xb1-xb2)+tmp * T.ppf(alpha/2),(xb1-xb2)-tmp * T.ppf(alpha/2))
# 方差比的估计
def confidence_interval_varRatio(data1,data2,alpha=0.05):
    n1=len(data1)
    n2=len(data2)
    tmp=np.var(data1,ddof=1)/np.var(data2,ddof=1)
    F=stats.f(dfn=n1-1,dfd=n2-1)
    return  tmp/F.ppf(1-alpha/2),tmp/F.ppf(alpha/2)
# 数据
data1=np.array([15.0,14.8,15.2,15.4,14.9,15.1,15.2,14.8])
data2=np.array([15.2,15.0,14.8,15.1,14.6,14.8,15.1,14.5,15.0])
question1=confidence_interval_udif(data1,data2,0.8,0.24,0.1)
print("两个标准差已知,均值差的置信区间为{}".format(question1))
question2=confidence_interval_udif(data1,data2,-1,-1,0.1)
print("两个标准差未知且相等,均值差的置信区间为{}".format(question2))
question3=confidence_interval_udif(data1,data2,-1,-2,0.1)
print("两个标准差未知且不相等,均值差的置信区间为{}".format(question3))
question4=confidence_interval_varRatio(data1,data2,alpha=0.1)
print("两个标准差未知,方差比的置信区间为{}".format(question4))
```

运行结果:

```
两个标准差已知,均值差的置信区间为(-0.33348625051167885,0.6334862505116832)
两个标准差未知且相等,均值差的置信区间为(-0.04424698002231481,0.34424698002231907)
两个标准差未知且不相等,均值差的置信区间为(-0.05843098356040790 6,0.35843098356041214)
两个标准差未知,方差比的置信区间为(0.22712162982480297,2.962067332867733)
```

第8章 假设检验

学习要求

1. 了解假设检验的基本思想，熟悉假设检验问题的分类，理解两类错误的概念，掌握犯两类错误概率的计算.

2. 理解显著性检验的概念，熟悉假设检验的步骤，掌握单个正态总体的均值和方差的假设检验.

3. 掌握两个正态总体均值差及方差比的假设检验.

4. 了解总体成数的假设检验.

5. 了解分布拟合检验，理解 χ^2 拟合优度检验，理解柯尔莫哥洛夫检验.

重点

假设检验的基本思想；两类错误的概念及概率的计算；单个正态总体的均值和方差的假设检验；两个正态总体均值差及方差比的假设检验；分布拟合检验；χ^2 拟合优度检验；柯尔莫哥洛夫检验.

难点

两类错误的概念及概率的计算；分布拟合检验；χ^2 拟合优度检验；柯尔莫哥洛夫检验.

8.1 知识结构

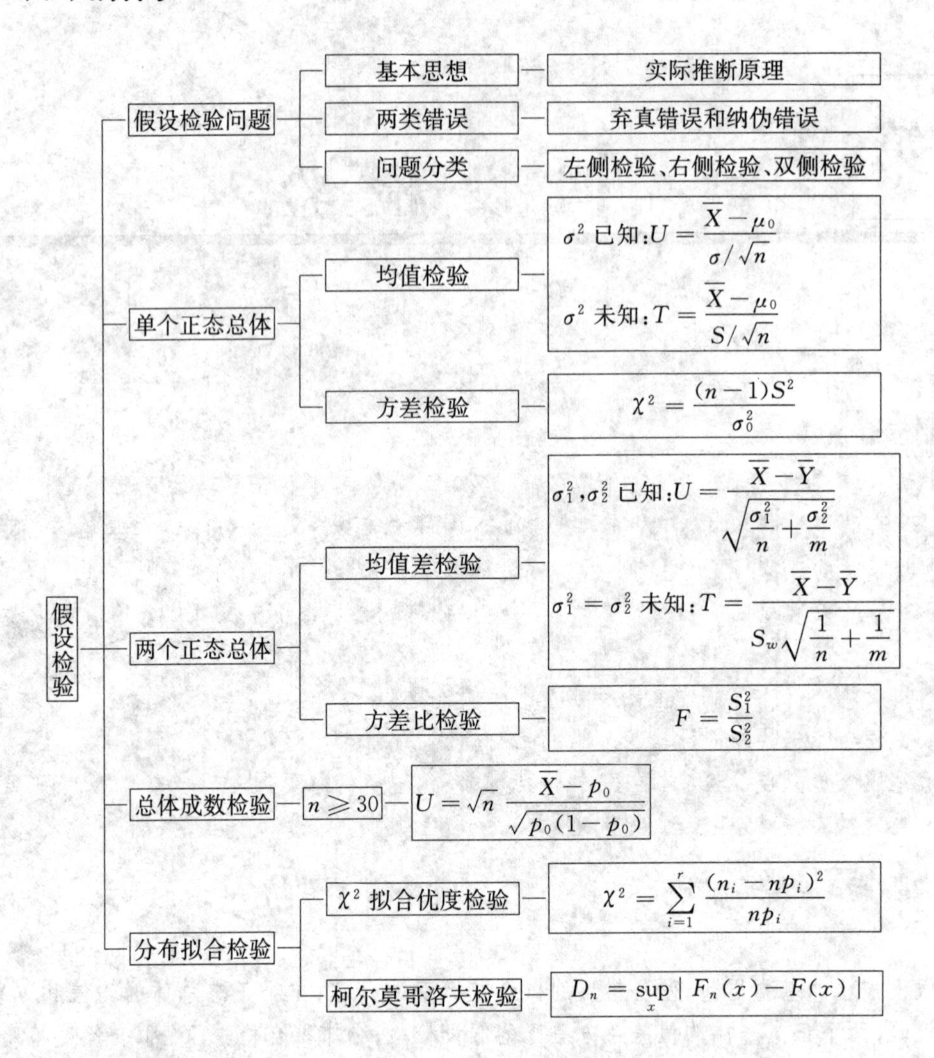

8.2 重点内容介绍

8.2.1 假设检验的基本思想

假设检验的基本思想是实际推断原理,其检验过程类似于数学中的反证法,可将其检验步骤归纳如下:

(1) 根据实际问题的要求,提出原假设 H_0 及备择假设 H_1;

(2) 构造一个合适的统计量 $T=T(X_1,X_2,\cdots,X_n)$,并确定该统计量的分布;

(3) 给定显著性水平 α,按 $P\{$拒绝 $H_0\mid H_0$ 为真$\}\leqslant\alpha$ 确定拒绝域 W,一般地,确定了临界值就确定了拒绝域;

(4) 做出判断,若 T 的观察值 $t\in W$,则拒绝原假设 H_0,否则接受原假设 H_0.

8.2.2　两类错误

1. 第一类错误

当原假设 H_0 为真时，可能做出拒绝 H_0 的判断.这是一种错误，称这类错误为第一类错误，即原假设 H_0 符合实际情况，而检验结果却拒绝 H_0，也称弃真错误.犯这种错误的概率记为

$$P\{拒绝\ H_0 \mid H_0\ 为真\}=\alpha.$$

2. 第二类错误

原假设 H_0 不符合实际情况，而检验结果却接受 H_0，称这类错误为第二类错误，也称纳伪错误.犯这种错误的概率记为

$$P\{接受\ H_0 \mid H_0\ 为假\}=\beta.$$

3. 显著性检验

只对犯第一类错误的概率加以控制，而不考虑犯第二类错误的概率的检验，称为显著性检验.它只涉及原假设.

8.2.3　假设检验问题的分类

1. 参数的假设检验

对一个未知参数 θ 考虑假设检验问题时，一般可将其分为下列三种类型的假设检验问题：

(Ⅰ) $H_0:\theta=\theta_0;H_1:\theta\neq\theta_0$.

(Ⅱ) $H_0:\theta=\theta_0;H_1:\theta>\theta_0$(或者$H_0:\theta\leqslant\theta_0;H_1:\theta>\theta_0$).

(Ⅲ) $H_0:\theta=\theta_0;H_1:\theta<\theta_0$(或者$H_0:\theta\geqslant\theta_0;H_1:\theta<\theta_0$).

这里，未知参数 θ 可以是均值，也可以是方差，或者是其他的未知参数.根据拒绝域的方向，类型(Ⅰ)称为双侧检验，类型(Ⅱ)称为右侧检验，类型(Ⅲ)称为左侧检验.

2. 分布的假设检验

当总体 X 的分布未知时，需要对总体 X 的分布进行检验，称为分布的假设检验. 可以提出假设

$$H_0:X\ 服从分布\ F(x);\quad H_1:X\ 不服从分布\ F(x).$$

8.2.4　单个正态总体均值 μ 的假设检验

1. σ^2 已知，关于 μ 的检验(U 检验)

当 σ^2 已知时，检验假设

$$H_0:\mu=\mu_0;\quad H_1:\mu\neq\mu_0.$$

当原假设 H_0 为真时，$U=\dfrac{\overline{X}-\mu_0}{\sigma/\sqrt{n}}\sim N(0,1)$.可以取 $U=\dfrac{\overline{X}-\mu_0}{\sigma/\sqrt{n}}$ 为检验统计量，则拒绝域为

$$W=\left\{\left|\frac{\overline{X}-\mu_0}{\sigma/\sqrt{n}}\right|>u_{\frac{\alpha}{2}}\right\}.$$

2. σ^2 未知，关于 μ 的检验(T 检验)

当 σ^2 未知时，检验假设

$$H_0:\mu=\mu_0;\quad H_1:\mu\neq\mu_0.$$

当原假设 H_0 为真时，$T=\dfrac{\overline{X}-\mu_0}{S/\sqrt{n}}\sim t(n-1)$. 可以取 $T=\dfrac{\overline{X}-\mu_0}{S/\sqrt{n}}$ 为检验统计量，则拒绝域为

$$W=\left\{\left|\frac{\overline{X}-\mu_0}{S/\sqrt{n}}\right|>t_{\frac{\alpha}{2}}(n-1)\right\}.$$

8.2.5 单个正态总体方差 σ^2 的假设检验

当 μ,σ^2 均未知时，检验假设

$$H_0:\sigma^2=\sigma_0^2;\quad H_1:\sigma^2\neq\sigma_0^2.$$

当原假设 H_0 为真时，$\dfrac{(n-1)S^2}{\sigma_0^2}\sim\chi^2(n-1)$. 可以取 $\chi^2=\dfrac{(n-1)S^2}{\sigma_0^2}$ 为检验统计量，则拒绝域为

$$W=\left\{\frac{(n-1)S^2}{\sigma_0^2}<\chi^2_{1-\frac{\alpha}{2}}(n-1)\right\}\cup\left\{\frac{(n-1)S^2}{\sigma_0^2}>\chi^2_{\frac{\alpha}{2}}(n-1)\right\}.$$

8.2.6 两个正态总体均值差 $\mu_1-\mu_2$ 的假设检验

1. σ_1^2,σ_2^2 已知

当 σ_1^2,σ_2^2 已知时，检验假设

$$H_0:\mu_1-\mu_2=0;\quad H_1:\mu_1-\mu_2\neq 0.$$

当原假设 H_0 为真时，$U=\dfrac{\overline{X}-\overline{Y}}{\sqrt{\sigma_1^2/n+\sigma_2^2/m}}\sim N(0,1)$. 可以取 $U=\dfrac{\overline{X}-\overline{Y}}{\sqrt{\sigma_1^2/n+\sigma_2^2/m}}$ 为检验统计量，则拒绝域为

$$W=\left\{\frac{|\overline{X}-\overline{Y}|}{\sqrt{\sigma_1^2/n+\sigma_2^2/m}}>u_{\frac{\alpha}{2}}\right\}.$$

2. $\sigma_1^2=\sigma_2^2=\sigma^2$ 未知

当 $\sigma_1^2=\sigma_2^2=\sigma^2$ 未知时，检验假设

$$H_0:\mu_1-\mu_2=0;\quad H_1:\mu_1-\mu_2\neq 0.$$

当原假设 H_0 为真时，$T=\dfrac{\overline{X}-\overline{Y}}{S_w\sqrt{1/n+1/m}}\sim t(n+m-2)$. 可以取 $T=\dfrac{\overline{X}-\overline{Y}}{S_w\sqrt{1/n+1/m}}$ 为检验统计量，则拒绝域为

$$W=\left\{\frac{|\overline{X}-\overline{Y}|}{S_w\sqrt{1/n+1/m}}>t_{\frac{\alpha}{2}}(n+m-2)\right\}.$$

8.2.7 两个正态总体方差比 $\dfrac{\sigma_1^2}{\sigma_2^2}$ 的假设检验

两个样本相互独立，μ_1,μ_2 均未知，S_1^2,S_2^2 分别表示两个样本的样本方差，检验假设

$$H_0:\sigma_1^2=\sigma_2^2;\quad H_1:\sigma_1^2\neq\sigma_2^2.$$

当原假设 H_0 为真时，$F=\dfrac{S_1^2}{S_2^2}\sim F(n-1,m-1)$. 可以取 $F=\dfrac{S_1^2}{S_2^2}$ 为检验统计量，则拒绝域为

$$W=\left\{\frac{S_1^2}{S_2^2}<F_{1-\frac{\alpha}{2}}(n-1,m-1)\right\}\cup\left\{\frac{S_1^2}{S_2^2}>F_{\frac{\alpha}{2}}(n-1,m-1)\right\}.$$

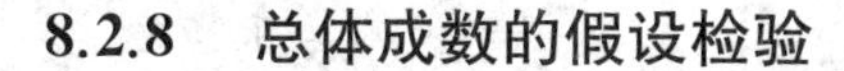

8.2.8 总体成数的假设检验

设总体 $X \sim B(1,p)$，其中 p 为未知参数，表示总体成数，检验假设

$$H_0: p = p_0; \quad H_1: p \neq p_0.$$

假定样本容量 n 很大($n \geqslant 30$)，则由中心极限定理可知，$\overline{X} \sim N\left(p, \frac{1}{n}p(1-p)\right)$. 当 $p = p_0$ 时，取检验统计量 $U = \sqrt{n}\ \frac{\overline{X} - p_0}{\sqrt{p_0(1-p_0)}} \sim N(0,1)$，则拒绝域为

$$W = \left\{\sqrt{n}\ \frac{|\overline{X} - p_0|}{\sqrt{p_0(1-p_0)}} > u_{\frac{\alpha}{2}}\right\}.$$

8.2.9 分布拟合检验

1. χ^2 拟合优度检验

设总体 X 的概率分布(或概率密度) 未知，提出总体的分布假设

$$H_0: X \text{ 服从分布 } F(x); \quad H_1: X \text{ 不服从分布 } F(x).$$

对总体进行 n 次观察，若 n 充分大($n \geqslant 50$)，则当 H_0 为真时，统计量 $\chi^2 = \sum\limits_{i=1}^{r} \frac{(n_i - np_i)^2}{np_i}$ 近似服从 $\chi^2(r-1)$ 分布，其中 r 表示样本的分组数. 于是拒绝域为

$$W = \left\{\sum_{i=1}^{r} \frac{(n_i - np_i)^2}{np_i} > \chi^2_{\alpha}(r-1)\right\}.$$

2. 柯尔莫哥洛夫检验

设总体 X 有连续分布函数 $F(x)$，提出总体的分布假设

$$H_0: X \text{ 服从分布 } F(x); \quad H_1: X \text{ 不服从分布 } F(x).$$

若经验分布函数为 $F_n(x)$，构造一个统计量 $D_n = \sup\limits_{x} |F_n(x) - F(x)|$，可得 D_n 分布的柯尔莫哥洛夫检验临界值 $D_{n,\alpha}$ 表及在 $n \to \infty$ 时的极限分布函数. 给出显著性水平 α，由柯尔莫哥洛夫检验临界值表查出 $D_{n,\alpha}$，若 $D_n > D_{n,\alpha}$，则拒绝 H_0；若 $D_n \leqslant D_{n,\alpha}$，则接受 H_0，即认为原假设的理论分布函数与样本数据拟合较好.

8.3 教材习题解析

习题 1 设$(X_1, X_2, \cdots, X_{25})$是取自正态总体 $X \sim N(\mu, 3^2)$ 的一个样本，其中参数 μ 未知，$\overline{X}$ 是样本均值. 现有假设检验 $H_0: \mu = \mu_0$；$H_1: \mu \neq \mu_0$. 取检验的拒绝域为 $W = \{(X_1, X_2, \cdots, X_{25}) \mid |\overline{X} - \mu_0| > c\}$，试确定常数 c，使检验的显著性水平为 $\alpha = 0.05$.

解 由题意可知，给定的显著性水平为 $\alpha = 0.05$，则临界值 c 应满足：当原假设 H_0 为真时，$P\{|\overline{X} - \mu_0| > c\} = \alpha$. 选用统计量 $U = \frac{\overline{X} - \mu_0}{\sigma / \sqrt{n}}$，则

$$P\left\{\left|\frac{\overline{X} - \mu_0}{\sigma / \sqrt{n}}\right| > \frac{c}{\sigma / \sqrt{n}}\right\} = \alpha, \quad \text{即} \quad P\left\{|U| > \frac{5c}{3}\right\} = \alpha.$$

此时,$U \sim N(0,1)$,查标准正态分布表可得 $u_{\frac{\alpha}{2}} = u_{0.025} = 1.96$,故 $c = \frac{3}{5} u_{\frac{\alpha}{2}} = 1.176$.

习题 2 设$(X_1, X_2, \cdots, X_n)$是取自正态总体$X \sim N(\mu, 1)$的一个样本,其中参数μ未知,$\overline{X}$是样本均值.现有假设检验$H_0: \mu \geqslant 0$;$H_1: \mu < 0$.取检验的拒绝域为$W = \{(X_1, X_2, \cdots, X_n) \mid \sqrt{n}\overline{X} < -u_{1-\alpha}\}$.

(1) 试证:犯第一类错误的概率为α.

(2) 试求$\beta(\mu) = P\{(X_1, X_2, \cdots, X_n) \notin W \mid \mu < 0\}$,并当$n = 4, \alpha = 0.05, \mu = -1$时计算$\beta(\mu)$.

证明 (1) 由题意可知,$\overline{X} \sim N\left(\mu, \frac{1}{n}\right)$.选取统计量$U = \frac{\overline{X} - \mu}{1/\sqrt{n}} \sim N(0,1)$,则犯第一类错误的概率为

$$\alpha(\mu) = P\{W \mid H_0\} = P\{\sqrt{n}\overline{X} < -u_{1-\alpha} \mid \mu = 0\} = \Phi(-u_{1-\alpha}) = \Phi(u_\alpha) = \alpha.$$

(2) $\beta(\mu) = P\{(X_1, X_2, \cdots, X_n) \notin W \mid \mu < 0\} = P\{\sqrt{n}\overline{X} \geqslant -u_{1-\alpha} \mid \mu < 0\}$

$$= P\left\{\frac{\overline{X} - \mu}{1/\sqrt{n}} \geqslant -u_{1-\alpha} - \sqrt{n}\mu\right\} = 1 - \Phi(-u_{1-\alpha} - \sqrt{n}\mu).$$

当$n = 4, \alpha = 0.05, \mu = -1$时,将这些数据代入上式,可得$\beta(\mu) = 0.362$.

习题 3 设$(X_1, X_2, \cdots, X_n)$是取自总体$X \sim N(\mu, 1)$的一个样本,考虑假设检验

$$H_0: \mu = 2; \quad H_1: \mu = 3.$$

若该假设检验问题的拒绝域为$W = \{\overline{X} \geqslant 2.6\}$.

(1) 当$n = 20$时求检验犯第一类错误的概率α和犯第二类错误的概率β.

(2) 如果要使得检验犯第二类错误的概率$\beta \leqslant 0.01$,那么n最小应取多少?

(3) 证明:当$n \to \infty$时,$\alpha \to 0, \beta \to 0$.

解 (1) 犯第一类错误的概率为

$$\alpha = P\{\overline{X} \in W \mid H_0\} = P\{\overline{X} \geqslant 2.6 \mid \mu = 2\}$$
$$= P\left\{\frac{\overline{X} - \mu}{1/\sqrt{n}} \geqslant \frac{2.6 - 2}{1/\sqrt{20}} \approx 2.68\right\} = 0.003\,7.$$

犯第二类错误的概率为

$$\beta = P\{\overline{X} \notin W \mid H_1\} = P\{\overline{X} < 2.6 \mid \mu = 3\}$$
$$= P\left\{\frac{\overline{X} - \mu}{1/\sqrt{n}} < \frac{2.6 - 3}{1/\sqrt{20}} \approx -1.79\right\} = 0.036\,7.$$

(2) 因

$$\beta = P\{\overline{X} < 2.6 \mid \mu = 3\} = P\left\{\frac{\overline{X} - \mu}{1/\sqrt{n}} < \frac{2.6 - 3}{1/\sqrt{n}}\right\}$$
$$= \Phi(-0.4\sqrt{n}) \leqslant 0.01,$$

故

$$\Phi(0.4\sqrt{n}) \geqslant 0.99, \quad 即 \quad 0.4\sqrt{n} \geqslant 2.33,$$

解得，$n \geqslant 33.93$，则 n 最小应取 34.

(3) $\alpha = P\{\overline{X} \geqslant 2.6 \mid \mu = 2\} = P\left\{\dfrac{\overline{X}-\mu}{1/\sqrt{n}} \geqslant \dfrac{2.6-2}{1/\sqrt{n}}\right\}$

$= 1-\Phi(0.6\sqrt{n}) \to 0 \quad (n \to \infty)$，

$\beta = P\{\overline{X} < 2.6 \mid \mu = 3\} = P\left\{\dfrac{\overline{X}-\mu}{1/\sqrt{n}} < \dfrac{2.6-3}{1/\sqrt{n}}\right\}$

$= \Phi(-0.4\sqrt{n}) \to 0 \quad (n \to \infty)$.

习题 4 一个样本容量为 50 的样本，具有均值 10.6 和标准差 2.2，在正态总体的情况下：

(1) 用单侧检验，在显著性水平 $\alpha = 0.05$ 时检验假设 $H_0: \mu \leqslant 10$；$H_1: \mu > 10$.

(2) 用双侧检验，在显著性水平 $\alpha = 0.05$ 时检验假设 $H_0: \mu = 10$；$H_1: \mu \neq 10$.

(3) 比较上述单、双侧检验犯第一类错误和犯第二类错误的情况.

解 (1) 由题意可知，需检验假设 $H_0: \mu \leqslant 10$；$H_1: \mu > 10$. 已知 $\sigma = 2.2$，当 H_0 为真时，选取统计量

$$U = \frac{\overline{X}-\mu}{\sigma/\sqrt{n}} \sim N(0,1),$$

得拒绝域为

$$\{U > u_\alpha = u_{0.05} = 1.645\}.$$

由 $n = 50$，$\sigma = 2.2$，$\overline{x} = 10.6$，可得 $u = \dfrac{\overline{x}-10}{\sigma/\sqrt{n}} \approx 1.928$，落入拒绝域，所以拒绝原假设，接受备择假设.

(2) 由题意可知，需检验假设 $H_0: \mu = \mu_0 = 10$；$H_1: \mu \neq 10$. 已知 $\sigma = 2.2$，当 H_0 为真时，选取统计量

$$U = \frac{\overline{X}-\mu_0}{\sigma/\sqrt{n}} \sim N(0,1),$$

得拒绝域为

$$\{|U| > u_{\frac{\alpha}{2}} = u_{0.025} = 1.96\}.$$

代入已知数据，可得 $u = \left|\dfrac{\overline{x}-\mu_0}{\sigma/\sqrt{n}}\right| \approx 1.928$，在拒绝域外，所以接受原假设 H_0.

(3) 在方差已知时，犯第一类错误概率相等的情况下，单侧检验比双侧检验能减小犯第二类错误的概率.

习题 5 某厂生产的纽扣，其直径(单位：mm) $X \sim N(\mu, \sigma^2)$，且 $\sigma = 4.2$. 现从中抽查 100 颗纽扣，测得样本均值为 26.56 mm. 已知在标准情况下，纽扣直径的平均值应该是 27 mm，问：是否可以认为这批纽扣的直径符合标准(显著性水平 $\alpha = 0.05$)？

解 由题意可知，需检验假设

$$H_0: \mu = \mu_0 = 27; \quad H_1: \mu \neq 27.$$

已知 $\sigma = 4.2$，当 H_0 为真时，选取统计量

$$U=\frac{\overline{X}-\mu_0}{\sigma/\sqrt{n}}\sim N(0,1),$$

得拒绝域为

$$\{|U|>u_{\frac{\alpha}{2}}=u_{0.025}=1.96\}.$$

将 $n=100,\sigma=4.2,\overline{x}=26.56$ 代入统计量公式,可得 $u=\left|\frac{\overline{x}-\mu_0}{\sigma/\sqrt{n}}\right|\approx 1.048$,在拒绝域外,所以接受原假设 H_0,即可认为这批纽扣的直径符合标准.

习题 6 某厂生产的合金钢,其抗拉强度(单位:MPa)$X\sim N(\mu,\sigma^2)$.现抽查 5 件样品,测得其抗拉强度分别为 46.8,45.0,48.3,45.1,44.7,在显著性水平 $\alpha=0.05$ 下,试检验假设

$$H_0:\mu=48;\quad H_1:\mu\neq 48.$$

解 由题意可知,需检验假设

$$H_0:\mu=\mu_0=48;\quad H_1:\mu\neq 48.$$

σ^2 未知,当 H_0 为真时,选取统计量

$$T=\frac{\overline{X}-\mu_0}{S/\sqrt{n}}\sim t(n-1),$$

得拒绝域为

$$\{|T|>t_{\frac{\alpha}{2}}(n-1)=t_{0.025}(4)=2.776\,4\}.$$

由 $n=5,\overline{x}=45.98,s\approx 1.535$,可得 $|t|\approx 2.942\,6>2.766\,4$,落入拒绝域,所以拒绝原假设 H_0.

习题 7 某厂生产的维纶的纤度(单位:D(旦尼尔))$X\sim N(\mu,\sigma^2)$,已知在正常情况下有 $\sigma=0.048$.现从中抽查 5 根维纶,测得其纤度分别为 1.32,1.55,1.36,1.40,1.44,问:X 的标准差 σ 是否发生了显著变化(显著性水平 $\alpha=0.05$)?

解 由题意可知,需检验假设

$$H_0:\sigma=\sigma_0=0.048;\quad H_1:\sigma\neq 0.048.$$

μ 未知,当 H_0 为真时,选取统计量

$$\chi^2=\frac{(n-1)S^2}{\sigma_0^2}\sim\chi^2(n-1),$$

得拒绝域为

$$\{\chi^2>\chi^2_{\frac{\alpha}{2}}(n-1)=\chi^2_{0.025}(4)=11.143\,3\ 或\ \chi^2<\chi^2_{1-\frac{\alpha}{2}}(n-1)=\chi^2_{0.975}(4)=0.484\,4\}.$$

将 $n=5,s^2=0.007\,78,\sigma_0=0.048$ 代入统计量公式,可得

$$\chi^2=\frac{(n-1)s^2}{\sigma_0^2}\approx 13.509\,6,$$

落入拒绝域,所以拒绝原假设 H_0,即可认为纤度的标准差发生了显著变化.

习题 8 从一批钢管中抽取 10 根,测得其内径(单位:mm)分别为

100.36, 100.31, 99.99, 100.11, 100.64,

100.85, 99.42, 99.91, 99.35, 100.10.

设这批钢管的内径服从正态分布 $N(\mu,\sigma^2)$,试分别在下列条件下检验假设(显著性水平 $\alpha=0.05$)

$$H_0:\mu \leqslant 100;\quad H_1:\mu > 100.$$

(1) 已知 $\sigma=0.5$;

(2) σ 未知.

解 (1) 已知 $\sigma=0.5$,当 H_0 为真时,选取统计量

$$U=\frac{\overline{X}-\mu}{\sigma/\sqrt{n}}\sim N(0,1),$$

得拒绝域为

$$\{U>u_{\alpha}=u_{0.05}=1.645\}.$$

由 $\overline{x}=100.104,\mu=100,\sigma=0.5,n=10$,可得 $u=\dfrac{100.104-100}{0.5/\sqrt{10}}\approx 0.6578$,在拒绝域外,故接受$H_0$,即不能认为 $\mu>100$.

(2) σ 未知,当 H_0 为真时,选取统计量

$$T=\frac{\overline{X}-\mu}{S/\sqrt{n}}\sim t(n-1),$$

得拒绝域为

$$\{T>t_{\alpha}(n-1)=t_{0.05}(9)=1.8331\}.$$

由 $\overline{x}=100.104,\mu=100,s\approx 0.4760,n=10$,可得 $t=\dfrac{100.104-100}{0.4760/\sqrt{10}}\approx 0.6909$,在拒绝域外,故接受 H_0,即不能认为 $\mu>100$.

习题 9 某单位统计报表显示,人均月收入为 3 030 元,为了验证该统计报表的正确性,做了共 100 人的抽样调查,样本人均月收入为 3 060 元,标准差为 80 元,问:能否说明该统计报表显示的人均收入的数字有误(显著性水平 $\alpha=0.05$)?

解 由题意可知,需检验假设

$$H_0:\mu=\mu_0=3\,030;\quad H_1:\mu\neq 3\,030.$$

已知 $\sigma=80$,当 H_0 为真时,选取统计量

$$U=\frac{\overline{X}-\mu_0}{\sigma/\sqrt{n}}\sim N(0,1),$$

得拒绝域为

$$\{|U|>u_{\frac{\alpha}{2}}=u_{0.025}=1.96\}.$$

将 $n=100,\sigma=80,\overline{x}=3\,060$ 代入统计量公式,可得 $|u|=3.75>1.96$,落入拒绝域,故拒绝 H_0,即可认为统计报表显示的人均收入的数字有误.

习题 10 已知某地区的初婚年龄服从正态分布,根据 9 个人的抽样调查,有 $\overline{x}=23.5$ 岁,$s=3$ 岁.问:是否可以认为该地区的平均初婚年龄已超过 20 岁(显著性水平 $\alpha=0.05$)?

解 由题意可知,需检验假设

$$H_0:\mu\leqslant 20;\quad H_1:\mu>20.$$

总体方差未知,当 H_0 为真时,选取统计量

$$T=\frac{\overline{X}-\mu}{S/\sqrt{n}}\sim t(n-1),$$

得拒绝域为

$$\{T > t_{\alpha}(n-1) = t_{0.05}(8) = 1.859\,5\}.$$

由 $n=9,\overline{x}=23.5,s=3,\mu=20$，可得 $t=3.5>1.859\,5$，落入拒绝域，故拒绝 H_0，即可认为该地区的平均初婚年龄已超过 20 岁.

习题 11 将19位工人按照其是否饮酒分成两组，让他们每人做一件同样的工作，测得他们的完工时间(单位:min) 如表 8.1 所示，试问：饮酒对工作能力是否有显著影响(显著性水平 $\alpha=0.05$)？

表 8.1

饮酒者	30	46	51	34	48	45	39	61	58	67
未饮酒者	28	22	55	45	39	35	42	38	20	

解 设 μ_1,μ_2 分别表示饮酒者与未饮酒者完工时间 X,Y 的总体均值.由题意可知，需检验假设

$$H_0:\mu_1=\mu_2;\quad H_1:\mu_1\neq\mu_2.$$

已知 $m=10,n=9,\overline{x}=47.9,\overline{y}=36,s_1^2\approx 139.211\,1,s_2^2=126$，则

$$s_w=\sqrt{\frac{(m-1)s_1^2+(n-1)s_2^2}{m+n-2}}=\sqrt{\frac{9\times 139.211\,1+8\times 126}{10+9-2}}\approx 11.532\,3.$$

虽然两总体的方差都未知，但 $\sigma_1^2=\sigma_2^2$，故当 H_0 为真时，选取统计量

$$T=\frac{\overline{X}-\overline{Y}}{S_w\sqrt{\frac{1}{m}+\frac{1}{n}}}\sim t(m+n-2).$$

对于 $\alpha=0.05$，查表可知 $t_{\frac{\alpha}{2}}(m+n-2)=t_{0.025}(17)=2.109\,8$.因 $|t|=\dfrac{|47.9-36|}{11.532\,3\times\sqrt{\frac{1}{10}+\frac{1}{9}}}\approx$ $2.245\,8>2.109\,8$，落入拒绝域，故拒绝 H_0，即饮酒对工作能力有显著影响.

习题 12 有甲、乙两名检验员，对同样的试样进行分析，各人分析的结果如表 8.2 所示，试问：甲、乙两人的分析结果之间有无显著差异(显著性水平 $\alpha=0.10$)？

表 8.2

实验号	1	2	3	4	5	6	7	8
甲	4.3	3.2	8.0	3.5	3.5	4.8	3.3	3.9
乙	3.7	4.1	3.8	3.8	4.6	3.9	2.8	4.4

解 方法一：设两样本分别取自正态总体 X,Y，且两总体的方差未知但相等，两样本相互独立，分别用 μ_1,μ_2 表示甲、乙的总体均值.由题意可知，需检验假设

$$H_0:\mu_1=\mu_2;\quad H_1:\mu_1\neq\mu_2.$$

当 H_0 为真时，选取统计量

$$T=\frac{\overline{X}-\overline{Y}}{S_w\sqrt{\frac{1}{n}+\frac{1}{m}}}\sim t(n+m-2),$$

得拒绝域为

$$\{|T|>t_{\frac{\alpha}{2}}(n+m-2)=t_{0.05}(14)=1.7613\}.$$

经计算得 $\overline{x}=4.3125,\overline{y}=3.8875,s_1^2\approx 2.5127,s_2^2\approx 0.2927,S_w\approx 1.1844$，则 $|t|\approx 0.7177<1.7613$，在拒绝域外，故接受 H_0，即可认为甲、乙两人的分析结果之间无显著差异.

方法二：此问题可归结为判断 $D=X-Y$ 是否服从正态分布 $N(0,\sigma^2)$，其中 σ^2 未知，即要检验假设

$$H_0:\mu=0;\quad H_1:\mu\neq 0.$$

当 H_0 为真时，选取统计量

$$T=\frac{\overline{D}-0}{S_D/\sqrt{n}}\sim t(n-1),$$

代入已知数据，可得 $|t|=\frac{0.425-0}{1.6893}\sqrt{8}\approx 0.7116$. 由 $\alpha=0.10$，查表可知，$t_{0.05}(7)=1.8946>0.7116$，故接受 H_0.

习题 13 有两台机器生产金属部件，分别在两台机器所生产的部件中各取一容量为 $m=14$ 和 $n=12$ 的样本，测得部件质量(单位:g) 的样本方差分别为 $s_1^2=15.46,s_2^2=9.66$. 设两样本相互独立，$F_{0.05}(13,11)=2.76$，试在显著性水平 $\alpha=0.05$ 下检验假设

$$H_0:\sigma_1^2\leqslant\sigma_2^2;\quad H_1:\sigma_1^2>\sigma_2^2.$$

解 设两台机器生产金属部件的质量分别为 $X\sim N(\mu_1,\sigma_1^2),Y\sim N(\mu_2,\sigma_2^2)$，当 H_0 为真时，选取统计量

$$F=\frac{S_1^2}{S_2^2}\sim F(m-1,n-1),$$

得拒绝域为

$$W=\{F>F_\alpha(m-1,n-1)=F_{0.05}(13,11)=2.76\}.$$

因 $s_1^2=15.46,s_2^2=9.66$，则 $F=\frac{15.46}{9.66}\approx 1.60\notin W$，故接受 H_0.

习题 14 现在 10 块土地上试种植甲、乙两种作物，所得产量分别为 $(x_1,x_2,\cdots,x_{10})$，$(y_1,y_2,\cdots,y_{10})$. 假设作物产量(单位:kg) 服从正态分布，并计算得 $\overline{x}=30.97,\overline{y}=21.79,s_x^2=26.7,s_y^2=12.1$. 取显著性水平 0.10，问：是否可认为两种作物的产量没有显著差别？

解 两样本分别来自正态总体，由于 σ_1^2,σ_2^2 未知，未确定假设检验类型，需先确定 σ_1^2 与 σ_2^2 是否相等，因此先检验假设

$$H_0:\sigma_1^2=\sigma_2^2;\quad H_1:\sigma_1^2\neq\sigma_2^2.$$

μ_1,μ_2 未知，当 H_0 为真时，选取统计量 $F=\frac{S_X^2}{S_Y^2}\sim F(m-1,n-1)$，得拒绝域为

$$\{F>F_{0.05}(9,9)=3.18\}\quad 或\quad \{F<F_{0.95}(9,9)\approx 0.314\}.$$

由 $s_x^2=26.7,s_y^2=12.1$，得 $f\approx 2.2067$，在拒绝域外，故接受 H_0.

确定 $\sigma_1^2=\sigma_2^2$ 后，再检验假设

$$H_0:\mu_1=\mu_2;\quad H_1:\mu_1\neq\mu_2.$$

当 H_0 为真时，选取统计量

$$T=\frac{\overline{X}-\overline{Y}}{S_w\sqrt{\frac{1}{m}+\frac{1}{n}}}\sim t(m+n-2),$$

得拒绝域为

$$\{|T|>t_{0.05}(18)=1.734\,1\}.$$

将数据代入得 $|t|=\frac{|30.97-21.79|}{1.969\,8}\approx 4.66$,落入拒绝域,即可认为两种作物的产量有显著差别.

习题 15 设两组工人的完工时间(单位:h)分别为 $X\sim N(\mu_1,\sigma_1^2)$ 和 $Y\sim N(\mu_2,\sigma_2^2)$,第一组工人的人数为 $m=10$,完工时间的样本方差为 $s_1^2=125.29$;第二组工人的人数为 $n=9$,完工时间的样本方差为 $s_2^2=112.00$.试检验假设 $H_0:\sigma_1^2=\sigma_2^2$(显著性水平 $\alpha=0.05$).

解 当 H_0 为真时,选取统计量

$$F=\frac{S_1^2}{S_2^2}\sim F(m-1,n-1),$$

得拒绝域为

$$\{F>F_{0.025}(9,8)=4.36\text{ 或 }F<F_{0.975}(9,8)\approx 0.244\}.$$

由 $s_1^2=125.29,s_2^2=112.00$,得 $f=\frac{s_1^2}{s_2^2}\approx 1.118\,7$,在拒绝域外,故接受 H_0.

习题 16 测得两批电子元件的样品的电阻(单位:Ω)为

A 批(X):0.140, 0.138, 0.143, 0.142, 0.144, 0.137,

B 批(Y):0.135, 0.140, 0.142, 0.136, 0.138, 0.140.

设这两批元件的电阻分别为 $X\sim N(\mu_1,\sigma_1^2)$ 和 $Y\sim N(\mu_2,\sigma_2^2)$,且两样本相互独立(显著性水平 $\alpha=0.05$).

(1) 试检验两个总体的方差是否相等.

(2) 试检验两个总体的均值是否相等.

解 (1) 检验两个总体的方差是否相等,应使用 F 检验.此处,由样本数据计算可得

$$\overline{x}\approx 0.140\,7,\quad \overline{y}=0.138\,5,\quad s_1\approx 0.002\,8,\quad s_2\approx 0.002\,7.$$

若取 $\alpha=0.05$,则 $F_{0.025}(5,5)=7.15$,$F_{0.975}(5,5)=\frac{1}{F_{0.025}(5,5)}\approx 0.139\,9$,从而得拒绝域为

$$W=\{F<0.139\,9\}\cup\{F>7.15\}.$$

由已知数据可得,统计量的观察值为

$$f=\frac{s_1^2}{s_2^2}=\frac{0.002\,8^2}{0.002\,7^2}\approx 1.075\,4,$$

在拒绝域外,故接受 H_0,即可认为两个总体的方差相等.

(2) 因为在(1) 中已经接受了两个总体的方差相等,所以在检验均值情况时,可以使用 t 检验.若取 $\alpha=0.05$,则 $t_{0.025}(10)=2.228\,1$,从而得拒绝域为 $\{|T|>2.228\,1\}$.这里有

$$s_w=\sqrt{\frac{5\times 0.002\,8^2+5\times 0.002\,7^2}{6+6-2}}\approx 0.002\,75,$$

 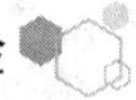

$$|t|=\frac{|0.1407-0.1385|}{0.00275\times\sqrt{\frac{1}{6}+\frac{1}{6}}}\approx 1.3856<2.2281,$$

在拒绝域外,故接受 H_0,即可认为两个总体的均值相等.

习题 17 对铁矿石中的含铁量(单位:%),用旧方法测量 5 次,得到样本标准差 $s_1=5.68$,用新方法测量 6 次,得到样本标准差 $s_2=3.02$.设用旧方法和新方法测得的含铁量分别为 $X\sim N(\mu_1,\sigma_1^2)$ 和 $Y\sim N(\mu_2,\sigma_2^2)$,问:新方法测得数据的方差是否显著小于旧方法测得数据的方差(显著性水平 $\alpha=0.05$)?

解 由题意可知,需检验假设

$$H_0:\sigma_1^2\leqslant\sigma_2^2;\quad H_1:\sigma_1^2>\sigma_2^2.$$

当 H_0 为真时,选取统计量

$$F=\frac{S_1^2}{S_2^2}\sim F(m-1,n-1),$$

得拒绝域为

$$\{F>F_\alpha(m-1,n-1)=F_{0.05}(4,5)=5.19\}.$$

由 $s_1=5.68,s_2=3.02$,得 $f=\frac{s_1^2}{s_2^2}\approx 3.5374<5.19$,在拒绝域外,故接受 H_0,即不能认为新方法测得数据的方差显著小于旧方法测得数据的方差.

习题 18 某地区成人中吸烟者占75%,经过戒烟宣传后,进行了抽样调查,发现了100名被调查的成人中,有 63 人是吸烟者,问:戒烟宣传是否收到了显著成效(显著性水平 $\alpha=0.05$)?

解 由题意可知,需检验假设

$$H_0:p\geqslant 75\%;\quad H_1:p<75\%.$$

当 H_0 为真时,选取统计量 $U=\sqrt{n}\ \dfrac{\hat{p}-p_0}{\sqrt{p_0(1-p_0)}}\sim N(0,1)$,得拒绝域为

$$\{U<-u_\alpha=-u_{0.05}=-1.645\}.$$

由 $\hat{p}=\frac{63}{100}=0.63,n=100,p_0=0.75$,得 $u\approx-2.7713<-1.645$,落入拒绝域,故拒绝 H_0,即可认为戒烟宣传收到了显著成效.

习题 19 据原有资料,某城市居民彩色电视的拥有率为 60%.现根据最新 100 户的抽样调查,彩色电视的拥有率为 62%.问:能否认为彩色电视的拥有率有所增长(显著性水平 $\alpha=0.05$)?

解 由题意可知,需假设检验

$$H_0:p\leqslant 60\%;\quad H_1:p>60\%.$$

当 H_0 为真时,选取统计量 $U=\sqrt{n}\ \dfrac{\hat{p}-p_0}{\sqrt{p_0(1-p_0)}}\sim N(0,1)$,得拒绝域为

$$\{U>u_\alpha=u_{0.05}=1.645\}.$$

由 $\hat{p}=0.62,n=100,p_0=0.6$,得 $u\approx 0.4082<1.645$,在拒绝域外,故接受 H_0,即不能认为彩色电视的拥有率有所增长.

习题 20 孟德尔遗传定律表明,在纯种红花豌豆与白花豌豆杂交后所生的子二代豌豆中,红花与白花之比为3∶1.某次种植试验的结果为红花豌豆352株,白花豌豆96株.试在显著性水平 $\alpha=0.05$ 下检验孟德尔遗传定律.

解 由题意可知,需检验假设

$$H_0:p=0.75;\quad H_1:p\neq 0.75.$$

当 H_0 为真时,选取统计量 $U=\sqrt{n}\dfrac{\hat{p}-p_0}{\sqrt{p_0(1-p_0)}}\sim N(0,1)$,得拒绝域为

$$\{|U|>u_{\frac{\alpha}{2}}=u_{0.025}=1.96\}.$$

由 $\hat{p}=\dfrac{352}{448}\approx 0.786$,$n=448$,$p_0=0.75$,得 $|u|\approx 1.759\,7<1.96$,在拒绝域外,故接受 H_0,即认可孟德尔遗传定律.

习题 21 假设六个整数1,2,3,4,5,6被随机地选择,在重复60次独立试验中,出现1,2,3,4,5,6的次数分别为13,19,11,8,5,4.问:在显著性水平 $\alpha=0.05$ 下是否可以认为假设 $H_0:P\{\xi=1\}=P\{\xi=2\}=\cdots=P\{\xi=6\}$ 成立?

解 以 ξ_i 表示随机选择整数 $i(i=1,2,\cdots,6)$,检验假设

$$H_0:p(\xi_i)=\frac{1}{6};\quad H_1:p(\xi_i)\neq\frac{1}{6},\text{至少存在一个 } i(i=1,2,\cdots,6).$$

当 H_0 为真时,选取统计量 $\chi^2=\sum\limits_{i=1}^{6}\dfrac{(n_i-np_i)^2}{np_i}\sim\chi^2(r-1)$,$np_i=60\times\dfrac{1}{6}=10$,计算检验统计量 χ^2 的必要过程如表8.3所示.

表 8.3

整数 i	1	2	3	4	5	6
观察频数 n_i	13	19	11	8	5	4
期望频数 np_i	10	10	10	10	10	10
n_i-np_i	3	9	1	-2	-5	-6
$(n_i-np_i)^2$	9	81	1	4	25	36
$\dfrac{(n_i-np_i)^2}{np_i}$	0.9	8.1	0.1	0.4	2.5	3.6

查表可知,$\chi^2_{0.05}(5)=11.070\,5$,得拒绝域为 $\{\chi^2>11.070\,5\}$,而 $\chi^2=\sum\limits_{i=1}^{6}\dfrac{(n_i-np_i)^2}{np_i}=15.6>11.070\,5$,落入拒绝域,故拒绝 H_0,即等概率的假设不成立.

习题 22 检查了一本书的100页,记录各页中印刷错误的个数,其结果如表8.4所示,问:能否认为一页中印刷错误的个数服从泊松分布(显著性水平 $\alpha=0.05$)?

表 8.4

错误个数	0	1	2	3	4	5	>6
页数	35	40	19	3	2	1	0

解 由题意可知,需检验假设:

表 8.9

A_i	n_i	$\hat{p}_i$	$n\hat{p}_i$	$n_i - n\hat{p}_i$	$\dfrac{(n_i - n\hat{p}_i)^2}{n\hat{p}_i}$
$X \leqslant 6.5$	9	0.075	7.5	1.5	0.3
$6.5 < X \leqslant 7$	6	0.088	8.8	−2.8	0.890 9
$7 < X \leqslant 7.5$	17	0.137	13.7	3.3	0.794 9
$7.5 < X \leqslant 8$	17	0.174	17.4	−0.4	0.009 2
$8 < X \leqslant 8.5$	16	0.175 8	17.58	−1.58	0.142 0
$8.5 < X \leqslant 9$	14	0.151 1	15.11	−1.11	0.081 5
$9 < X \leqslant 9.5$	10	0.102 3	10.23	−0.23	0.005 2
$X > 9.5$	11	0.096 8	9.68	1.32	0.18
合计					2.403 7

由表 8.9 可得，$r=8$，$\chi_\alpha^2(r-k-1)=\chi_{0.05}^2(8-2-1)=11.070\,5>2.403\,7$，故接受原假设，即可认为这些人造纤维的长度服从正态分布.

习题 25 某纺织厂生产某种纤维，随机抽取 50 件产品，测得它们的强度(单位：kg/cm²)数据如表 8.10 所示.试用柯尔莫哥洛夫检验法检验以上数据，判别该种纤维的强度是否服从正态分布(显著性水平 $\alpha=0.10$).

表 8.10

393	413	398	395.5	415.5	385.5	388	405.5	408	400.5
395.5	400.5	393	408	410.5	388	380.5	373	390.5	390.5
398	393	400.5	408	395.5	390.5	373	383	413	398
415.5	398	393	390.5	388	380.5	395.5	405.5	405.5	395.5
395.5	393	385.5	380.5	393	405.5	385.5	383	373	400.5

解 因样本容量 $n=50$ 已足够大，故可用点估计作为真的理论分布的参数 μ 和 σ，从而可得

$$\hat{\mu}=\overline{x}=394.95,\qquad \hat{\sigma}=\sqrt{\frac{1}{n}\sum_{i=1}^{n}(x_i-\overline{x})^2}\approx 10.7.$$

于是，需检验假设

$$H_0: F(x) \sim N(394.95, 10.7^2).$$

根据柯尔莫哥洛夫检验法的步骤，将必要的计算过程列入表 8.11，以便求出统计量 D_n 的值.将 $x_{(i)}$ 标准化为 $u_i=\dfrac{x_{(i)}-394.95}{10.7}$，经验分布函数值的修正值为 $F_n(x_{(i)})=\dfrac{n_i(x_{(i)})-0.5}{n}$.

表 8.11

$x_{(i)}$	频数	标准化 u_i	经验分布函数值 $F_n(x_{(i)})$	理论分布函数值 $\Phi(u_i)$	$\lvert F_n(x_{(i)})-\Phi(u_i)\rvert$	$\lvert F_n(x_{(i+1)})-\Phi(u_i)\rvert$
373	3	−2.05	0.05	0.020 2	0.029 8	0.089 8
380.5	3	−1.35	0.11	0.088 5	0.021 5	0.061 5
383	2	−1.12	0.15	0.131 4	0.018 6	0.078 6
385.5	3	−0.88	0.21	0.189 4	0.020 6	0.080 6
388	3	−0.65	0.27	0.257 8	0.012 2	0.092 2
390.5	4	−0.42	0.35	0.337 2	0.012 8	0.132 8
393	6	−0.18	0.47	0.428 6	0.041 4	0.161 4
395.5	6	0.05	0.59	0.519 9	0.070 1	0.150 1
398	4	0.29	0.67	0.614 1	0.055 9	0.215 9
405.5	8	0.99	0.83	0.838 9	0.008 9	0.051 1
408	3	1.22	0.89	0.888 8	0.001 2	0.021 2
410.5	1	1.45	0.91	0.926 5	0.016 5	0.023 5
413	2	1.69	0.95	0.954 5	0.004 5	0.035 5
415.5	2	1.92	0.99	0.972 6	0.017 4	

从表 8.11 的最后两列看出 $D_{50}=0.215\,9$.查柯尔莫哥洛夫检验临界值表,$n=50$,显著性水平 $\alpha=0.10$,得临界值 $D_{50,0.10}=0.169\,59$. 由于 $D_{50}=0.215\,9>D_{50,0.10}=0.169\,59$,因此拒绝原假设,认为总体分布不服从正态分布 $N(394.95,10.7^2)$.

8.4 考研专题

考研真题

8.4.1 本章考研大纲要求

"假设检验"部分内容在全国研究生招生考试数学一中考察,内容包括:显著性检验、假设检验的两类错误、单个及两个正态总体的均值和方差的假设检验.数学三暂时不考察.具体考试要求如下:

1. 理解显著性检验的基本思想,掌握假设检验的基本步骤,了解假设检验可能产生的两类错误.

2. 掌握单个及两个正态总体的均值和方差的假设检验.

8.4.2 考题特点分析

分析近十年的概率论与数理统计考题发现,仅在 2018 年及 2021 年的选择题中各出现一次,考的频次极低,不是考试的重点.考生需了解假设检验可能产生的两类错误及其概率的计算,给出假设的基本类型,掌握假设检验的基本步骤等.

8.4.3 考研真题

下面给出"假设检验"部分近十年的考题,供读者自我测试.

1.(2018 年数学一)设总体 $X \sim N(\mu,\sigma^2)$,σ^2 已知,$(X_1,X_2,\cdots,X_n)$ 是取自总体 X 的一个样本,据此样本检验假设 $H_0:\mu=\mu_0$;$H_1:\mu \neq \mu_0$,则(　　).

A. 若显著性水平 $\alpha=0.05$ 时拒绝 H_0,则 $\alpha=0.01$ 时也拒绝 H_0

B. 若显著性水平 $\alpha=0.05$ 时接受 H_0,则 $\alpha=0.01$ 时拒绝 H_0

C. 若显著性水平 $\alpha=0.05$ 时拒绝 H_0,则 $\alpha=0.01$ 时接受 H_0

D. 若显著性水平 $\alpha=0.05$ 时接受 H_0,则 $\alpha=0.01$ 时也接受 H_0

2.(2021 年数学一)设 $(X_1,X_2,\cdots,X_{16})$ 是取自总体 $X \sim N(\mu,2^2)$ 的一个样本,考虑假设检验 $H_0:\mu \leqslant 10$; $H_1:\mu > 10$,$\Phi(x)$ 表示标准正态分布函数.若该检验的拒绝域为 $W=\{\overline{X} \geqslant 11\}$,其中 $\overline{X}=\frac{1}{16}\sum_{i=1}^{16} X_i$,则 $\mu=11.5$ 时,该检验犯第二类错误的概率为(　　).

A. $1-\Phi(0.5)$　　B. $1-\Phi(1)$　　C. $1-\Phi(1.5)$　　D. $1-\Phi(2)$

8.4.4 考研真题参考答案

1.【答案】D.

【解析】由 $\overline{X} \sim N\left(\mu,\frac{\sigma^2}{n}\right)$ 可知,$U=\frac{\overline{X}-\mu}{\sigma/\sqrt{n}} \sim N(0,1)$,其中 $\overline{X}=\frac{1}{n}\sum_{i=1}^{n} X_i$.

当 $\alpha_1=0.05$ 时,假设检验的拒绝域为 $\left\{\left|\frac{\overline{X}-\mu}{\sigma/\sqrt{n}}\right|>u_{0.025}\right\}$;当 $\alpha_2=0.01$ 时,拒绝域为 $\left\{\left|\frac{\overline{X}-\mu}{\sigma/\sqrt{n}}\right|>u_{0.005}\right\}$.这里有 $u_{0.025}<u_{0.005}$,因此只要落入拒绝域 $\left\{\left|\frac{\overline{X}-\mu}{\sigma/\sqrt{n}}\right|>u_{0.005}\right\}$,就一定会落入拒绝域 $\left\{\left|\frac{\overline{X}-\mu}{\sigma/\sqrt{n}}\right|>u_{0.025}\right\}$.也就是说,在 $\alpha=0.01$ 时拒绝 H_0,则在 $\alpha=0.05$ 时也拒绝 H_0,反之,在 $\alpha=0.05$ 时接受 H_0,则在 $\alpha=0.01$ 时也接受 H_0.

2.【答案】B.

【解析】根据 $X \sim N(\mu,2^2)$,$\overline{X} \sim N\left(\mu,\frac{4}{n}\right)$ 可知,$\frac{\overline{X}-\mu}{2/\sqrt{16}} \sim N(0,1)$,因此犯第二类错误的概率为

$$\beta=P\{\overline{W} \mid H_1\}=P\{\overline{X}<11 \mid \mu=11.5\}=P\left\{\frac{\overline{X}-11.5}{2/\sqrt{16}}<-1\right\}=\Phi(-1)=1-\Phi(1).$$

8.5 数学实验

8.5.1 两个总体均值的假设检验实验

1. 实验要求

有甲、乙两名检验员,对同样的试样进行分析,两人分析的结果如表 8.12 所示,试问:甲、

乙两人的分析结果之间有无显著差异(显著性水平 $\alpha=0.10$)?

表 8.12

实验号	1	2	3	4	5	6	7	8
甲	4.3	3.2	8.0	3.5	3.5	4.8	3.3	3.9
乙	3.7	4.1	3.8	3.8	4.6	3.9	2.8	4.4

2. Python 实现代码

```
import numpy as np
from statsmodels.stats.weightstats import ttest_ind
a = np.array([4.3,3.2,8,3.5,3.5,4.8,3.3,3.9])
b = np.array([3.7,4.1,3.8,3.8,4.6,3.9,2.8,4.4])
tstat,pvalue,df = ttest_ind(a,b,value = 0)
print(' 检验统计量为 ',round(tstat,4))
print('p 值为 ',round(pvalue,4))
```

运行结果:

```
检验统计量为 0.7177
p 值为 0.4847
```

说明:从 ttest_ind() 的运行结果可以看出,$|t|=0.7177<t_{0.05}(14)=1.7613$,且 $p=0.4847>\alpha$,因此接受原假设 $H_0:\mu_1=\mu_2$,即可认为甲、乙两人的分析结果之间无显著差异.

8.5.2 正态分布检验实验

1. 实验要求

随机抽检 35 位健康男性在未进食之前的血糖浓度,测得的数据(单位:mg/dL) 如表 8.13 所示,试检验以下数据,判别这些人的血糖浓度是否服从正态分布(显著性水平 $\alpha=0.05$).

表 8.13

87	77	92	68	80	78	84	77	81	80	80	77	92	86
76	80	81	75	77	72	81	72	84	86	80	68	77	87
76	77	78	92	75	80	78							

2. Python 实现代码

```
import pandas as pd
import matplotlib.pyplot as plt
from scipy import stats
#样本数据,35 位健康男性在未进食之前的血糖浓度
data = [87,77,92,68,80,78,84,77,81,80,80,77,92,86,
        76,80,81,75,77,72,81,72,84,86,80,68,77,87,
        76,77,78,92,75,80,78]
df = pd.DataFrame(data,columns = [' 血糖浓度 '])
u = df[' 血糖浓度 '].mean()              #计算均值
std = df[' 血糖浓度 '].std()             #计算标准差
```

```
result=stats.kstest(df['血糖浓度'], 'norm', (u,std))
print("检测结果:",result)
#绘制数据的直方图
plt.rcParams['font.sans-serif']=['SimHei'] #指定默认字体
df['血糖浓度'].hist(bins=10,rwidth=0.8,density=True)
df['血糖浓度'].plot(kind='kde', secondary_y=True)
plt.show()
```

运行结果：

检测结果：KstestResult(statistic = 0.1590180704824098,pvalue = 0.3056480127078781)

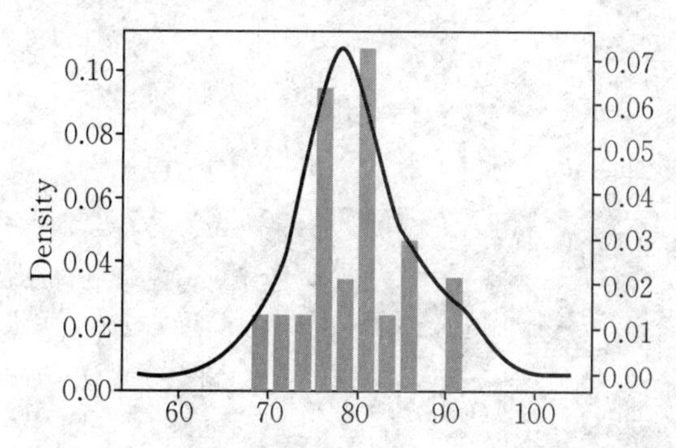

说明：因 $p=0.305\,6>0.05$，故接受原假设，可以认为这些人的血糖浓度服从正态分布.

第9章 方差分析与回归分析

学习要求

1. 了解方差分析和单因素试验的方差分析；理解方差分析的基本思路；掌握单因素试验的方差分析方法.

2. 掌握双因素试验的方差分析；理解双因素试验的方差分析的定义；掌握偏差平方和分解的方法，以及检验方法.

3. 掌握一元线性回归；理解一元线性回归；掌握回归方程的显著性检验；理解可转化为一元线性回归的问题.

4. 掌握多元线性回归；理解多元线性回归模型的设定、未知参数的最小二乘估计、回归方程的方差分析(F 检验)；掌握多项式回归模型.

5. 理解协方差分析模型及其应用；认识协方差分析模型；理解协方差分析用于教学单位测评得分的比较.

6. 了解酶促反应；理解酶促反应的分析与求解.

7. 了解统计模型优劣的评价标准.

重点

单因素试验的方差分析方法；一元线性回归.

难点

双因素试验的方差分析方法；多元线性回归.

9.1 知识结构

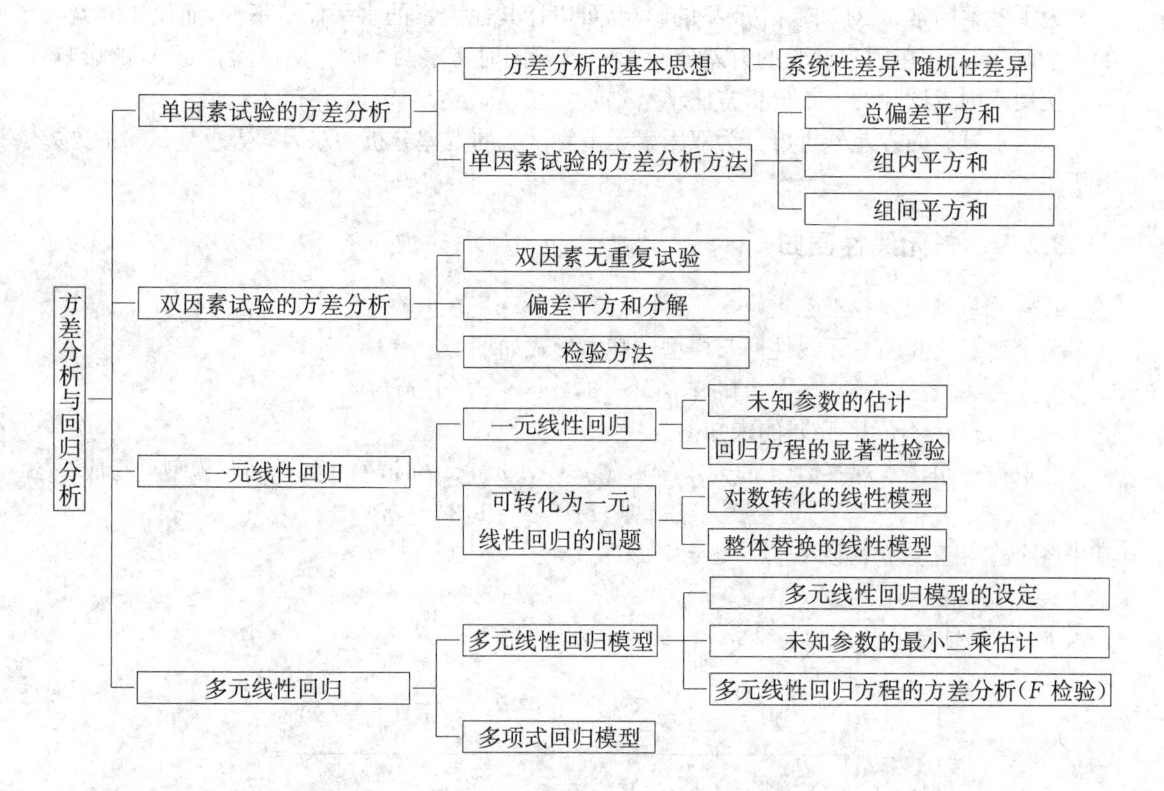

9.2 重点内容介绍

9.2.1 基本概念

1. 方差分析

方差分析的发现来源于科学试验或生产实践的需要.20 世纪 20 年代,费希尔在进行田间试验时,为了分析试验结果,创立了方差分析法.方差分析是用来检验多个样本均值间差异是否具有统计意义的一种方法,它利用试验数据来分析各个因素对事物的影响是否显著,是鉴别影响因素的显著性及因素的各种状态效应的一种统计方法.

2. 相关关系

在实际问题中,存在着同处于一个过程之中的相互制约、相互联系的多个变量,人们期待弄清楚这些变量之间的依存关系,如人的体重和身高之间的关系、商品的需求量和价格之间的关系等.这些变量与变量之间的非确定性关系,叫作相关关系.

3. 回归分析

为了深入了解事物的本质,人们需要寻求这些变量之间的数量关系,回归分析就是寻找这种具有相关关系的变量之间的数量关系式并进行统计推断的一种统计方法.它利用两个或两个以上变量之间的关系,由一个或几个变量来表示另一个变量.

9.2.2 方差分析的分类

为了考察因素 A 对试验指标 X 的影响，可以让其他因素的水平保持不变，而仅让因素 A 的水平改变，使用单因素试验的方差分析方法.若要同时考察两个因素对试验指标 X 的影响，则应使用双因素试验的方差分析方法.

双因素试验的方差分析可分为双因素无重复试验的方差分析和双因素等重复试验的方差分析.

9.2.3 一元线性回归

1. 一元线性回归模型

两个变量之间的一元线性回归模型的基本形式如下：

$$Y=\beta_0+\beta_1 x+\varepsilon,\quad \varepsilon\sim N(0,\sigma^2),$$

其中β_0,β_1,σ^2 为不依赖于 x 的未知参数.

当取得一组样本观察值$(x_1,y_1),(x_2,y_2),\cdots,(x_n,y_n)$时，一元线性回归模型可写成

$$y_i=\beta_0+\beta_1 x_i+\varepsilon_i\quad (i=1,2,\cdots,n),$$

其中各个ε_i 相互独立，且$E(\varepsilon_i)=0,0<D(\varepsilon_i)=\sigma^2<+\infty$.

2. β_0,β_1 的估计

β_0,β_1 的估计值分别为

$$\begin{cases}\hat{\beta}_1=\dfrac{n\sum\limits_{i=1}^{n}x_iy_i-\sum\limits_{i=1}^{n}x_i\sum\limits_{i=1}^{n}y_i}{n\sum\limits_{i=1}^{n}x_i^2-\left(\sum\limits_{i=1}^{n}x_i\right)^2}=\dfrac{\sum\limits_{i=1}^{n}(x_i-\overline{x})(y_i-\overline{y})}{\sum\limits_{i=1}^{n}(x_i-\overline{x})^2}=\dfrac{L_{xy}}{L_{xx}},\\ \hat{\beta}_0=\dfrac{1}{n}\sum\limits_{i=1}^{n}y_i-\dfrac{\hat{\beta}_1}{n}\sum\limits_{i=1}^{n}x_i=\overline{y}-\hat{\beta}_1\overline{x},\end{cases}$$

其中

$$\overline{x}=\frac{1}{n}\sum_{i=1}^{n}x_i,\quad \overline{y}=\frac{1}{n}\sum_{i=1}^{n}y_i,$$

$$L_{xy}=\sum_{i=1}^{n}(x_i-\overline{x})(y_i-\overline{y})=\sum_{i=1}^{n}x_iy_i-\frac{1}{n}\left(\sum_{i=1}^{n}x_i\right)\left(\sum_{i=1}^{n}y_i\right),$$

$$L_{xx}=\sum_{i=1}^{n}(x_i-\overline{x})^2=\sum_{i=1}^{n}x_i^2-\frac{1}{n}\left(\sum_{i=1}^{n}x_i\right)^2.$$

为了以后进一步分析的需要，引入

$$L_{yy}=\sum_{i=1}^{n}(y_i-\overline{y})^2=\sum_{i=1}^{n}y_i^2-\frac{1}{n}\left(\sum_{i=1}^{n}y_i\right)^2.$$

3. 回归方程的显著性检验

(1) T 检验法.

选取统计量

$$T=\frac{\hat{\beta}_1}{\hat{\sigma}}\sqrt{L_{xx}}\sim t(n-2),$$

得拒绝域为

$$|T|=\frac{|\hat{\beta}_1|}{\hat{\sigma}}\sqrt{L_{xx}}>t_{\frac{\alpha}{2}}(n-2).$$

当原假设 H_0 被拒绝时,认为回归效果显著,反之就认为回归效果不显著.

(2) F 检验法.

选取统计量

$$F=\frac{S_R}{S_E/(n-2)}\sim F(1,n-2),$$

从而可以根据 F 值的大小来检验原假设 H_0. 对于给定的显著性水平 α，查表可得 $F_\alpha(1,n-2)$，若 $F>F_\alpha(1,n-2)$，则拒绝 H_0，即认为 x 和 Y 之间的线性相关关系显著；若 $F\leqslant F_\alpha(1,n-2)$，则接受 H_0，即认为 x 和 Y 之间的线性相关关系不显著或不存在线性相关关系.

4. 可转化为一元线性回归的问题

(1) 对数转化的线性模型.

设

$$Y=\alpha e^{\beta x}\cdot\varepsilon,\quad \ln\varepsilon\sim N(0,\sigma^2),$$

其中 α,β,σ^2 是与 x 无关的未知参数.对 $Y=\alpha e^{\beta x}\cdot\varepsilon$ 等号两边同时取对数,可得

$$\ln Y=\ln\alpha+\beta x+\ln\varepsilon.$$

令 $Y'=\ln Y,a=\ln\alpha,b=\beta,x'=x,\varepsilon'=\ln\varepsilon$,则可将上式转化为一元线性回归模型

$$Y'=a+bx'+\varepsilon',\quad \varepsilon'\sim N(0,\sigma^2).$$

(2) 整体替换的线性模型.

设

$$Y=\alpha+\beta h(x)+\varepsilon,\quad \varepsilon\sim N(0,\sigma^2),$$

其中 α,β,σ^2 是与 x 无关的未知参数,$h(x)$ 是已知函数.令 $a=\alpha,b=\beta,x'=h(x),Y'=Y$,则可将上式转化为一元线性回归模型

$$Y'=a+bx'+\varepsilon,\quad \varepsilon\sim N(0,\sigma^2).$$

9.2.4 多元线性回归

1. 多元线性回归模型

设变量 Y 与变量 $x_1,x_2,\cdots,x_l$ 之间满足

$$Y=\beta_0+\beta_1x_1+\beta_2x_2+\cdots+\beta_lx_l+\varepsilon,$$

其中 $\beta_0,\beta_1,\beta_2,\cdots,\beta_l$ 为未知参数,随机误差 $\varepsilon\sim N(0,\sigma^2)$,$\sigma^2$ 未知.现对 $Y,x_1,x_2,\cdots,x_l$ 进行 n 次观察,得到 n 组观察值

$$y_i,x_{i1},x_{i2},\cdots,x_{il}\quad(i=1,2,\cdots,n).$$

它们之间满足

$$y_i=\beta_0+\beta_1x_{i1}+\beta_2x_{i2}+\cdots+\beta_lx_{il}+\varepsilon_i\quad(i=1,2,\cdots,n),$$

这里 ε_i 相互独立,$\varepsilon_i\sim N(0,\sigma^2)$.引入矩阵记号

$$\boldsymbol{Y}=\begin{pmatrix}y_1\\y_2\\\vdots\\y_n\end{pmatrix},\quad \boldsymbol{X}=\begin{pmatrix}1 & x_{11} & \cdots & x_{1l}\\1 & x_{21} & \cdots & x_{2l}\\\vdots & \vdots & & \vdots\\1 & x_{n1} & \cdots & x_{nl}\end{pmatrix},\quad \boldsymbol{\beta}=\begin{pmatrix}\beta_0\\\beta_1\\\vdots\\\beta_l\end{pmatrix},\quad \boldsymbol{\varepsilon}=\begin{pmatrix}\varepsilon_1\\\varepsilon_2\\\vdots\\\varepsilon_n\end{pmatrix},$$

则模型可表示成矩阵的形式,即

$$\boldsymbol{Y}=\boldsymbol{X\beta}+\boldsymbol{\varepsilon},\quad \varepsilon_i\sim N(0,\sigma^2),\quad \boldsymbol{\varepsilon}\sim N(\boldsymbol{0},\sigma^2\boldsymbol{I}_n),$$

其中 $\boldsymbol{I}_n$ 是 n 阶单位矩阵.

2. $\boldsymbol{\beta}$ 的最小二乘估计

$\boldsymbol{\beta}$ 的最小二乘估计为

$$\hat{\boldsymbol{\beta}}=\begin{pmatrix}\hat{\beta}_0\\\hat{\beta}_1\\\vdots\\\hat{\beta}_l\end{pmatrix}=(\boldsymbol{X}'\boldsymbol{X})^{-1}\boldsymbol{X}'\boldsymbol{Y}.$$

3. 多元线性回归方程的方差分析

选取统计量

$$F=\frac{S_R/l}{S_E/(n-l-1)}\sim F(l,n-l-1),$$

从而可以根据 F 值的大小来检验假设 H_0.对于给定的显著性水平 α,查表可得 $F_\alpha(l,n-l-1)$,若 $F>F_\alpha(l,n-l-1)$,则拒绝 H_0,即认为 Y 和 $x_1,x_2,\cdots,x_l$ 之间的线性相关关系显著;若 $F\leqslant F_\alpha(l,n-l-1)$,则接受 H_0,即认为 Y 和 $x_1,x_2,\cdots,x_l$ 之间的线性相关关系不显著或不存在线性相关关系.

9.2.5 多项式回归

多项式回归模型是一种重要的曲线回归模型,这种模型通常容易转化成一般的多元线性回归模型来处理,因而它的应用也很广泛.多项式回归模型的一般形式为

$$Y=\beta_0+\beta_1x+\beta_2x^2+\cdots+\beta_lx^l+\varepsilon,\quad \varepsilon\sim N(0,\sigma^2),$$

其中 $\beta_0,\beta_1,\beta_2,\cdots,\beta_l,\sigma^2$ 是与 x 无关的未知参数.若令

$$x_1=x,\quad x_2=x^2,\quad \cdots,\quad x_l=x^l,$$

则多项式回归模型就转化为多元线性回归模型,即

$$Y=\beta_0+\beta_1x_1+\beta_2x_2+\cdots+\beta_lx_l+\varepsilon,\quad \varepsilon\sim N(0,\sigma^2).$$

9.3 教材习题解析

习题 1 将抗生素注入人体会产生抗生素与血浆蛋白结合的现象,以致减少了药效.表 9.1 列出了将 5 种常用的抗生素注入牛体时,抗生素与血浆蛋白结合的百分比,试在显著性水平 $\alpha=0.05$ 下检验这些百分比的均值有无显著差异.

表 9.1

青霉素	四环素	链霉素	红霉素	氯霉素
29.6	27.3	5.8	21.6	29.2
24.3	32.6	6.2	17.4	32.8
28.5	30.8	11.0	18.3	25.0
32.0	34.8	8.3	19.0	24.2

解 这里 $l=5, n_1=n_2=n_3=n_4=n_5=4, n=20$，则

$$T=\sum_{j=1}^{l}\sum_{i=1}^{n_j}x_{ij}=458.7,\quad S_T=\sum_{j=1}^{l}\sum_{i=1}^{n_j}x_{ij}^2-\frac{T^2}{n}\approx 1\,616.645\,5,$$

$$S_A=\sum_{j=1}^{l}\frac{T_{\cdot j}^2}{n_j}-\frac{T^2}{n}\approx 1\,480.823,\quad S_E=S_T-S_A=135.822\,5.$$

方差分析结果如表 9.2 所示.

表 9.2

方差来源	平方和	自由度	均方和	F 值
因素	1 480.823	4	370.205 8	40.885
误差	135.822 5	15	9.054 8	
总和	1 616.645 5	19		

当 $\alpha=0.05$ 时，因为 $F_{0.05}(4,15)=3.06<f=40.885$，所以不同抗生素与血浆蛋白结合的百分比的均值有显著差异.

习题 2 某种产品推销上有 5 种方法，某公司想比较这 5 种方法对推销额有无显著差异，设计了一种试验：从应聘的无推销经验的人员中随机挑选一部分人，将他们随机分成 5 组，每组用一种推销方法进行培训，培训相同时间后观察他们在一个月内的推销额(单位：万元)，所得数据如表 9.3 所示，检验这 5 种方法是否对推销额有显著差异(显著性水平 $\alpha=0.05$).

表 9.3

组别	推销额						
1	20.0	16.8	17.9	21.2	23.9	26.8	22.4
2	24.9	21.3	22.6	30.2	29.9	22.5	20.7
3	16.0	20.1	17.3	20.9	22.0	26.8	20.8
4	17.5	18.2	20.2	17.7	19.1	18.4	16.5
5	25.2	26.2	26.9	29.3	30.4	29.7	28.2

解 这里 $l=5, n_1=n_2=n_3=n_4=n_5=7, n=35$，则

$$T=\sum_{j=1}^{l}\sum_{i=1}^{n_j}x_{ij}=788.5,\quad S_T=\sum_{j=1}^{l}\sum_{i=1}^{n_j}x_{ij}^2-\frac{T^2}{n}\approx 675.271\,4,$$

$$S_A=\sum_{j=1}^{l}\frac{T_{\cdot j}^2}{n_j}-\frac{T^2}{n}\approx 405.534\,3,\quad S_E=S_T-S_A=269.737\,1.$$

方差分析结果如表 9.4 所示.

表 9.4

方差来源	平方和	自由度	均方和	F 值
因素	405.534 3	4	101.383 6	11.276
误差	269.737 1	30	8.991 2	
总和	675.271 4	34		

当 $\alpha=0.05$ 时，因为 $F_{0.05}(4,30)=2.69<f=11.276$，所以不同产品推销方法对推销额有显著差异.

习题 3 某SARS研究所对31名志愿者进行某项生理指标测试，结果如表9.5所示，试问：这三类人的该项生理指标有显著差别吗(显著性水平 $\alpha=0.05$)?

表 9.5

SARS患者	1.8	1.4	1.5	2.1	1.9	1.7	1.8	1.9	1.8	1.8	2.0
疑似者	2.3	2.1	2.1	2.1	2.6	2.5	2.3	2.4	2.4		
非患者	2.9	3.2	2.7	2.8	2.7	3.0	3.4	3.0	3.4	3.3	3.5

解 由题意可知，$n=31,k=3,n_1=11,n_2=9,n_3=11$，则

$$\overline{y}_1=\frac{\sum_{j=1}^{n_1}y_{1j}}{n_1}\approx 1.790\,9,\quad \overline{y}_2=\frac{\sum_{j=1}^{n_2}y_{2j}}{n_2}\approx 2.311\,1,\quad \overline{y}_3=\frac{\sum_{j=1}^{n_3}y_{3j}}{n_3}\approx 3.081\,8,$$

$$S_A=\sum_{i=1}^{k}\sum_{j=1}^{n_i}(\overline{y}_i-\overline{y})^2\approx 9.266,\quad S_E=\sum_{i=1}^{k}\sum_{j=1}^{n_i}(y_{ij}-\overline{y}_i)^2\approx 1.534,\quad S_T=S_A+S_E=10.8.$$

方差分析结果如表9.6所示.

表 9.6

方差来源	平方和	自由度	均方和	F 值
因素	9.266	2	4.633	84.24
误差	1.534	28	0.055	
总和	10.800	30		

当 $\alpha=0.05$ 时，因为 $F_{0.05}(2,28)=3.34<f=84.24$，所以可以认为这三类人的该项生理指标有显著差别.

习题 4 为了解3种不同配比的饲料对仔猪影响的差异，对3种不同品种的猪各选3头进行试验，分别测得其在3个月间的体重增加量(单位：kg)，如表9.7所示.假定其体重增加量服从正态分布，且方差相同.试分析不同饲料(因素 A)与不同品种(因素 B)对猪的生长有无显著差异(显著性水平 $\alpha=0.05$).

表 9.7

因素 A	因素 B		
	B_1	B_2	B_3
A_1	30	31	32
A_2	31	36	32
A_3	27	29	28

解 这里是双因素无重复试验的方差分析，列表 9.8.

表 9.8

	观察数	求和	平均	方差
A_1	3	93	31	1
A_2	3	99	33	7
A_3	3	84	28	1
B_1	3	88	29.333 33	4.333 333
B_2	3	96	32	13
B_3	3	92	30.666 67	5.333 333

方差分析结果如表 9.9 所示.

表 9.9

方差来源	平方和	自由度	均方和	F 值
因素 A	38	2	19	10.363 64
因素 B	10.666 667	2	5.333 333	2.909 091
误差	7.333 333	4	1.833 333	
总和	56	8		

查表得 $F_{0.05}(2,4)=6.96$.因 $f_A=10.363\ 64>6.96$，$f_B=2.909\ 091<6.96$，故不同饲料对猪生长的作用有显著差异，不同品种对猪生长的作用无显著差异.

习题 5 在某橡胶配方中，考虑了 3 种不同的促进剂、4 种不同分量的氧化锌，每种配方各做一次试验，测得 300% 定强如表 9.10 所示，试问：不同的促进剂、不同分量的氧化锌对定强有无显著影响？

表 9.10

促进剂 A	氧化锌 B			
	B_1	B_2	B_3	B_4
A_1	31	34	35	39
A_2	33	36	37	38
A_3	35	37	39	42

解 这里 $l=3$，$m=4$，$n=lm=12$，所需计算如表 9.11 所示.

表 9.11

因素 B	因素 A			$\sum_{j=1}^{3} x_{ij}$	$(\sum_{j=1}^{3} x_{ij})^2$
	A_1	A_2	A_3		
B_1	31	33	35	99	9 801
B_2	34	36	37	107	11 449
B_3	35	37	39	111	12 321
B_4	39	38	42	119	14 161

续表

因素 B	因素 A			$\sum_{j=1}^{3}x_{ij}$	$(\sum_{j=1}^{3}x_{ij})^2$
	A_1	A_2	A_3		
$\sum_{i=1}^{4}x_{ij}$	139	144	153	436	47 732
$(\sum_{i=1}^{4}x_{ij})^2$	19 321	20 736	23 409	63 466	
$\sum_{i=1}^{4}(x_{ij})^2$	4 836	5 198	5 879	15 940	

由表 9.11 可得

$$T=\sum_{j=1}^{l}\sum_{i=1}^{m}x_{ij}=436,$$

$$S_T=\sum_{j=1}^{l}\sum_{i=1}^{m}x_{ij}^2-\frac{T^2}{n}=15\,940-\frac{1}{12}\times 436^2\approx 98.67,$$

$$S_A=\frac{1}{m}\sum_{j=1}^{l}T_{\cdot j}^2-\frac{T^2}{n}=\frac{1}{4}\times 63\,466-\frac{1}{12}\times 436^2\approx 25.17,$$

$$S_B=\frac{1}{l}\sum_{i=1}^{m}T_{i\cdot}^2-\frac{T^2}{n}=\frac{1}{3}\times 47\,732-\frac{1}{12}\times 436^2\approx 69.33,$$

$$S_E=S_T-S_A-S_B=4.17.$$

方差分析结果如表 9.12 所示.

表 9.12

方差来源	平方和	自由度	均方和	F 值
因素 A	25.17	2	12.585	18.11
因素 B	69.33	3	23.11	33.25
误差	4.17	6	0.695	
总和	98.67	11		

对于因素 A(促进剂),查表得

$$F_{0.05}(2,6)=5.14,\quad F_{0.01}(2,6)=10.92,\quad F_{0.01}(2,6)<f_A=18.11,$$

所以不同促进剂对定强的影响高度显著.对于因素 B(氧化锌),查表得

$$F_{0.05}(3,6)=4.76,\quad F_{0.01}(3,6)=9.78,\quad F_{0.01}(3,6)<f_B=33.25,$$

所以不同分量的氧化锌对定强的影响高度显著.

习题 6 表 9.13 记录了 3 位操作工分别在 4 台不同机器上操作三天的日产量(单位:件).试在显著性水平 $\alpha=0.05$ 下检验:

(1) 操作工之间有无显著差异;

(2) 机器之间有无显著差异;

(3) 操作工与机器的交互作用是否显著.

表 9.13

机器	操作工								
	甲			乙			丙		
A_1	15	15	17	17	19	16	16	18	21
A_2	17	17	17	15	15	15	19	22	22
A_3	15	17	16	18	17	16	18	18	18
A_4	18	20	22	15	16	17	17	17	17

解 用 r 表示机器的水平数,s 表示操作工的水平数,t 表示重复试验次数,有 $r=4,s=3$,$t=3,n=rst=36$,计算结果如表 9.14 所示.

表 9.14

$y_{ij\cdot}$	甲	乙	丙	$y_{i\cdot\cdot}$
A_1	47	54	55	156
A_2	51	45	63	159
A_3	48	51	54	153
A_4	60	48	51	159
$y_{\cdot j\cdot}$	206	198	223	627

由表 9.14 可得

$$\sum_i\sum_j\sum_k y_{ijk}^2=11\,065,\quad \sum_i\sum_j y_{ij\cdot}^2=33\,071,$$

$$\sum_i y_{i\cdot\cdot}^2=98\,307,\quad \sum_j y_{\cdot j\cdot}^2=131\,369,\quad \frac{\left(\sum_i\sum_j\sum_k y_{ijk}\right)^2}{n}=10\,920.25,$$

$$S_A=\frac{1}{9}\times 98\,307-10\,920.25=2.75,$$

$$S_B=\frac{1}{12}\times 131\,369-10\,920.25\approx 27.17,$$

$$S_{A\times B}=\frac{1}{3}\times 33\,071-10\,920.25-2.75-27.17\approx 73.50,$$

$$S_T=11\,065-10\,920.25=144.75,$$

$$S_E=144.75-2.75-27.17-73.50=41.33.$$

方差分析结果如表 9.15 所示.

表 9.15

来源	平方和	自由度	均方和	F 值
机器 A	2.75	3	0.92	<1
操作工 B	27.17	2	13.59	7.90
交互作用 $A\times B$	73.50	6	12.25	7.12
误差	41.33	24	1.72	
总和	144.75	35	$F_{0.05}(2,24)=3.40$ $F_{0.05}(6,24)=2.51$	

由于 $f_B=7.90>3.40$，$f_{A\times B}=7.12>2.51$，因此在显著性水平 $\alpha=0.05$ 下，操作工之间有显著差异，机器之间无显著差异，交互作用有显著差异.

习题 7 回归分析计算中，对数据进行变换：

$$y_i^*=\frac{y_i-c_1}{d_1},\quad x_i^*=\frac{x_i-c_2}{d_2}\quad (i=1,2,\cdots,n),$$

其中 $c_1,c_2,d_1>0,d_2>0$ 是适当选取的常数.试证：由原始数据和变换后数据得到的 F 检验统计量的值保持不变.

证明 经变换后，各平方和的表达式如下：

$$\bar{\tilde{x}}=\frac{1}{n}\sum_{i=1}^{n}\tilde{x}_i=\frac{1}{d_2}(\bar{x}-c_2),\quad \bar{\tilde{y}}=\frac{1}{n}\sum_{i=1}^{n}\tilde{y}_i=\frac{1}{d_1}(\bar{y}-c_1),$$

$$l_{\tilde{x}\tilde{y}}=\sum_{i=1}^{n}(\tilde{x}_i-\bar{\tilde{x}})(\tilde{y}_i-\bar{\tilde{y}})=\frac{1}{d_1d_2}\sum_{i=1}^{n}(x_i-\bar{x})(y_i-\bar{y})=\frac{1}{d_1d_2}l_{xy},$$

$$l_{\tilde{x}\tilde{x}}=\sum_{i=1}^{n}(\tilde{x}_i-\bar{\tilde{x}})^2=\frac{1}{d_2^2}\sum_{i=1}^{n}(x_i-\bar{x})^2=\frac{1}{d_2^2}l_{xx},$$

$$l_{\tilde{y}\tilde{y}}=\sum_{i=1}^{n}(\tilde{y}_i-\bar{\tilde{y}})^2=\frac{1}{d_1^2}\sum_{i=1}^{n}(y_i-\bar{y})^2=\frac{1}{d_1^2}l_{yy},$$

所以由原始数据和变换后数据得到的最小二乘估计之间的关系为

$$\begin{cases}\tilde{\beta}_1=\dfrac{l_{\tilde{x}\tilde{y}}}{l_{\tilde{x}\tilde{x}}}=\dfrac{d_2^2l_{xy}}{d_1d_2l_{xx}}=\dfrac{d_2}{d_1}\hat{\beta}_1,\\ \tilde{\beta}_0=\bar{\tilde{y}}-\tilde{\beta}_1\bar{\tilde{x}}=\dfrac{1}{d_1}(\bar{y}-c_1)-\dfrac{1}{d_1}\hat{\beta}_1(\bar{x}-c_2)=\dfrac{1}{d_1}\hat{\beta}_0-\dfrac{1}{d_1}(c_1-\hat{\beta}_1c_2).\end{cases}$$

在实际应用中，人们往往先由变换后的数据求出 $\tilde{\beta}_1,\tilde{\beta}_0$，再据此给出 $\hat{\beta}_1,\hat{\beta}_0$，它们的关系为

$$\hat{\beta}_1=\frac{d_1}{d_2}\tilde{\beta}_1,$$

$$\hat{\beta}_0=d_1\tilde{\beta}_0+c_1\left(1-\frac{\dfrac{d_1}{c_1}}{\dfrac{d_2}{c_2}}\tilde{\beta}_1\right),$$

总平方和、回归平方和及残差平方和分别为

$$S_T=l_{yy}=d_1^2l_{\tilde{y}\tilde{y}}=d_1^2\tilde{S}_T,$$

$$S_R=\hat{\beta}_1^2l_{xx}=\frac{d_1^2}{d_2^2}\tilde{\beta}_1^2\cdot d_2^2l_{\tilde{x}\tilde{x}}=d_1^2\tilde{S}_R,$$

$$S_E=d_1^2\tilde{S}_E.$$

由上述结果可知，$F=\dfrac{S_R}{S_E/(n-2)}=\dfrac{\tilde{S}_R}{\tilde{S}_E/(n-2)}=\tilde{F}$，即说明了由原始数据和变换后数据得到的 F 检验统计量的值保持不变.

习题 8 设由$(x_i,y_i)(i=1,2,\cdots,n)$可建立一元线性回归方程,$\hat{y}_i$是由回归方程得到的拟合值,证明:样本相关系数 r 满足

$$r^2=\frac{\sum_{i=1}^{n}(\hat{y}_i-\overline{y})^2}{\sum_{i=1}^{n}(y_i-\overline{y})^2}.$$

上式也称为回归方程的决定系数.

证明 因为

$$S_R=\hat{\beta}_1^2 l_{xx}=\frac{l_{xy}^2}{l_{xx}^2}l_{xx}=\frac{l_{xy}^2}{l_{xx}},\quad 即\quad l_{xy}^2=S_R l_{xx},$$

将之代入样本相关系数 r 的表达式中,有

$$r^2=\frac{l_{xy}^2}{l_{xx}l_{yy}}=\frac{S_R l_{xx}}{l_{xx}l_{yy}}=\frac{S_R}{S_T}=\frac{\sum_{i=1}^{n}(\hat{y}_i-\overline{y})^2}{\sum_{i=1}^{n}(y_i-\overline{y})^2}.$$

习题 9 某医院用光色比色计检验尿汞时,得尿汞含量(单位:mg/L)与消光系数读数的结果如表 9.16 所示.

表 9.16

尿汞含量 x	2	4	6	8	10
消光系数 y	64	138	205	285	360

已知它们之间满足

$$y_i=\beta_0+\beta_1 x_i+\varepsilon_i\quad (i=1,2,3,4,5),$$

其中 ε_i 相互独立,均服从 $N(0,\sigma^2)$.试求 β_0,β_1 的最小二乘估计,并检验假设 $H_0:\beta_1=0$(显著性水平 $\alpha=0.01$).

解 列出所需计算,如表 9.17 所示.

表 9.17

	x_i	y_i	x_i^2	y_i^2	x_iy_i
	2	64	4	4 096	128
	4	138	16	19 044	552
	6	205	36	42 025	1 230
	8	285	64	81 225	2 280
	10	360	100	129 600	3 600
$\sum$	30	1 052	220	275 990	7 790

由表 9.17 可得

$$l_{xy}=\sum_{i=1}^{n}x_iy_i-\frac{1}{n}(\sum_{i=1}^{n}x_i)(\sum_{i=1}^{n}y_i)=7\,790-\frac{1}{5}\times 30\times 1\,052=1\,478,$$

$$l_{xx}=\sum_{i=1}^{n}x_i^2-\frac{1}{n}(\sum_{i=1}^{n}x_i)^2=220-\frac{1}{5}\times 30^2=40,$$

$$l_{yy}=\sum_{i=1}^{n}y_i^2-\frac{1}{n}(\sum_{i=1}^{n}y_i)^2=275\,990-\frac{1}{5}\times 1\,052^2=54\,649.2,$$

故 β_1,β_0 的最小二乘估计分别为

$$\hat{\beta}_1=\frac{l_{xy}}{l_{xx}}=36.95,$$

$$\hat{\beta}_0=\frac{1}{n}\sum_{i=1}^{n}y_i-\frac{\hat{\beta}_1}{n}\sum_{i=1}^{n}x_i=-11.3.$$

用 F 检验法检验假设

$$H_0:\beta_1=0;\quad H_1:\beta_1\neq 0.$$

$$S_T=l_{yy}=54\,649.2,\quad S_R=\frac{l_{xy}^2}{l_{xx}}=54\,612.1,\quad S_E=S_T-S_R=37.1.$$

方差分析结果如表 9.18 所示.

表 9.18

方差来源	平方和	自由度	均方和	F 值
回归	54 612.1	1	54 612.1	4 416.07
剩余	37.1	3	12.366 67	
总和	54 649.2	4		

因为 $F_{0.01}=(1,3)=34.12<f=4\,416.07$,所以拒绝 H_0,即消光系数与尿汞含量之间的线性相关关系显著,回归效果显著.

习题 10 设回归模型为

$$y_i=\beta_0+\beta_1x_i+\varepsilon_i,\quad \varepsilon_i\sim N(0,\sigma^2).$$

现收集了 15 组数据,计算后有 $\overline{x}=0.85,\overline{y}=25.6,l_{xx}=19.56,l_{xy}=32.54,l_{yy}=46.74$.经核对,发现有一组数据记录错误,正确数据为(1.2,32.6),记录为(1.5,32.3).

(1) 求 β_0 与 β_1 的最小二乘估计.

(2) 对回归方程做显著性检验(显著性水平 $\alpha=0.05$).

解 (1) 由于有一组数据记录错误,因此应对 $x_i,y_i,\overline{x},\overline{y},l_{xx},l_{yy},l_{xy}$ 进行修正,修正后的量分别记为$x'_i,y'_i,\overline{x}',\overline{y}',l'_{xx},l'_{yy},l'_{xy}$,则

$$\overline{x}'=\overline{x}+\frac{1}{15}(1.2-1.5)=0.83,$$

$$\overline{y}'=\overline{y}+\frac{1}{15}(32.6-32.3)=25.62,$$

$$l'_{xx}=\sum x_i'^2-n\overline{x}'^2=l_{xx}+n\overline{x}^2-n\overline{x}'^2-1.5^2+1.2^2$$
$$=19.56+10.837\,5-10.333\,5-2.25+1.44=19.254,$$

$$l'_{yy}=\sum y_i'^2-n\overline{y}'^2=l_{yy}+n\overline{y}^2-n\overline{y}'^2-32.3^2+32.6^2$$
$$=46.74+9\ 830.4-9\ 845.766-1\ 043.29+1\ 062.76=50.844,$$
$$l'_{xy}=\sum x'_iy'_i-n\overline{x}'\overline{y}'=l_{xy}+n\overline{x}\,\overline{y}-n\overline{x}'\overline{y}'-1.5\times 32.3+1.2\times 32.6$$
$$=32.54+326.4-318.969-48.45+39.12=30.641.$$

根据修正后的数据可计算得 β_1,β_0 的最小二乘估计分别为

$$\hat{\beta}_1=\frac{l'_{xy}}{l'_{xx}}\approx 1.591\ 4,$$
$$\hat{\beta}_0=\overline{y}'-\hat{\beta}_1\overline{x}'\approx 24.299\ 1.$$

(2) 利用修正后的数据可计算得

$$S_T=l'_{yy}=50.844,\quad f_T=14,$$
$$S_R=\frac{l'^2_{xy}}{l'_{xx}}\approx 48.762\ 4,\quad f_R=1,$$
$$S_E=S_T-S_R=2.081\ 6,\quad f_E=13,$$

从而检验统计量 $f=\dfrac{\overline{S}_R}{\overline{S}_E}=\dfrac{48.762\ 4}{2.081\ 6/13}\approx 304.574\ 6$.若取 $\alpha=0.05$,查表可知,$F_{0.05}(1,13)=4.67$,拒绝域为 $W=\{F>4.67\}$.由于检验统计量落入拒绝域,因此回归方程是显著的.

习题 11 在生产中积累了 32 组某种铸件在不同腐蚀时间(单位:h)x 下腐蚀深度(单位:m)Y 的数据,得回归方程为 $\hat{y}=-0.444\ 1+0.002\ 263x$,且误差方差的无偏估计为 $\hat{\sigma}^2=0.001\ 452$,总偏差平方和为 0.124 6.

(1) 对回归方程做显著性检验,列出方差分析表(显著性水平 $\alpha=0.05$).

(2) 求样本相关系数.

解 (1) 由已给条件可得

$$S_T=0.124\ 6,$$
$$S_E=(n-2)\hat{\sigma}^2=0.043\ 56,$$
$$S_R=0.124\ 6-0.043\ 56=0.081\ 04.$$

于是可列出方差分析表(见表 9.19).

表 9.19

方差来源	平方和	自由度	均方和	F 值
回归	0.081 04	1	0.081 04	55.812 7
残差	0.043 56	30	0.001 452	
总和	0.124 6	31		

若取 $\alpha=0.05$,则 $F_{0.05}(1,30)=4.17<f=55.812\ 7$,因此回归方程是显著的.

(2) 样本相关系数

$$r=\sqrt{\frac{S_R}{S_T}}=\sqrt{\frac{0.081\ 04}{0.124\ 6}}\approx 0.806\ 5.$$

习题 12 对于变量 x_1,x_2,x_3 与 Y,测得的试验数据如表 9.20 所示(x_1,x_2,x_3 均为二

水平且均以编码形式表达)，求 Y 与 x_1,x_2,x_3 的三元线性回归方程(试以矩阵的形式表示).

表 9.20

x_1	-1	-1	-1	-1	1	1	1	1
x_2	-1	-1	1	1	-1	-1	1	1
x_3	-1	1	-1	1	-1	1	-1	1
y	7.6	10.3	9.2	10.2	8.4	11.1	9.8	12.6

解 设

$$\boldsymbol{Y}=\boldsymbol{X\beta}+\boldsymbol{\varepsilon},$$

其中

$$\boldsymbol{Y}=\begin{pmatrix}7.6\\10.3\\9.2\\10.2\\8.4\\11.1\\9.8\\12.6\end{pmatrix},\quad \boldsymbol{X}=\begin{pmatrix}1&-1&-1&-1\\1&-1&-1&1\\1&-1&1&-1\\1&-1&1&1\\1&1&-1&-1\\1&1&-1&1\\1&1&1&-1\\1&1&1&1\end{pmatrix},\quad \boldsymbol{\beta}=\begin{pmatrix}\beta_0\\\beta_1\\\beta_2\\\beta_3\end{pmatrix},\quad \boldsymbol{\varepsilon}=\begin{pmatrix}\varepsilon_1\\\varepsilon_2\\\varepsilon_3\\\varepsilon_4\\\varepsilon_5\\\varepsilon_6\\\varepsilon_7\\\varepsilon_8\end{pmatrix},$$

则 $\boldsymbol{\beta}$ 的最小二乘估计为

$$\hat{\boldsymbol{\beta}}=\begin{pmatrix}\hat{\beta}_0\\\hat{\beta}_1\\\hat{\beta}_2\\\hat{\beta}_3\end{pmatrix}=(\boldsymbol{X}'\boldsymbol{X})^{-1}\boldsymbol{X}'\boldsymbol{Y}=\begin{pmatrix}9.9\\0.58\\0.55\\1.15\end{pmatrix}.$$

于是，所求三元线性回归方程为

$$\hat{\boldsymbol{Y}}=(1,x_1,x_2,x_3)\begin{pmatrix}9.9\\0.58\\0.55\\1.15\end{pmatrix}.$$

习题 13 研究货运总量 Y(单位：万吨) 与工业总产值 x_1(单位：亿元)、农业总产值 x_2(单位：亿元)、居民非商品支出 x_3(单位：亿元) 的关系，其数据如表 9.21 所示，试求 Y 关于 x_1,x_2,x_3 的三元线性回归方程.

表 9.21

编号	货运总量 y	工业总产值 x_1	农业总产值 x_2	居民非商品支出 x_3
1	160	70	35	1.0
2	260	75	40	2.4
3	210	65	40	2.0
4	265	74	42	3.0

续表

编号	货运总量 y	工业总产值 x_1	农业总产值 x_2	居民非商品支出 x_3
5	240	72	38	1.2
6	220	68	45	1.5
7	275	78	42	4.0
8	160	66	36	2.0
9	275	70	44	3.2
10	250	65	42	3.0

解 设

$$\boldsymbol{Y}=\boldsymbol{X\beta}+\boldsymbol{\varepsilon},$$

其中

$$\boldsymbol{Y}=\begin{pmatrix}160\\260\\210\\265\\240\\220\\275\\160\\275\\250\end{pmatrix},\quad \boldsymbol{X}=\begin{pmatrix}1&70&35&1.0\\1&75&40&2.4\\1&65&40&2.0\\1&74&42&3.0\\1&72&38&1.2\\1&68&45&1.5\\1&78&42&4.0\\1&66&36&2.0\\1&70&44&3.2\\1&65&42&3.0\end{pmatrix},\quad \boldsymbol{\beta}=\begin{pmatrix}\beta_0\\\beta_1\\\beta_2\\\beta_3\end{pmatrix},\quad \boldsymbol{\varepsilon}=\begin{pmatrix}\varepsilon_1\\\varepsilon_2\\\varepsilon_3\\\varepsilon_4\\\varepsilon_5\\\varepsilon_6\\\varepsilon_7\\\varepsilon_8\\\varepsilon_9\\\varepsilon_{10}\end{pmatrix},$$

则 $\boldsymbol{\beta}$ 的最小二乘估计为

$$\hat{\boldsymbol{\beta}}=\begin{pmatrix}\hat{\beta}_0\\\hat{\beta}_1\\\hat{\beta}_2\\\hat{\beta}_3\end{pmatrix}=(\boldsymbol{X}'\boldsymbol{X})^{-1}\boldsymbol{X}'\boldsymbol{Y}=\begin{pmatrix}-348.28\\3.75\\7.10\\12.45\end{pmatrix}.$$

于是,所求三元线性回归方程为

$$\hat{y}=-348.28+3.75x_1+7.10x_2+12.45x_3.$$

习题 14 设某曲线的函数形式为 $y=a+b\ln x$,试给出一个变换,将之化为一元线性回归的形式.

解 令 $u=\ln x$,$v=y$,则原曲线的函数可化为 $v=a+bu$,即为一元线性回归的形式.

习题 15 设某曲线的函数形式为 $y-100=a\mathrm{e}^{-\frac{x}{b}}(b>0)$,试给出一个变换,将之化为一元线性回归的形式.

解 本题的变换形式稍显复杂,根据原函数的形式,可考虑做变换

$$u=x,\quad v=\ln(y-100).$$

变换后的线性函数为 $v=\ln a-\frac{1}{b}u$，可将其进一步规范化，令

$$\beta_0=\ln a,\quad \beta_1=-\frac{1}{b},$$

则最后的回归函数化为 $v=\beta_0+\beta_1 u$.

习题 16 设某曲线的函数形式为 $y=\frac{1}{a+b\mathrm{e}^{-x}}$，问：能否找到一个变换，将之化为一元线性回归的形式？若能，试给出；若不能，说明理由.

解 能.令 $u=\mathrm{e}^{-x}$，$v=\frac{1}{y}$，则变换后的函数形式为 $v=a+bu$.

习题 17 若 y 与 x 之间满足

$$y=\beta_0+\beta_1 x+\beta_2 x^2+\cdots+\beta_p x^p+\varepsilon,$$

其中 $\varepsilon\sim N(0,\sigma^2)$.现从中获得了 n 组独立观察值 $(x_i,y_i)(i=1,2,\cdots,n)$，问：能否求出 β_0，$\beta_1,\beta_2,\cdots,\beta_p$ 的最小二乘估计？试写出最小二乘估计的公式.

解 因 $y=\beta_0+\beta_1 x+\beta_2 x^2+\cdots+\beta_p x^p+\varepsilon$，$\varepsilon\sim N(0,\sigma^2)$，故令 $z_1=x,z_2=x^2,\cdots$，$z_p=x^p$，则前式可转化为多元线性回归方程

$$y=\beta_0+\beta_1 z_1+\beta_2 z_2+\cdots+\beta_p z_p+\varepsilon,\quad \varepsilon\sim N(0,\sigma^2).$$

于是，有 n 组独立观察值 $(z_{i1},z_{i2},\cdots,z_{ip},y_i)(z_{i1}=x_i,z_{i2}=x_i^2,\cdots,z_{ip}=x_i^p,i=1,2,\cdots,n)$，满足

$$y_i=\beta_0+\beta_1 z_{i1}+\beta_2 z_{i2}+\cdots+\beta_p z_{ip}+\varepsilon_i\quad (i=1,2,\cdots,n),$$

则

$$\boldsymbol{Y}=\begin{pmatrix}y_1\\y_2\\\vdots\\y_n\end{pmatrix},\quad \boldsymbol{X}=\begin{pmatrix}1&z_{11}&\cdots&z_{1p}\\1&z_{21}&\cdots&z_{2p}\\\vdots&\vdots&&\vdots\\1&z_{n1}&\cdots&z_{np}\end{pmatrix}=\begin{pmatrix}1&x_1&\cdots&x_1^p\\1&x_2&\cdots&x_2^p\\\vdots&\vdots&&\vdots\\1&x_n&\cdots&x_n^p\end{pmatrix},\quad \boldsymbol{\beta}=\begin{pmatrix}\beta_0\\\beta_1\\\vdots\\\beta_p\end{pmatrix},\quad \boldsymbol{\varepsilon}=\begin{pmatrix}\varepsilon_0\\\varepsilon_1\\\vdots\\\varepsilon_p\end{pmatrix}.$$

因此 $\boldsymbol{\beta}$ 的最小二乘估计为

$$\hat{\boldsymbol{\beta}}=\begin{pmatrix}\hat{\beta}_0\\\hat{\beta}_1\\\vdots\\\hat{\beta}_p\end{pmatrix}=(\boldsymbol{X}'\boldsymbol{X})^{-1}\boldsymbol{X}'\boldsymbol{Y}.$$

9.4 数学实验

9.4.1 单因素方差分析实验

1. 实验要求

将抗生素注入人体会产生抗生素与血浆蛋白结合的现象，以致减少了药效.表 9.22 列出了

将 5 种常用的抗生素注入牛体时,抗生素与血浆蛋白结合的百分比,试在显著性水平 $\alpha=0.05$ 下检验这些百分比的均值有无显著差异.

表 9.22

青霉素	四环素	链霉素	红霉素	氯霉素
29.6	27.3	5.8	21.6	29.2
24.3	32.6	6.2	17.4	32.8
28.5	30.8	11.0	18.3	25.0
32.0	34.8	8.3	19.0	24.2

2. Python 实现代码

```
import pandas as pd
from statsmodels.formula.api import ols
from statsmodels.stats.anova import anova_lm
data_value = { "青霉素":[29.6,24.3,28.5,32.0],
               "四环素":[27.3,32.6,30.8,34.8],
               "链霉素":[5.8,6.2,11.0,8.3],
               "红霉素":[21.6,17.4,18.3,19.0],
               "氯霉素":[29.2,32.8,25.0,24.2]}
df = pd.DataFrame(data_value).stack()
dff = df.reset_index()
dff.columns = ['no','x','y']
d = {'x':dff['x'],'y':dff['y']}                    #构造字典
model = ols("y ~ C(x)",d).fit()                     #构建模型
anovat = anova_lm(model)                            #进行单因素方差分析
print(anovat)
```

运行结果:

```
            df      sum_sq     mean_sq          F        PR(>F)
C(x)       4.0   1480.8230  370.205750  40.884877  6.739776e-08
Residual  15.0    135.8225    9.054833        NaN           NaN
```

说明:从运行结果可以看出,$PR<\alpha=0.05$,所以不同抗生素与血浆蛋白结合的百分比的均值有显著差异.

9.4.2 双因素方差分析实验

1. 实验要求

考虑 3 种不同形式的广告和 5 种不同的价格对某种商品销量的影响.选取某市 15 家大超市,每家超市选用其中的一个组合,统计出一个月的销量(单位:件),如表 9.23 所示,检验不同形式的广告和不同的价格对该种商品销量的影响是否显著(显著性水平 $\alpha=0.05$).

表 9.23

广告	价格				
	B_1	B_2	B_3	B_4	B_5
A_1	276	352	178	295	273
A_2	114	176	102	155	128
A_3	364	547	288	392	378

2. Python 实现代码

```
import numpy as np
import pandas as pd
from statsmodels.formula.api import ols
from statsmodels.stats.anova import anova_lm
d = np.array([[276,352,178,295,273],
             [114,176,102,155,128],
             [364,547,288,392,378]])
# 数据处理
df = pd.DataFrame(d)
df.index = pd.Index(['A1','A2','A3'],name = 'ad')
df.columns = pd.Index(['B1','B2','B3','B4','B5'], name = 'price')
df1 = df.stack().reset_index().rename(columns = {0:'value'})
# 双因素方差分析
model = ols('value ~ C(ad)+ C(price)', df1).fit()   # 构建模型
anovat = anova_lm(model)   # 进行双因素方差分析
print(anovat)
```

运行结果:

```
             df        sum_sq       mean_sq          F      PR(>F)
C(ad)       2.0  167804.133333  83902.066667  63.089004    0.000013
C(price)    4.0   44568.400000  11142.100000   8.378149    0.005833
Residual    8.0   10639.200000   1329.90000         NaN         NaN
```

说明:对于广告因素,因为其 $PR < \alpha = 0.05$,因此拒绝原假设,有理由相信不同形式的广告对该种商品的销量是有显著影响的;对于价格因素,同样因为其 $PR < \alpha = 0.05$,因此也拒绝原假设,有理由相信不同的价格对该种商品的销量也是有显著影响的.

9.4.3 一元线性回归实验

1. 实验要求

利用一元线性回归分析学习时间(单位:天)与分数(单位:分)之间的关系,数据如表 9.24 所示.

表 9.24

学习时间	0.50	0.75	1.00	1.25	1.50	1.75	2.00	2.25	2.50	2.75
分数	10	22	13	43	20	22	33	50	62	48
学习时间	3.00	3.25	3.50	4.00	4.25	4.50	4.75	5.00	5.25	5.50
分数	55	75	62	73	81	76	64	82	90	93

2. Python 实现代码

```
import pandas as pd
import matplotlib.pyplot as plt
from sklearn import linear_model
data={'学习时间': [0.50,0.75,1.00,1.25,1.50,1.75,2.00,2.25,2.50, 2.75,
                  3.00,3.25,3.50,4.00,4.25,4.50,4.75,5.00,5.25,5.50],
      '分数': [10,22,13,43,20,22,33,50,62,48,
              55,75,62,73,81,76,64,82,90,93]}    #数据
df=pd.DataFrame(data)   #转换为 DataFrame 的数据格式
#数据准备,分别获得"学习时间"和"分数"这两列数据,做模型预测使用
X=list(df['学习时间'].apply(lambda x:[x]))          #将"学习时间"这一列数据赋给 X
y=list(df['分数'])                                  #将"分数"这一列数据赋给 y
linear=linear_model.LinearRegression()              #调用线性回归模块,建立回归方程
linear.fit(X,y)                                     #拟合数据
print("拟合的多项式为{}*x+{}".format(linear.coef_[0],linear.intercept_))

#可视化
plt.scatter(X,y, color='red',label="原始数据")
plt.plot(X, linear.predict(X), color='blue',label="拟合直线")


plt.xlabel('学习时间')
plt.ylabel('分数')
plt.legend()
plt.show()
```

运行结果:

拟合的多项式为 15.620800736309247*x+7.423377818683861

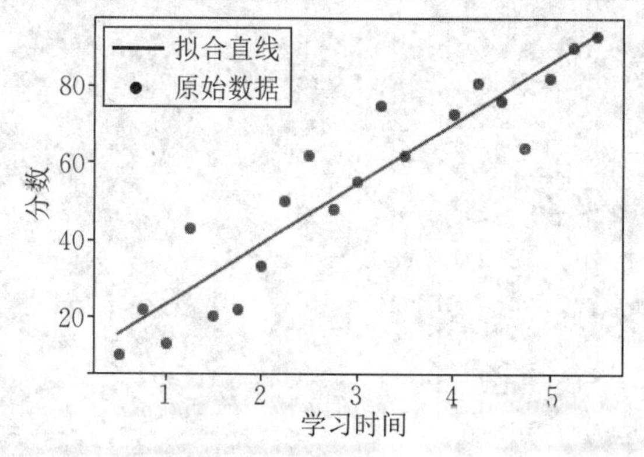

9.4.4 多元线性回归实验

1. 实验要求

利用多元线性回归分析不同形式的广告投入对产品销量的影响,相关数据存放在文件 Advertising.csv 中,其部分数据如表 9.25 所示.

表 9.25

序号	电视/万元	广播/万元	报纸/万元	销量/千件
1	230.1	37.8	69.2	22.1
2	44.5	39.3	45.1	10.4
3	17.2	45.9	69.3	9.3
4	151.5	41.3	58.5	18.5
5	180.8	10.8	58.4	12.9
⋮	⋮	⋮	⋮	⋮

2. Python 实现代码

```
import pandas as pd
import numpy as np
import matplotlib.pyplot as plt
from sklearn.model_selection import train_test_split
from sklearn.linear_model import LinearRegression
# 1.读取 Advertising.csv
data = pd.read_csv('Advertising.csv',header = 0)
df1 = data.loc[:,['TV','radio','newspaper']]
# 获得 'TV','radio','newspaper' 三列自变量数据
sales = data['sales']          # 获取 sales 这一列因变量数据
sales = np.array(sales)      # 转成一维数组
# 2.构造训练集和测试集,75% 的数据用于训练,25% 的数据用于测试
X_train, X_test, y_train, y_test = train_test_split(df1,sales,random_state = 1)
# 3.调用 sklearn 中的线性模型构建线性回归模型
linreg = LinearRegression()  # 实例化线性回归
linreg.fit(X_train, y_train) # 将模型拟合到训练数据
# 打印模型的系数
b = linreg.intercept_
a = linreg.coef_
print(" 拟合的多项式为{:3f} * x+{:3f} * y+{:3f} * z+{:3f}".format(a[0],a[1],a[2],b))
# 4.模型预测,对测试集进行预测
y_pred = linreg.predict(X_test)
# 5.模型评价,将预测数据和测试数据绘制成图表形式
plt.plot(range(len(y_pred)),y_pred,'b',label = 'predict')
plt.plot(range(len(y_pred)),y_test,'r',label = 'test')
plt.legend(loc = 'upper right')
```

```
plt.xlabel('the number of sales')
plt.ylabel('value of sales')
plt.show()
```

运行结果：

拟合的多项式为 0.046565 * x+0.179158 * y+0.003450 * z+2.876967

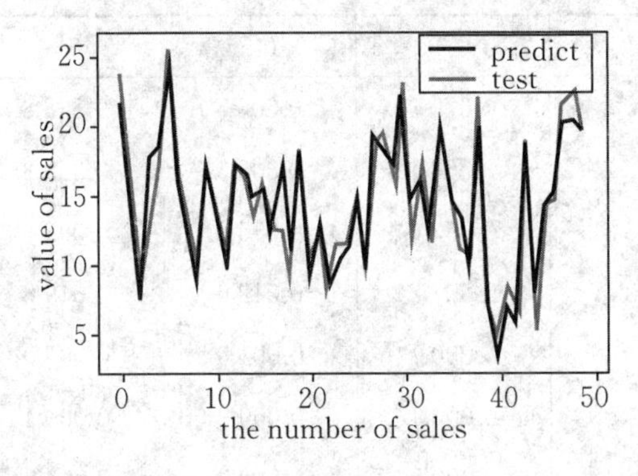

附　　表

附表 1　泊松分布表

$$P\{X=k\}=\frac{\lambda^k}{k!}\mathrm{e}^{-\lambda}$$

k	$\lambda=0.1$	0.2	0.3	0.4	0.5	0.6
0	0.904 8	0.818 7	0.740 8	0.670 3	0.606 5	0.548 8
1	0.090 5	0.163 7	0.222 2	0.268 1	0.303 3	0.329 3
2	0.004 5	0.016 4	0.033 3	0.053 6	0.075 8	0.098 8
3	0.000 2	0.001 1	0.003 3	0.007 2	0.012 6	0.019 8
4		0.000 1	0.000 3	0.000 7	0.001 6	0.003 0
5			0.000 0	0.000 1	0.000 2	0.000 4
6				0.000 0	0.000 0	0.000 0

k	$\lambda=1$	2	3	4	5	6
0	0.367 9	0.135 3	0.049 8	0.018 3	0.006 7	0.002 5
1	0.367 9	0.270 7	0.149 4	0.073 3	0.033 7	0.014 9
2	0.183 9	0.270 7	0.224 0	0.146 5	0.084 2	0.044 6
3	0.061 3	0.180 4	0.224 0	0.195 4	0.140 4	0.089 2
4	0.015 3	0.090 2	0.168 0	0.195 4	0.175 5	0.133 9
5	0.003 1	0.036 1	0.100 8	0.156 3	0.175 5	0.160 6
6	0.000 5	0.012 0	0.050 4	0.104 2	0.146 2	0.160 6
7	0.000 1	0.003 4	0.021 6	0.059 5	0.104 4	0.137 7
8	0.000 0	0.000 9	0.008 1	0.029 8	0.065 3	0.103 3
9		0.000 2	0.002 7	0.013 2	0.036 3	0.068 8
10		0.000 0	0.000 8	0.005 3	0.018 1	0.041 3
11			0.000 2	0.001 9	0.008 2	0.022 5
12			0.000 1	0.000 6	0.003 4	0.011 3
13			0.000 0	0.000 2	0.001 3	0.005 2
14				0.000 1	0.000 5	0.002 2
15				0.000 0	0.000 2	0.000 9
16					0.000 0	0.000 3
17						0.000 1
18						0.000 0

附表 2　标准正态分布表

$$\Phi(x)=\int_{-\infty}^{x}\frac{1}{\sqrt{2\pi}}\mathrm{e}^{-t^2/2}\mathrm{d}t$$

x	0	0.01	0.02	0.03	0.04	0.05	0.06	0.07	0.08	0.09
0	0.500 0	0.504 0	0.508 0	0.512 0	0.516 0	0.519 9	0.523 9	0.527 9	0.531 9	0.535 9
0.1	0.539 8	0.543 8	0.547 8	0.551 7	0.555 7	0.559 6	0.563 6	0.567 5	0.571 4	0.575 3
0.2	0.579 3	0.583 2	0.587 1	0.591 0	0.594 8	0.598 7	0.602 6	0.606 4	0.610 3	0.614 1
0.3	0.617 9	0.621 7	0.625 5	0.629 3	0.633 1	0.636 8	0.640 6	0.644 3	0.648 0	0.651 7
0.4	0.655 4	0.659 1	0.662 8	0.666 4	0.670 0	0.673 6	0.677 2	0.680 8	0.684 4	0.687 9
0.5	0.691 5	0.695 0	0.698 5	0.701 9	0.705 4	0.708 8	0.712 3	0.715 7	0.719 0	0.722 4
0.6	0.725 7	0.729 1	0.732 4	0.735 7	0.738 9	0.742 2	0.745 4	0.748 6	0.751 7	0.754 9
0.7	0.758 0	0.761 1	0.764 2	0.767 3	0.770 4	0.773 4	0.776 4	0.779 4	0.782 3	0.785 2
0.8	0.788 1	0.791 0	0.793 9	0.796 7	0.799 5	0.802 3	0.805 1	0.807 8	0.810 6	0.813 3
0.9	0.815 9	0.818 6	0.821 2	0.823 8	0.826 4	0.828 9	0.831 5	0.834 0	0.836 5	0.838 9
1	0.841 3	0.843 8	0.846 1	0.848 5	0.850 8	0.853 1	0.855 4	0.857 7	0.859 9	0.862 1
1.1	0.864 3	0.866 5	0.868 6	0.870 8	0.872 9	0.874 9	0.877 0	0.879 0	0.881 0	0.883 0
1.2	0.884 9	0.886 9	0.888 8	0.890 7	0.892 5	0.894 4	0.896 2	0.898 0	0.899 7	0.901 5
1.3	0.903 2	0.904 9	0.906 6	0.908 2	0.909 9	0.911 5	0.913 1	0.914 7	0.916 2	0.917 7
1.4	0.919 2	0.920 7	0.922 2	0.923 6	0.925 1	0.926 5	0.927 9	0.929 2	0.930 6	0.931 9
1.5	0.933 2	0.934 5	0.935 7	0.937 0	0.938 2	0.939 4	0.940 6	0.941 8	0.942 9	0.944 1
1.6	0.945 2	0.946 3	0.947 4	0.948 4	0.949 5	0.950 5	0.951 5	0.952 5	0.953 5	0.954 5
1.7	0.955 4	0.956 4	0.957 3	0.958 2	0.959 1	0.959 9	0.960 8	0.961 6	0.962 5	0.963 3
1.8	0.964 1	0.964 9	0.965 6	0.966 4	0.967 1	0.967 8	0.968 6	0.969 3	0.969 9	0.970 6
1.9	0.971 3	0.971 9	0.972 6	0.973 2	0.973 8	0.974 4	0.975 0	0.975 6	0.976 1	0.976 7
2	0.977 2	0.977 8	0.978 3	0.978 8	0.979 3	0.979 8	0.980 3	0.980 8	0.981 2	0.981 7
2.1	0.982 1	0.982 6	0.983 0	0.983 4	0.983 8	0.984 2	0.984 6	0.985 0	0.985 4	0.985 7
2.2	0.986 1	0.986 4	0.986 8	0.987 1	0.987 5	0.987 8	0.988 1	0.988 4	0.988 7	0.989 0

续表

x	0	0.01	0.02	0.03	0.04	0.05	0.06	0.07	0.08	0.09
2.3	0.989 3	0.989 6	0.989 8	0.990 1	0.990 4	0.990 6	0.990 9	0.991 1	0.991 3	0.991 6
2.4	0.991 8	0.992 0	0.992 2	0.992 5	0.992 7	0.992 9	0.993 1	0.993 2	0.993 4	0.993 6
2.5	0.993 8	0.994 0	0.994 1	0.994 3	0.994 5	0.994 6	0.994 8	0.994 9	0.995 1	0.995 2
2.6	0.995 3	0.995 5	0.995 6	0.995 7	0.995 9	0.996 0	0.996 1	0.996 2	0.996 3	0.996 4
2.7	0.996 5	0.996 6	0.996 7	0.996 8	0.996 9	0.997 0	0.997 1	0.997 2	0.997 3	0.997 4
2.8	0.997 4	0.997 5	0.997 6	0.997 7	0.997 7	0.997 8	0.997 9	0.997 9	0.998 0	0.998 1
2.9	0.998 1	0.998 2	0.998 2	0.998 3	0.998 4	0.998 4	0.998 5	0.998 5	0.998 6	0.998 6
3	0.998 7	0.998 7	0.998 7	0.998 8	0.998 8	0.998 9	0.998 9	0.998 9	0.999 0	0.999 0
3.1	0.999 0	0.999 1	0.999 1	0.999 1	0.999 2	0.999 2	0.999 2	0.999 2	0.999 3	0.999 3
3.2	0.999 3	0.999 3	0.999 4	0.999 4	0.999 4	0.999 4	0.999 4	0.999 5	0.999 5	0.999 5
3.3	0.999 5	0.999 5	0.999 5	0.999 6	0.999 6	0.999 6	0.999 6	0.999 6	0.999 6	0.999 7
3.4	0.999 7	0.999 7	0.999 7	0.999 7	0.999 7	0.999 7	0.999 7	0.999 7	0.999 7	0.999 8
3.5	0.999 8	0.999 8	0.999 8	0.999 8	0.999 8	0.999 8	0.999 8	0.999 8	0.999 8	0.999 8

附表 3　χ^2 分布表

$$P\{\chi^2(n) > \chi^2_\alpha(n)\} = \alpha$$

n	$\alpha = 0.25$	0.1	0.05	0.025	0.01	0.005
1	1.323 3	2.705 5	3.841 5	5.023 9	6.634 9	7.879 4
2	2.772 6	4.605 2	5.991 5	7.377 8	9.210 3	10.596 6
3	4.108 3	6.251 4	7.814 7	9.348 4	11.344 9	12.838 2
4	5.385 3	7.779 4	9.487 7	11.143 3	13.276 7	14.860 3
5	6.625 7	9.236 4	11.070 5	12.832 5	15.086 3	16.749 6
6	7.840 8	10.644 6	12.591 6	14.449 4	16.811 9	18.547 6
7	9.037 1	12.017 0	14.067 1	16.012 8	18.475 3	20.277 7
8	10.218 9	13.361 6	15.507 3	17.534 5	20.090 2	21.955 0
9	11.388 8	14.683 7	16.919 0	19.022 8	21.666 0	23.589 4
10	12.548 9	15.987 2	18.307 0	20.483 2	23.209 3	25.188 2
11	13.700 7	17.275 0	19.675 1	21.920 0	24.725 0	26.756 8
12	14.845 4	18.549 3	21.026 1	23.336 7	26.217 0	28.299 5
13	15.983 9	19.811 9	22.362 0	24.735 6	27.688 2	29.819 5
14	17.116 9	21.064 1	23.684 8	26.118 9	29.141 2	31.319 3
15	18.245 1	22.307 1	24.995 8	27.488 4	30.577 9	32.801 3
16	19.368 9	23.541 8	26.296 2	28.845 4	31.999 9	34.267 2
17	20.488 7	24.769 0	27.587 1	30.191 0	33.408 7	35.718 5
18	21.604 9	25.989 4	28.869 3	31.526 4	34.805 3	37.156 5
19	22.717 8	27.203 6	30.143 5	32.852 3	36.190 9	38.582 3
20	23.827 7	28.412 0	31.410 4	34.169 6	37.566 2	39.996 8
21	24.934 8	29.615 1	32.670 6	35.478 9	38.932 2	41.401 1
22	26.039 3	30.813 3	33.924 4	36.780 7	40.289 4	42.795 7
23	27.141 3	32.006 9	35.172 5	38.075 6	41.638 4	44.181 3
24	28.241 2	33.196 2	36.415 0	39.364 1	42.979 8	45.558 5
25	29.338 9	34.381 6	37.652 5	40.646 5	44.314 1	46.927 9
26	30.434 6	35.563 2	38.885 1	41.923 2	45.641 7	48.289 9
27	31.528 4	36.741 2	40.113 3	43.194 5	46.962 9	49.644 9
28	32.620 5	37.915 9	41.337 1	44.460 8	48.278 2	50.993 4
29	33.710 9	39.087 5	42.557 0	45.722 3	49.587 9	52.335 6
30	34.799 7	40.256 0	43.773 0	46.979 2	50.892 2	53.672 0
31	35.887 1	41.421 7	44.985 3	48.231 9	52.191 4	55.002 7
32	36.973 0	42.584 7	46.194 3	49.480 4	53.485 8	56.328 1

续表

n	$\alpha=0.25$	0.1	0.05	0.025	0.01	0.005
33	38.057 5	43.745 2	47.399 9	50.725 1	54.775 5	57.648 4
34	39.140 8	44.903 2	48.602 4	51.966 0	56.060 9	58.963 9
35	40.222 8	46.058 8	49.801 8	53.203 3	57.342 1	60.274 8
36	41.303 6	47.212 2	50.998 5	54.437 3	58.619 2	61.581 2
37	42.383 3	48.363 4	52.192 3	55.668 0	59.892 5	62.883 3
38	43.461 9	49.512 6	53.383 5	56.895 5	61.162 1	64.181 4
39	44.539 5	50.659 8	54.572 2	58.120 1	62.428 1	65.475 6
40	45.616 0	51.805 1	55.758 5	59.341 7	63.690 7	66.766 0
41	46.691 6	52.948 5	56.942 4	60.560 6	64.950 1	68.052 7
42	47.766 3	54.090 2	58.124 0	61.776 8	66.206 2	69.336 0
43	48.840 0	55.230 2	59.303 5	62.990 4	67.459 3	70.615 9
44	49.912 9	56.368 5	60.480 9	64.201 5	68.709 5	71.892 6
45	50.984 9	57.505 3	61.656 2	65.410 2	69.956 8	73.166 1

n	$\alpha=0.995$	0.99	0.975	0.95	0.9	0.75
1	0.000 0	0.000 2	0.001 0	0.003 9	0.015 8	0.101 5
2	0.010 0	0.020 1	0.050 6	0.102 6	0.210 7	0.575 4
3	0.071 7	0.114 8	0.215 8	0.351 8	0.584 4	1.212 5
4	0.207 0	0.297 1	0.484 4	0.710 7	1.063 6	1.922 6
5	0.411 7	0.554 3	0.831 2	1.145 5	1.610 3	2.674 6
6	0.675 7	0.872 1	1.237 3	1.635 4	2.204 1	3.454 6
7	0.989 3	1.239 0	1.689 9	2.167 3	2.833 1	4.254 9
8	1.344 4	1.646 5	2.179 7	2.732 6	3.489 5	5.070 6
9	1.734 9	2.087 9	2.700 4	3.325 1	4.168 2	5.898 8
10	2.155 9	2.558 2	3.247 0	3.940 3	4.865 2	6.737 2
11	2.603 2	3.053 5	3.815 7	4.574 8	5.577 8	7.584 1
12	3.073 8	3.570 6	4.403 8	5.226 0	6.303 8	8.438 4
13	3.565 0	4.106 9	5.008 8	5.891 9	7.041 5	9.299 1
14	4.074 7	4.660 4	5.628 7	6.570 6	7.789 5	10.165 3
15	4.600 9	5.229 3	6.262 1	7.260 9	8.546 8	11.036 5
16	5.142 2	5.812 2	6.907 7	7.961 6	9.312 2	11.912 2
17	5.697 2	6.407 8	7.564 2	8.671 8	10.085 2	12.791 9
18	6.264 8	7.014 9	8.230 7	9.390 5	10.864 9	13.675 3
19	6.844 0	7.632 7	8.906 5	10.117 0	11.650 9	14.562 0
20	7.433 8	8.260 4	9.590 8	10.850 8	12.442 6	15.451 8

续表

n	$\alpha=0.995$	0.99	0.975	0.95	0.9	0.75
21	8.033 7	8.897 2	10.282 9	11.591 3	13.239 6	16.344 4
22	8.642 7	9.542 5	10.982 3	12.338 0	14.041 5	17.239 6
23	9.260 4	10.195 7	11.688 6	13.090 5	14.848 0	18.137 3
24	9.886 2	10.856 4	12.401 2	13.848 4	15.658 7	19.037 3
25	10.519 7	11.524 0	13.119 7	14.611 4	16.473 4	19.939 3
26	11.160 2	12.198 1	13.843 9	15.379 2	17.291 9	20.843 4
27	11.807 6	12.878 5	14.573 4	16.151 4	18.113 9	21.749 4
28	12.461 3	13.564 7	15.307 9	16.927 9	18.939 2	22.657 2
29	13.121 1	14.256 5	16.047 1	17.708 4	19.767 7	23.566 6
30	13.786 7	14.953 5	16.790 8	18.492 7	20.599 2	24.477 6
31	14.457 8	15.655 5	17.538 7	19.280 6	21.433 6	25.390 1
32	15.134 0	16.362 2	18.290 8	20.071 9	22.270 6	26.304 1
33	15.815 3	17.073 5	19.046 7	20.866 5	23.110 2	27.219 4
34	16.501 3	17.789 1	19.806 3	21.664 3	23.952 3	28.136 1
35	17.191 8	18.508 9	20.569 4	22.465 0	24.796 7	29.054 0
36	17.886 7	19.232 7	21.335 9	23.268 6	25.643 3	29.973 0
37	18.585 8	19.960 2	22.105 6	24.074 9	26.492 1	30.893 3
38	19.288 9	20.691 4	22.878 5	24.883 9	27.343 0	31.814 6
39	19.995 9	21.426 2	23.654 3	25.695 4	28.195 8	32.736 9
40	20.706 5	22.164 3	24.433 0	26.509 3	29.050 5	33.660 3
41	21.420 8	22.905 6	25.214 5	27.325 6	29.907 1	34.584 6
42	22.138 5	23.650 1	25.998 7	28.144 0	30.765 4	35.509 9
43	22.859 5	24.397 6	26.785 4	28.964 7	31.625 5	36.436 1
44	23.583 7	25.148 0	27.574 6	29.787 5	32.487 1	37.363 1
45	24.311 0	25.901 3	28.366 2	30.612 3	33.350 4	38.291 0

附表 4　t 分布表

$$P\{t(n) > t_\alpha(n)\} = \alpha$$

n	$\alpha = 0.25$	0.1	0.05	0.025	0.01	0.005
1	1.000 0	3.077 7	6.313 8	12.706 2	31.820 5	63.656 7
2	0.816 5	1.885 6	2.920 0	4.302 7	6.964 6	9.924 8
3	0.764 9	1.637 7	2.353 4	3.182 4	4.540 7	5.840 9
4	0.740 7	1.533 2	2.131 8	2.776 4	3.746 9	4.604 1
5	0.726 7	1.475 9	2.015 0	2.570 6	3.364 9	4.032 1
6	0.717 6	1.439 8	1.943 2	2.446 9	3.142 7	3.707 4
7	0.711 1	1.414 9	1.894 6	2.364 6	2.998 0	3.499 5
8	0.706 4	1.396 8	1.859 5	2.306 0	2.896 5	3.355 4
9	0.702 7	1.383 0	1.833 1	2.262 2	2.821 4	3.249 8
10	0.699 8	1.372 2	1.812 5	2.228 1	2.763 8	3.169 3
11	0.697 4	1.363 4	1.795 9	2.201 0	2.718 1	3.105 8
12	0.695 5	1.356 2	1.782 3	2.178 8	2.681 0	3.054 5
13	0.693 8	1.350 2	1.770 9	2.160 4	2.650 3	3.012 3
14	0.692 4	1.345 0	1.761 3	2.144 8	2.624 5	2.976 8
15	0.691 2	1.340 6	1.753 1	2.131 4	2.602 5	2.946 7
16	0.690 1	1.336 8	1.745 9	2.119 9	2.583 5	2.920 8
17	0.689 2	1.333 4	1.739 6	2.109 8	2.566 9	2.898 2
18	0.688 4	1.330 4	1.734 1	2.100 9	2.552 4	2.878 4
19	0.687 6	1.327 7	1.729 1	2.093 0	2.539 5	2.860 9
20	0.687 0	1.325 3	1.724 7	2.086 0	2.528 0	2.845 3
21	0.686 4	1.323 2	1.720 7	2.079 6	2.517 6	2.831 4
22	0.685 8	1.321 2	1.717 1	2.073 9	2.508 3	2.818 8
23	0.685 3	1.319 5	1.713 9	2.068 7	2.499 9	2.807 3
24	0.684 8	1.317 8	1.710 9	2.063 9	2.492 2	2.796 9

续表

n	$\alpha=0.25$	0.1	0.05	0.025	0.01	0.005
25	0.684 4	1.316 3	1.708 1	2.059 5	2.485 1	2.787 4
26	0.684 0	1.315 0	1.705 6	2.055 5	2.478 6	2.778 7
27	0.683 7	1.313 7	1.703 3	2.051 8	2.472 7	2.770 7
28	0.683 4	1.312 5	1.701 1	2.048 4	2.467 1	2.763 3
29	0.683 0	1.311 4	1.699 1	2.045 2	2.462 0	2.756 4
30	0.682 8	1.310 4	1.697 3	2.042 3	2.457 3	2.750 0
31	0.682 5	1.309 5	1.695 5	2.039 5	2.452 8	2.744 0
32	0.682 2	1.308 6	1.693 9	2.036 9	2.448 7	2.738 5
33	0.682 0	1.307 7	1.692 4	2.034 5	2.444 8	2.733 3
34	0.681 8	1.307 0	1.690 9	2.032 2	2.441 1	2.728 4
35	0.681 6	1.306 2	1.689 6	2.030 1	2.437 7	2.723 8
36	0.681 4	1.305 5	1.688 3	2.028 1	2.434 5	2.719 5
37	0.681 2	1.304 9	1.687 1	2.026 2	2.431 4	2.715 4
38	0.681 0	1.304 2	1.686 0	2.024 4	2.428 6	2.711 6
39	0.680 8	1.303 6	1.684 9	2.022 7	2.425 8	2.707 9
40	0.680 7	1.303 1	1.683 9	2.021 1	2.423 3	2.704 5
41	0.680 5	1.302 5	1.682 9	2.019 5	2.420 8	2.701 2
42	0.680 4	1.302 0	1.682 0	2.018 1	2.418 5	2.698 1
43	0.680 2	1.301 6	1.681 1	2.016 7	2.416 3	2.695 1
44	0.680 1	1.301 1	1.680 2	2.015 4	2.414 1	2.692 3
45	0.680 0	1.300 6	1.679 4	2.014 1	2.412 1	2.689 6

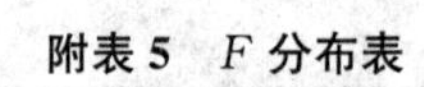

附表5　F 分布表

$$P\{F(n,m) > F_{\alpha}(n,m)\} = \alpha$$

$$\alpha = 0.10$$

m	n														
	1	2	3	4	5	6	7	8	9	10	12	15	20	30	60
1	39.9	49.5	53.6	55.8	57.2	58.2	58.9	59.4	59.9	60.2	60.7	61.2	61.7	62.3	62.8
2	8.53	9.00	9.16	9.24	9.29	9.33	9.35	9.37	9.38	9.39	9.41	9.42	9.44	9.46	9.47
3	5.54	5.46	5.39	5.34	5.31	5.28	5.27	5.25	5.24	5.23	5.22	5.20	5.18	5.17	5.15
4	4.54	4.32	4.19	4.11	4.05	4.01	3.98	3.95	3.94	3.92	3.90	3.87	3.84	3.82	3.79
5	4.06	3.78	3.62	3.52	3.45	3.40	3.37	3.34	3.32	3.30	3.27	3.24	3.21	3.17	3.14
6	3.78	3.46	3.29	3.18	3.11	3.05	3.01	2.98	2.96	2.94	2.90	2.87	2.84	2.80	2.76
7	3.59	3.26	3.07	2.96	2.88	2.83	2.78	2.75	2.72	2.70	2.67	2.63	2.59	2.56	2.51
8	3.46	3.11	2.92	2.81	2.73	2.67	2.62	2.59	2.56	2.54	2.50	2.46	2.42	2.38	2.34
9	3.36	3.01	2.81	2.69	2.61	2.55	2.51	2.47	2.44	2.42	2.38	2.34	2.30	2.25	2.21
10	3.29	2.92	2.73	2.61	2.52	2.46	2.41	2.38	2.35	2.32	2.28	2.24	2.20	2.16	2.11
12	3.18	2.81	2.61	2.48	2.39	2.33	2.28	2.24	2.21	2.19	2.15	2.10	2.06	2.01	1.96
15	3.07	2.70	2.49	2.36	2.27	2.21	2.16	2.12	2.09	2.06	2.02	1.97	1.92	1.87	1.82
20	2.97	2.59	2.38	2.25	2.16	2.09	2.04	2.00	1.96	1.94	1.89	1.84	1.79	1.74	1.68
24	2.93	2.54	2.33	2.19	2.10	2.04	1.98	1.94	1.91	1.88	1.83	1.78	1.73	1.67	1.61
30	2.88	2.49	2.28	2.14	2.05	1.98	1.93	1.88	1.85	1.82	1.77	1.72	1.67	1.61	1.54
40	2.84	2.44	2.23	2.09	2.00	1.93	1.87	1.83	1.79	1.76	1.71	1.66	1.61	1.54	1.47
50	2.81	2.41	2.20	2.06	1.97	1.90	1.84	1.80	1.76	1.73	1.68	1.63	1.57	1.50	1.42
60	2.79	2.39	2.18	2.04	1.95	1.87	1.82	1.77	1.74	1.71	1.66	1.60	1.54	1.48	1.40

$\alpha = 0.05$

续表

m	n												
	1	2	3	4	5	6	7	8	9	10	12	15	30
1	161.5	199.5	215.7	224.6	230.2	234.0	236.8	238.9	240.5	241.9	243.9	246.0	250.1
2	18.51	19.00	19.16	19.25	19.30	19.33	19.35	19.37	19.38	19.40	19.41	19.43	19.46
3	10.13	9.55	9.28	9.12	9.01	8.94	8.89	8.85	8.81	8.79	8.74	8.70	8.62
4	7.71	6.94	6.59	6.39	6.26	6.16	6.09	6.04	6.00	5.96	5.91	5.86	5.75
5	6.61	5.79	5.41	5.19	5.05	4.95	4.88	4.82	4.77	4.74	4.68	4.62	4.50
6	5.99	5.14	4.76	4.53	4.39	4.28	4.21	4.15	4.10	4.06	4.00	3.94	3.81
7	5.59	4.74	4.35	4.12	3.97	3.87	3.79	3.73	3.68	3.64	3.57	3.51	3.38
8	5.32	4.46	4.07	3.84	3.69	3.58	3.50	3.44	3.39	3.35	3.28	3.22	3.08
9	5.12	4.26	3.86	3.63	3.48	3.37	3.29	3.23	3.18	3.14	3.07	3.01	2.86
10	4.96	4.10	3.71	3.48	3.33	3.22	3.14	3.07	3.02	2.98	2.91	2.85	2.70
12	4.75	3.89	3.49	3.26	3.11	3.00	2.91	2.85	2.80	2.75	2.69	2.62	2.47
15	4.54	3.68	3.29	3.06	2.90	2.79	2.71	2.64	2.59	2.54	2.48	2.40	2.25
20	4.35	3.49	3.10	2.87	2.71	2.60	2.51	2.45	2.39	2.35	2.28	2.20	2.04
24	4.26	3.40	3.01	2.78	2.62	2.51	2.42	2.36	2.30	2.25	2.18	2.11	1.94
30	4.17	3.32	2.92	2.69	2.53	2.42	2.33	2.27	2.21	2.16	2.09	2.01	1.84
40	4.08	3.23	2.84	2.61	2.45	2.34	2.25	2.18	2.12	2.08	2.00	1.92	1.74
50	4.03	3.18	2.79	2.56	2.40	2.29	2.20	2.13	2.07	2.03	1.95	1.87	1.69
60	4.00	3.15	2.76	2.53	2.37	2.25	2.17	2.10	2.04	1.99	1.92	1.84	1.65

$\alpha = 0.025$ **续表**

m	n												
	1	2	3	4	5	6	7	8	9	10	12	15	30
1	648	799	864	899	922	937	948	957	963	969	977	985	1001
2	38.51	39.00	39.17	39.25	39.30	39.33	39.36	39.37	39.39	39.40	39.41	39.43	39.46
3	17.44	16.04	15.44	15.10	14.88	14.73	14.62	14.54	14.47	14.42	14.34	14.25	14.08
4	12.22	10.65	9.98	9.60	9.36	9.20	9.07	8.98	8.90	8.84	8.75	8.66	8.46
5	10.01	8.43	7.76	7.39	7.15	6.98	6.85	6.76	6.68	6.62	6.52	6.43	6.23
6	8.81	7.26	6.60	6.23	5.99	5.82	5.70	5.60	5.52	5.46	5.37	5.27	5.07
7	8.07	6.54	5.89	5.52	5.29	5.12	4.99	4.90	4.82	4.76	4.67	4.57	4.36
8	7.57	6.06	5.42	5.05	4.82	4.65	4.53	4.43	4.36	4.30	4.20	4.10	3.89
9	7.21	5.71	5.08	4.72	4.48	4.32	4.20	4.10	4.03	3.96	3.87	3.77	3.56
10	6.94	5.46	4.83	4.47	4.24	4.07	3.95	3.85	3.78	3.72	3.62	3.52	3.31
12	6.55	5.10	4.47	4.12	3.89	3.73	3.61	3.51	3.44	3.37	3.28	3.18	2.96
15	6.20	4.77	4.15	3.80	3.58	3.41	3.29	3.20	3.12	3.06	2.96	2.86	2.64
20	5.87	4.46	3.86	3.51	3.29	3.13	3.01	2.91	2.84	2.77	2.68	2.57	2.35
24	5.72	4.32	3.72	3.38	3.15	2.99	2.87	2.78	2.70	2.64	2.54	2.44	2.21
30	5.57	4.18	3.59	3.25	3.03	2.87	2.75	2.65	2.57	2.51	2.41	2.31	2.07
40	5.42	4.05	3.46	3.13	2.90	2.74	2.62	2.53	2.45	2.39	2.29	2.18	1.94
50	5.34	3.97	3.39	3.05	2.83	2.67	2.55	2.46	2.38	2.32	2.22	2.11	1.87
60	5.29	3.93	3.34	3.01	2.79	2.63	2.51	2.41	2.33	2.27	2.17	2.06	1.82

$\alpha = 0.01$ 续表

m	n												
	1	2	3	4	5	6	7	8	9	10	12	15	30
1	4052	4999	5403	5625	5764	5859	5928	5981	6022	6056	6106	6157	6261
2	98.50	99.00	99.17	99.25	99.30	99.33	99.36	99.37	99.39	99.40	99.42	99.43	99.47
3	34.12	30.82	29.46	28.71	28.24	27.91	27.67	27.49	27.35	27.23	27.05	26.87	26.50
4	21.20	18.00	16.69	15.98	15.52	15.21	14.98	14.80	14.66	14.55	14.37	14.20	13.84
5	16.26	13.27	12.06	11.39	10.97	10.67	10.46	10.29	10.16	10.05	9.89	9.72	9.38
6	13.75	10.92	9.78	9.15	8.75	8.47	8.26	8.10	7.98	7.87	7.72	7.56	7.23
7	12.25	9.55	8.45	7.85	7.46	7.19	6.99	6.84	6.72	6.62	6.47	6.31	5.99
8	11.26	8.65	7.59	7.01	6.63	6.37	6.18	6.03	5.91	5.81	5.67	5.52	5.20
9	10.56	8.02	6.99	6.42	6.06	5.80	5.61	5.47	5.35	5.26	5.11	4.96	4.65
10	10.04	7.56	6.55	5.99	5.64	5.39	5.20	5.06	4.94	4.85	4.71	4.56	4.25
12	9.33	6.93	5.95	5.41	5.06	4.82	4.64	4.50	4.39	4.30	4.16	4.01	3.70
15	8.68	6.36	5.42	4.89	4.56	4.32	4.14	4.00	3.89	3.80	3.67	3.52	3.21
20	8.10	5.85	4.94	4.43	4.10	3.87	3.70	3.56	3.46	3.37	3.23	3.09	2.78
24	7.82	5.61	4.72	4.22	3.90	3.67	3.50	3.36	3.26	3.17	3.03	2.89	2.58
30	7.56	5.39	4.51	4.02	3.70	3.47	3.30	3.17	3.07	2.98	2.84	2.70	2.39
40	7.31	5.18	4.31	3.83	3.51	3.29	3.12	2.99	2.89	2.80	2.66	2.52	2.20
50	7.17	5.06	4.20	3.72	3.41	3.19	3.02	2.89	2.78	2.70	2.56	2.42	2.10
60	7.08	4.98	4.13	3.65	3.34	3.12	2.95	2.82	2.72	2.63	2.50	2.35	2.03

附表 6　柯尔莫哥洛夫检验的临界值表

$P\{D_n > D_{n,\alpha}\} = \alpha$

n	$\alpha = 0.20$	0.10	0.05	0.02	0.01
1	0.900 00	0.950 00	0.975 00	0.990 00	0.995 00
2	0.683 77	0.776 39	0.841 89	0.900 00	0.929 29
3	0.564 81	0.636 04	0.707 60	0.784 56	0.829 00
4	0.492 65	0.565 22	0.623 94	0.638 87	0.734 24
5	0.446 98	0.509 45	0.563 28	0.627 18	0.668 53
6	0.410 37	0.467 99	0.519 26	0.577 41	0.616 61
7	0.381 48	0.436 07	0.483 42	0.538 44	0.575 81
8	0.358 31	0.409 62	0.454 27	0.506 54	0.541 79
9	0.339 10	0.387 46	0.430 01	0.479 60	0.513 32
10	0.322 60	0.368 66	0.409 25	0.456 62	0.488 93
11	0.308 29	0.352 42	0.391 22	0.436 70	0.467 70
12	0.295 77	0.338 15	0.375 43	0.419 18	0.449 05
13	0.284 70	0.325 49	0.361 43	0.403 62	0.432 47
14	0.274 81	0.314 17	0.348 00	0.389 70	0.417 62
15	0.265 88	0.303 97	0.337 60	0.377 13	0.404 20
16	0.257 78	0.294 72	0.327 33	0.365 71	0.392 01
17	0.250 39	0.286 27	0.317 96	0.355 28	0.380 36
18	0.243 60	0.278 51	0.309 36	0.345 69	0.370 62
19	0.237 35	0.271 36	0.301 43	0.336 85	0.351 17
20	0.231 56	0.264 73	0.294 08	0.328 66	0.352 41
21	0.226 17	0.258 58	0.287 24	0.321 04	0.344 27
22	0.221 15	0.252 83	0.280 87	0.313 94	0.336 66
23	0.216 45	0.247 46	0.274 90	0.307 28	0.329 54
24	0.212 05	0.242 42	0.260 31	0.301 04	0.322 86
25	0.207 90	0.237 68	0.264 04	0.295 16	0.316 57
26	0.203 09	0.233 20	0.259 07	0.289 62	0.310 64
27	0.200 30	0.228 93	0.254 38	0.284 38	0.305 03
28	0.196 80	0.224 97	0.249 93	0.279 42	0.299 71
29	0.193 48	0.221 17	0.245 71	0.274 71	0.294 66
30	0.190 32	0.217 56	0.241 70	0.270 23	0.289 37
31	0.187 32	0.214 12	0.237 88	0.265 96	0.285 30
32	0.184 45	0.210 85	0.234 24	0.261 89	0.280 94
33	0.181 71	0.207 71	0.230 76	0.258 01	0.276 77

续表

n	$\alpha=0.20$	0.10	0.05	0.02	0.01
34	0.179 09	0.204 72	0.227 43	0.254 29	0.272 79
35	0.176 59	0.201 85	0.224 25	0.250 73	0.268 97
36	0.174 18	0.199 10	0.221 19	0.247 32	0.265 32
37	0.171 88	0.196 46	0.218 26	0.244 04	0.261 80
38	0.169 66	0.193 92	0.215 44	0.240 89	0.258 43
39	0.167 53	0.191 48	0.212 73	0.237 86	0.255 18
40	0.165 47	0.189 13	0.210 12	0.234 94	0.252 05
41	0.163 49	0.186 87	0.207 60	0.232 13	0.249 04
42	0.161 58	0.184 68	0.205 17	0.229 41	0.246 13
43	0.159 74	0.182 57	0.202 83	0.226 79	0.243 32
44	0.157 96	0.182 53	0.200 56	0.224 26	0.240 60
45	0.156 23	0.178 56	0.198 37	0.221 81	0.237 93
46	0.154 57	0.176 65	0.196 25	0.219 44	0.235 44
47	0.152 95	0.174 81	0.194 20	0.217 15	0.232 98
48	0.151 39	0.173 02	0.192 21	0.214 93	0.230 59
49	0.149 37	0.171 28	0.190 28	0.212 77	0.228 28
50	0.148 40	0.169 59	0.188 41	0.210 68	0.226 04
55	0.141 64	0.161 86	0.179 81	0.201 07	0.215 74
60	0.135 73	0.155 11	0.172 31	0.192 67	0.206 73
65	0.130 52	0.149 13	0.165 67	0.185 25	0.193 77
70	0.125 86	0.143 81	0.159 75	0.178 63	0.191 67
75	0.121 67	0.139 01	0.154 42	0.172 68	0.185 28
80	0.117 87	0.134 67	0.149 60	0.167 28	0.179 49
85	0.114 42	0.130 72	0.145 20	0.162 36	0.174 21
90	0.111 25	0.127 09	0.141 17	0.157 86	0.169 38
95	0.108 33	0.123 75	0.137 46	0.153 71	0.164 93
100	0.105 63	0.120 67	0.134 03	0.149 87	0.160 81

附表 7　D_n 的极限分布函数的数值表

$$K(z)=\lim_{n\to\infty}P\left\{D_n<\frac{z}{\sqrt{n}}\right\}=\sum_{i=-\infty}^{+\infty}(-1)^i e^{-2i^2z^2}$$

z	0.00	0.01	0.02	0.03	0.04	z
0.2	0.000 000	0.000 000	0.000 000	0.000 000	0.000 000	0.2
0.3	0.000 009	0.000 021	0.000 046	0.000 091	0.000 171	0.3
0.4	0.002 808	0.003 972	0.005 476	0.007 377	0.009 730	0.4
0.5	0.036 055	0.042 814	0.050 306	0.585 340	0.067 497	0.5
0.6	0.135 718	0.149 229	0.163 225	0.177 153	0.192 677	0.6
0.7	0.288 765	0.305 471	0.322 265	0.339 113	0.355 981	0.7
0.8	0.455 857	0.472 041	0.488 030	0.503 808	0.519 366	0.8
0.9	0.607 270	0.620 928	0.634 286	0.647 338	0.660 082	0.9
1.0	0.730 000	0.740 566	0.750 826	0.760 780	0.770 434	1.0
1.1	0.822 282	0.829 950	0.837 356	0.844 502	0.851 394	1.1
1.2	0.887 750	0.893 030	0.898 104	0.902 972	0.907 648	1.2
1.3	0.931 908	0.935 370	0.938 682	0.941 848	0.944 870	1.3
1.4	0.960 318	0.962 486	0.964 552	0.966 516	0.968 382	1.4
1.5	0.977 782	0.979 080	0.980 310	0.981 476	0.982 578	1.5
1.6	0.988 048	0.988 791	0.989 492	0.990 154	0.990 777	1.6
1.7	0.993 823	0.994 230	0.994 612	0.994 972	0.995 390	1.7
1.8	0.996 932	0.997 146	0.997 346	0.997 533	0.997 707	1.8
1.9	0.998 536	0.998 644	0.998 744	0.998 837	0.998 924	1.9
2.0	0.999 329	0.999 380	0.999 428	0.999 474	0.999 516	2.0
2.1	0.999 705	0.999 728	0.999 750	0.999 770	0.999 790	2.1
2.2	0.999 874	0.999 886	0.999 896	0.999 904	0.999 912	2.2
2.3	0.999 949	0.999 954	0.999 958	0.999 962	0.999 965	2.3
2.4	0.999 980	0.999 982	0.999 984	0.999 986	0.999 987	2.4

参 考 文 献

[1] 同济大学概率统计教研组. 概率统计[M].5 版.上海:同济大学出版社,2013.
[2] 魏宗舒,汪荣明,周纪芗,等. 概率论与数理统计教程[M].3 版.北京:高等教育出版社,2019.
[3] 茆诗松,程依明,濮晓龙.概率论与数理统计教程[M].3 版.北京:高等教育出版社,2019.
[4] 茆诗松,程依明,濮晓龙.概率论与数理统计教程(第三版) 习题与解答[M].北京:高等教育出版社,2020.
[5] 刘力维,李建军,陆中胜,等. 概率论与数理统计[M].2 版.北京:高等教育出版社,2019.
[6] 潘承毅,何迎晖. 数理统计的原理与方法[M].上海:同济大学出版社,1993.
[7] 陈希孺. 概率论与数理统计[M].合肥:中国科学技术大学出版社,2009.
[8] 姜启源,谢金星,叶俊. 数学模型[M].5 版. 北京:高等教育出版社,2018.
[9] 谭永基,朱晓明,丁颂康,等. 经济管理数学模型案例教程[M].2 版.北京:高等教育出版社, 2014.
[10] 王静龙. 统计思想欣赏[M].北京:科学出版社,2017.
[11] 叶中行,王蓉华,徐晓岭,等. 概率论与数理统计[M]. 北京:北京大学出版社,2009.
[12] 肖筱南. 概率统计专题分析与解题指导[M]. 北京:北京大学出版社,2007.
[13] 张天德,叶宏. 概率论与数理统计学习指导与习题全解[M]. 北京:人民邮电出版社,2021.
[14] 吴赣昌. 概率论与数理统计:经管类:简明版[M].5 版.北京:中国人民大学出版社,2017.
[15] 黄登香,邓鸾姣,谢孔峰. 概率论与数理统计[M]. 长春:吉林科学技术出版社,2021.
[16] 盛骤,谢式千,潘承毅. 概率论与数理统计[M].5 版.北京:高等教育出版社,2019.
[17] 司守奎,孙玺菁. Python 数学实验与建模 [M].北京:科学出版社,2020.
[18] 嵩天,礼欣,黄天羽. Python 语言程序设计基础 [M].2 版.北京:高等教育出版社,2017.
[19] 魏伟一,李晓红,高志玲. Python 数据分析与可视化:微课视频版 [M].2 版.北京:清华大学出版社,2021.

图书在版编目(CIP)数据

概率论与数理统计学习指导/周大镯，柯忠义，杨莹主编.—北京：北京大学出版社，2023.9
ISBN 978-7-301-34201-5

Ⅰ.①概…　Ⅱ.①周…②柯…③杨…　Ⅲ.①概率论—高等学校—教学参考资料②数理统计—高等学校—教学参考资料　Ⅳ.①O21

中国国家版本馆 CIP 数据核字(2023)第 125779 号

书　　名　概率论与数理统计学习指导
GAILÜLUN YU SHULI TONGJI XUEXI ZHIDAO

著作责任者　周大镯　柯忠义　杨　莹　主编

责 任 编 辑　班文静

标 准 书 号　ISBN 978-7-301-34201-5

出 版 发 行　北京大学出版社

地　　址　北京市海淀区成府路 205 号　100871

网　　址　http://www.pup.cn

电 子 信 箱　zpup@pup.cn

新 浪 微 博　@北京大学出版社

电　　话　邮购部 010-62752015　发行部 010-62750672　编辑部 010-62754271

印 刷 者　湖南汇龙印务有限公司

经 销 者　新华书店

787 毫米×1092 毫米　16 开本　15.5 印张　394 千字

2023 年 9 月第 1 版　2023 年 9 月第 1 次印刷

定　　价　49.80 元